混凝土结构施工质量检验程序设计与应用

黄幼华　　编著
施楚贤　　主审

中国建筑工业出版社

图书在版编目（CIP）数据

混凝土结构施工质量检验程序设计与应用 / 黄幼华编著 .
北京：中国建筑工业出版社，2018. 8
ISBN 978-7-112-22085-4

Ⅰ. ①混… Ⅱ. ①黄… Ⅲ. ①混凝土结构-建筑施工-质量检验 Ⅳ. ① TU37

中国版本图书馆 CIP 数据核字（2018）第 075700 号

本书主要介绍了《混凝土结构工程施工质量验收规范》GB 50204—2015 在施工过程中的执行与应用。本书根据分项工程各施工工序的逻辑关系，设计了施工质量检验程序，确定“主控项目”和“一般项目”在工序上的位置以及检验顺序，确保规范要求的分项工程“主控项目”与“一般项目”在正确的工序节点上执行。本书针对各工序中的各个检测项目，详细论述了其相应的检测方法、检测频率、允许控制误差等内容。

本书可作为施工、监理、建设、设计单位技术人员进行混凝土结构施工质量控制和检测的参考用书，同时也可供土建类专业师生参考。

责任编辑：聂　伟　吉万旺　仕　帅
责任校对：姜小莲

混凝土结构施工质量检验程序设计与应用
黄幼华　编著
施楚贤　主审
*
中国建筑工业出版社出版、发行（北京海淀三里河路9号）
各地新华书店、建筑书店经销
北京建筑工业印刷厂制版
北京盈盛恒通印刷有限公司印刷
*
开本：787×1092毫米　1/16　印张：19　字数：471千字
2018年12月第一版　2018年12月第一次印刷
定价：**49.00**元
ISBN 978-7-112-22085-4
（31985）

版权所有　翻印必究
如有印装质量问题，可寄本社退换
（邮政编码 100037）

前　言

本书作者在之前的监理工作中常常遇到各种针对规范的理解和执行的问题。有时对规范理解不一致，有时没有在规范要求的节点进行检查验收，直到施工完成后再进行返工处理；有时对规范要求不重视，执行不到位，导致工程质量大打折扣。在分项工程完成以后，根据规范要求的“主控项目”和“一般项目”逐项进行检查验收，属于事后控制。工程质量的有效控制应该是在工程施工的事前控制和事中控制，将规范要求的“主控项目”和“一般项目”在施工过程的最佳时间完成检查验收。而在目前颁布实行的一系列施工验收规范中，一般只对“主控项目”和“一般项目”进行了规定，至于各个项目应该在什么时间进行检查验收，没有具体规定。因此作者萌生了写一本关于规范应用实践方面的书，用于指导施工和监理人员进行分项工程施工质量的检查验收。

常用的建筑工程施工验收规范有10多种，较常用的就是《混凝土结构工程施工质量验收规范》GB 50204—2015。因此本书从《混凝土结构工程施工质量验收规范》着手，详细介绍“混凝土结构”中各分项工程施工质量检查验收的程序设计和相应的应用方法。

如果将分项工程拆分成工序，根据规范要求，分别确定每道工序“施工阶段”和“检查验收阶段”应该检查验收的内容，把规范要求融入工序的施工和检查验收，规范的要求就能得到贯彻执行，工程质量也就有了保证。把每道工序检查内容和检查数据用相应的表格记录下来，就可以进行工程质量责任的追溯。

根据这个思路，作者在工程实践中对分项工程设计了“施工质量检验程序”和相应的“检验记录表格”，其对规范的贯彻执行具有促进作用，大大减少了工程建设各方在规范执行过程中的争议。在分项工程开工之前，确定相应的分项工程施工质量检验程序和记录用表格，按照预先设计好的施工质量检验程序进行，质量检查验收工作会进行的比较顺利。

本书是在湖南大学施楚贤教授的鼓励和鞭策下完成的。在编写过程中，施楚贤教授提出了许多宝贵的意见和建议，在此表示衷心的感谢。李慧、王垚帮助整理文稿，在此一并致谢。鉴于作者对规范理解的局限性，以及对施工各个环节的关系理解不够，本书还存在许多不足之处有待进一步完善，敬请业内专家和相关人员提出宝贵意见。

编者

目 录

第1章 绪 论

房屋建筑是人们生产、生活的重要场所，其质量好坏直接影响人们的生产、生活。房屋建筑质量控制主要在两个环节，即设计和施工。目前的大部分房屋建筑都采用混凝土结构，本书根据国家相关规范，讨论混凝土结构质量检验程序的设计与应用。

《建筑工程施工质量检验统一标准》GB 50300—2013、《混凝土结构工程施工规范》GB 50666—2011、《混凝土结构工程施工质量检验规范》GB 50204—2015 相继颁布实施。工程质量的检验控制分为施工过程的质量检验与施工完成后的质量检验。

在施工过程中如何应用《混凝土结构工程施工规范》GB 50666—2011 进行质量控制，施工完成后如何应用《混凝土结构工程施工质量检验规范》GB 50204—2015 进行质量验收，值得深入的研究和探讨。规范的贯彻执行效果与技术人员对规范的理解、项目部对施工班组的交底及各个施工班组的配合有关。因此，有必要设计一个程序，规范协调各个环节的质量检验，及时发现问题并整改，保证工程质量达到规范的要求，把质量隐患消灭在施工过程中。

施工是由一道道工序组成的，工序过程不正确，就不会有最终达标的结构。确保每一道工序的过程和结果正确，最终的结构才能满足施工检验规范的标准和要求。

《混凝土结构工程施工质量检验规范》GB 50204—2015 将混凝土结构的分项工程的施工质量检查验收划分为若干主控项目和一般项目，这些项目的检查验收都包含在各道工序中。为了贯彻执行规范的要求，应将各个主控项目和一般项目分解到各道工序中去，有些项目在工序施工环节进行检验记录，有些项目在工序完成后进行检验记录，而 GB 50204—2015 对哪些项目在哪个工序环节进行检查验收并没有作出详细的规定。因此在主控项目和一般项目的检验中，常出现没有对检验项目进行及时的检验，而失去质量控制的最佳时机。如果根据 GB 50204—2015 的要求，设计分项工程的各道工序的检验项目、检验频率，设计标准的检验程序和检验记录表格，无疑对规范 GB 50204—2015 的执行起到积极作用。

1.1 施工质量检验程序设计原则

施工质量检验程序设计是按照施工的逻辑关系，确定各道工序和工序施工完成后需要检验的项目，这就是施工质量检验程序设计需要解决的问题。在施工质量检验程序设计中，涉及如下几个问题：

（1）要反映规范要求的主控项目、一般项目、检验频率、检验方法，逐条落实到位。

（2）要有具体的检验数据；质量是否合格是以具体的检验数据为依据的，因此分项工程的检验应该有一系列具体的检验记录数据。

（3）便于规范要求的贯彻执行。

规范条文内容丰富，而且相关规范较多，施工人员和监理人员要深刻理解规范条文之间的关系并熟记规范条文的要求，并不是一件容易的事情。规范是否执行到位，取决于施工人员和监理人员对规范的掌握和运用水平。如果碰巧某一工程施工人员和监理人员对规范的掌握和运用水平都不高，那对规范的执行就会大打折扣。如果在检验程序中和检验记录中列出规范要求，包括检验项目、检验频率、允许误差、执行的规范条文等，就降低了施工人员和监理人员对规范条文掌握水平的要求，那么对规范的执行到位，肯定大有帮助。

（4）要能够实现责任追溯。

工程质量实行终身责任制，那么应该有质量责任追溯的措施和机制。质量验收时检验了哪些内容、检验了哪些部位、检验的数据是多少、是否合格、怎么处理的、谁检验的、谁处理的、谁审核的，如果这些信息都有记录，质量责任才可以真正追溯。

施工质量检验程序以分项工程为单元进行设计。

施工一般由以下阶段组成：施工准备阶段、材料进场报验阶段、各道工序施工与质量检验阶段、分项工程检验记录审查阶段。因此，质量检验程序也是分阶段设计的，施工准备阶段的资料准备、检验与记录；材料进场报验阶段的检验与记录；各道工序施工阶段的检验与记录；各道工序验收阶段的检验与记录；分项工程检验记录审查。在施工质量检验程序中，各阶段都有对应的检验项目和相应应用的记录表格。按照施工质量检验程序按部就班地进行检验并记录检验数据，就不会发生错检、漏检的问题。在施工阶段应完成的检验应在施工阶段完成，施工完成以后是无法进行检验的。如预应力筋的张拉，是施工质量验收的主控项目，施工完成以后无法进行检验，必须在张拉过程中完成检验工作。

1.2 施工质量检验程序应用

《建筑工程施工质量检验统一标准》GB 50300—2013 中将建筑工程划分为若干个分部工程 / 子分部工程，分部工程 / 子分部工程又划分为若干个分项工程。本书的施工质量检验程序是以《建筑工程施工质量检验统一标准》GB 50300—2013 中分项工程的划分为单元设计的。为了方便检验程序的查阅，对施工质量的检验程序进行编号，且与《建筑工程施工质量检验统一标准》GB 50300—2013 的编号一致。

1.2.1 分部工程、子分部工程、分项工程的划分与编号

1. 分部工程、子分部工程划分与编号

《建筑工程施工质量检验统一标准》GB 50300—2013 对分部工程 / 子分部工程的划分和编号见表 1-1。

建筑工程分部工程 / 子分部工程编号与名称　　表 1–1

分部工程编号	分部工程	子分部工程编号	子分部工程
01	地基与基础	01	地基
		02	基础
		03	基坑支护
		04	地下水控制
		05	土方
		06	边坡
		07	地下防水
02	主体结构	01	混凝土结构
		02	砌体结构
		03	钢结构
		04	钢管混凝土结构
		05	型钢混凝土结构
		06	铝合金结构
		07	木结构
03	建筑装饰装修	01	地面
		02	抹灰
		03	外墙防水
		04	门窗
		05	吊顶
		06	轻质隔墙
		07	饰面板
		08	饰面砖
		09	幕墙
		10	涂饰
		11	裱糊与软包
		12	细部
04	建筑屋面	01	基层与保护
		02	保温与隔热
		03	防水与密封
		04	瓦面与板面
		05	细部构造

续表

分部工程编号	分部工程	子分部工程编号	子分部工程
05	建筑给水、排水及采暖	01	室内给水
		02	室内排水
		03	室内热水
		04	卫生器具
		05	室内供暖
		06	室外给水
		07	室外排水
		08	室外供热管网
		09	饮用水供应
		10	中水系统及雨水利用系统
		11	游泳池及公共浴池水系统
		12	水景喷泉系统
		13	热源及辅助设备
		14	监测与控制仪表
06	通风与空调	01	送风系统
		02	排风系统
		03	防排烟系统
		04	除尘系统
		05	舒适型空调系统
		06	恒温恒湿空调系统
		07	净化空调系统
		08	地下人防通风系统
		09	真空吸尘系统
		10	冷凝水系统
		11	空调冷热水系统
		12	冷却水系统
		13	土壤源热泵换热系统
		14	水源热泵换热系统
		15	蓄能系统
		16	压缩式制冷、热设备系统
		17	吸收制冷设备系统
		18	多联机（热泵）空调系统
		19	太阳能供暖空调系统
		20	设备自控系统

续表

分部工程编号	分部工程	子分部工程编号	子分部工程
07	建筑电气	01	室外电气
		02	变配电室
		03	供电干线
		04	动力
		05	照明
		06	备用与不间断电源
		07	防雷与接地
08	智能建筑	01	智能化集成
		02	信息接入系统
		03	用户电话交换系统
		04	信息网络
		05	综合布线
		06	移动通信室内信号覆盖系统
		07	卫星通信系统
		08	有线电视及卫星电视接收系统
		09	公共广播系统
		10	会议系统
		11	信息导引及发布系统
		12	时钟系统
		13	信息化应用系统
		14	设备监控
		15	火灾自动报警系统
		16	安全技术防范
		17	应急响应系统
		18	机房
		19	防雷与接地
09	建筑节能	01	维护系统节能
		02	供暖空调设备及管网节能
		03	电气动力节能
		04	监控系统节能
		05	可再生能源
10	电梯	01	电力驱动的曳引式或强制式电梯
		02	液压电梯
		03	自动扶梯、自动人行道

2. 分项工程划分与编号

《建筑工程施工质量检验统一标准》GB 50300—2013 对分部工程、子分部工程和相应的分项工程进行了划分。由于《建筑工程施工质量检验统一标准》GB 50300—2013 先于某些“子分部工程”施工检验规范的发行，因此《建筑工程施工质量检验统一标准》GB 50300—2013 分项工程的划分与“子分部工程”施工检验规范的分项工程的划分有不一致的情况。因此，分项工程的划分应以相应“子分部工程”施工检验规范中分项工程的划分为准。

本书的质量检验程序设计只包含主体结构分部混凝土结构子分部中若干分项工程，主体结构分部混凝土子分部分项工程划分与编号见表 1-2。

主体分部、混凝土结构子分部分项工程编号与名称　　表 1–2

分部工程编号	分部工程	子分部工程编号	子分部工程	分项工程编号	分项工程
02	主体结构	01	混凝土结构	01	模板
				02	钢筋
				03	预应力
				04	混凝土
				05	现浇混凝土结构
				06	装配混凝土结构

1.2.2　施工质量检验程序命名与编号

施工质量检验程序以 P 为命名：取“程序”英文“Program”的第一个字母，编号与分部 / 子分部、分项工程编号联系，包含三个部分，分别代表分项工程所属的分部工程编号、子分部工程编号和分项工程编号，形式为“P-××-××-××”。

P-02-01-03：代表主体结构分部（02）- 混凝土子分部（01）- 预应力分项（03）的施工质量检验程序。

P-02-01-00A：代表主体结构分部 - 混凝土子分部 - 开工程序。

P-02-01-00B：代表主体结构分部 - 混凝土子分部 - 子分部验收程序。

分部 / 子分部中包含的若干个分项工程中包含一些相同的工序，规范条文相互引用。如装配结构接头的混凝土灌筑，是非常关键的环节，但其质量控制的要求在混凝土分项工程中；如基础分部的桩基、扩大基础、阀基等混凝土质量控制要求都在混凝土分项工程中。为了保证各分项工程有相同的质量保证标准，在本书中设计了一批通用工序的施工质量检验程序，供各分项工程引用。

通用工序中，分部工程编号、子分部工程编号都为“00”，分项工程编号为通用工序编号。

通用工序施工检验程序的编号为“P-00-00-××”，检验记录表格的编号为“M-00-00-××-××”。具体编号见相应章节。

支模架搭设，为各个分项工程提供服务，同时又是模板分项中的一道工序，而且还有多种搭设方法，因此将支模架搭设设计成通用工序。本书根据常用的扣件钢管脚手架搭设方法、门式钢管脚手架搭设方法，设计了 2 个脚手架搭设通用工序的施工质量检验程序。

钢筋的连接，涉及钢筋分项、装配结构分项、预应力分项等。根据钢筋焊接连接、套筒连接、套筒灌浆连接三种方法，本书设计了钢筋连接的3个通用工序的施工质量检验程序。

混凝土的拌制与浇捣，涉及混凝土分项、装配结构分项等，还涉及主体分部以外的基础分部等。因此本书设计了“混凝土拌制”和“混凝土浇捣”2个通用工序的施工质量检验程序。

施工检验程序中，包含若干工序，工序分为施工阶段和检验阶段，程序按工序施工顺序确定工序施工阶段和检验阶段相应的检验内容和应用表格，因此对工序也进行了编号。工序施工阶段编号为“B-×”，工序检验阶段编号为“C-×”，其中“×”代表工序编号。如“B-2”与“C-2”分别代表第2道工序的“施工阶段”和“检验阶段”。

1.2.3 施工质量检验程序应用的检验记录表格设计原则、命名与编号

本书中的施工质量检验程序中包含三类表格，第一类是A类表格，表格编号以字母“A”开头，分施工单位用表和监理单位用表，施工单位用表编号为“A-01-××”，监理单位用表编号为“A-02-××”，其中“××”代表表格编号；第二类表格是设计数据统计类表格，表格编号以字母“H”开头，编号形式为“H-××-××-××”，其中第一个“××”代表分部工程编号，第二个“××”代表子分部工程编号，第三个“××”代表表格编号，本书列举了主体结构分部混凝土结构子分部的少量设计数据统计表格。第三类是施工质量检验记录表格，表格编号以字母“M”开头，表格编号形式为“M-××-××-××-××”，也是本书的重点，下面将对第三类表格的设计原则、命名与编号进行论述。

各道工序中的若干检验项目进行检验时都应该对检验数据进行记录和分析统计，因此必须有相应的检验记录表格，且要满足质量可追溯性和规范对检验项目的要求。因此针对各个分项工程，根据规范的要求，设计一系列检验记录表格，把规范的要求融入表格中，才能满足施工质量检验程序设计原则的要求。

（1）检验记录有明确的逻辑关系，检验内容所属建设项目、单位工程、分部工程、子分部工程、分项工程。

（2）检验记录有明确的检验项目，检验项目要反映执行标准的要求。

（3）检验记录有检验的位置记录，如层、构件名称、构件编号、构件轴线位置。

（4）检验记录有明确的检验频率。

（5）检验记录有检验方法。

（6）检验记录有执行标准。

（7）检验记录有检验人、检验日期、审核人签字。

检验记录表格中剔除合同相关的内容，如建设单位、监理单位、施工单位等，只包含建设项目、单位工程、分部工程、子分部工程、分项工程名称，表格名称以检验内容为主。虽然有些分项工程检验内容类似，表格也类似，但是允许误差指标不一样，因此每个分项工程采用独立的表格；组织资料时，将具有相同表头的检验记录按编号顺序组织在一起即可。

表格中将规范要求的允许误差、检验频率、检验方法都列入，因此在检验时可以按照规范要求的频率、允许误差、检验方法检验，不用再去查规范。

检验记录表格同样是以分项工程为单元，以“M”开头，取“测量”英文“Measure”的第一个字母，其后的编号与分部 / 子分部、分项工程挂钩。

施工质量检验记录表格编号包含 4 个部分，分部工程编号、子分部工程编号、分项工程编号以及检验记录表格的编号，形式为“M-××-××-××-××”。如 M-02-01-03-04：代表主体结构分部（02）- 混凝土结构子分部（01）- 预应力分项（03）的第 04 号检验记录表格。

各分项工程的施工质量检验中涉及一些相同的检验记录表格，因此设计了通用检验记录表格，通用检验记录表格的形式和其他“M”类表格相同，“M-00-00-00-××”，只是分部工程编号、子分部工程编号、分项工程编号都为“00”，其中“××”代表表格编号。如 M-00-00-00-01 代表第 01 号通用检验记录表格。

分项工程施工分施工准备阶段、施工阶段、施工验收阶段；分项工程的质量检验记录表格编号是分施工阶段组织的。表格编号与施工阶段紧密联系。

分项工程的检验记录表格编号是不连续的。预留一定的编号，便于补充，保证同一阶段、同一工序的表格相邻。

M-××-××-××-00 为该分项工程检验记录表格的目录。

M-××-××-××-（01 ～ 09）为该分项工程材料进场检验的表格。

施工阶段包括若干道工序，每道工序预留 20 个表格编号，M-××-××-××-（10 ～ 29）、M-××-××-××-（30 ～ 49）、M-××-××-××-（50 ～ 69）……分别为第一道工序、第二道工序、第三道工序……的检验记录表格。

M-××-××-××-10 为第一道工序“施工阶段”抽样送检报告的汇总表，M-××-××-××-（11 ～ 19）为第一道工序“施工阶段”的检验记录；M-××-××-××-20 为第一道工序“工序检验阶段”抽样送检报告的汇总表；M-××-××-××-（21 ～ 29）为第一道工序施工完成后“工序检验阶段”的检验记录表格；其他工序依次递推。

1.3 本书主要内容

本书的主要内容为：混凝土结构子分部开工程序设计及应用、混凝土结构子分部验收程序设计及应用、模板分项施工质量检验程序设计及应用、钢筋分项施工质量检验程序设计及应用、预应力分项施工质量检验程序设计及应用、混凝土分项施工质量检验程序设计及应用、现浇结构分项施工质量检验程序设计及应用、装配结构分项施工质量检验程序设计及应用、通用工序——脚手架施工质量检验程序设计及应用、通用工序——钢筋连接施工质量检验程序设计及应用、通用工序——连接件（钢板、型钢）连接施工质量检验程序设计及应用、通用工序——混凝土施工质量检验程序设计及应用。

《混凝土结构工程施工质量验收规范》GB 50204—2015 中包含的分项工程施工质量的检验涉及其他相关规范，因此在本书的编写中也涉及这些规范。

（1）通用工序——扣件式钢管脚手架施工质量检验程序设计与应用根据《建筑施工扣件式钢管脚手架安全技术规范》JGJ 130—2011 编写。

（2）通用工序——门式钢管脚手架施工质量检验程序设计及应用根据《建筑施工门式钢管脚手架安全技术规范》JGJ 128—2010 编写。

（3）通用工序——钢筋焊接连接施工质量检验程序设计及应用根据《钢筋焊接及验收规程》JGJ 018—2012 编写。

（4）通用工序——钢筋套筒连接施工质量检验程序设计及应用根据《钢筋机械连接技术规程》JGJ 107—2016 编写。

（5）通用工序——钢筋套筒灌浆连接施工质量检验程序设计及应用根据《钢筋套筒灌浆连接应用技术规程》JGJ 355—2015 编写。

（6）通用工序——连接件（钢板、型钢）螺栓连接施工质量检验程序设计及应用、通用工序——连接件（钢板、型钢）焊接连接施工质量检验程序设计及应用根据《钢结构工程施工质量验收规范》GB 50205—2001 编写。

（7）通用工序——混凝土拌制施工质量检验程序设计及应用、通用工序——混凝土浇捣施工质量检验程序设计及应用根据《混凝土结构施工验收规范》GB 50204—2015、《混凝土强度检验评定标准》GB/T 50107—2010、《混凝土结构工程施工规范》GB 50666—2011 编写。

第 2 章 混凝土结构子分部开工程序设计及应用

2.1 混凝土结构子分部开工程序设计

混凝土结构子分部开工是一个重要的环节，因此单独设计了一个开工程序，分项工程位置的编号为“00A”，故主体分部混凝土结构子分部的开工程序编号为“P-02-01-00A”。

混凝土结构子分部开工程序主要是施工准备阶段的工作。准备工作做的越充分，后面的工作越主动。其涉及的内容很多，目前也没有一个统一的标准，作者根据自己的经验进行了总结。混凝土结构子分部开工程序 P-02-01-00A 如图 2-1 所示。

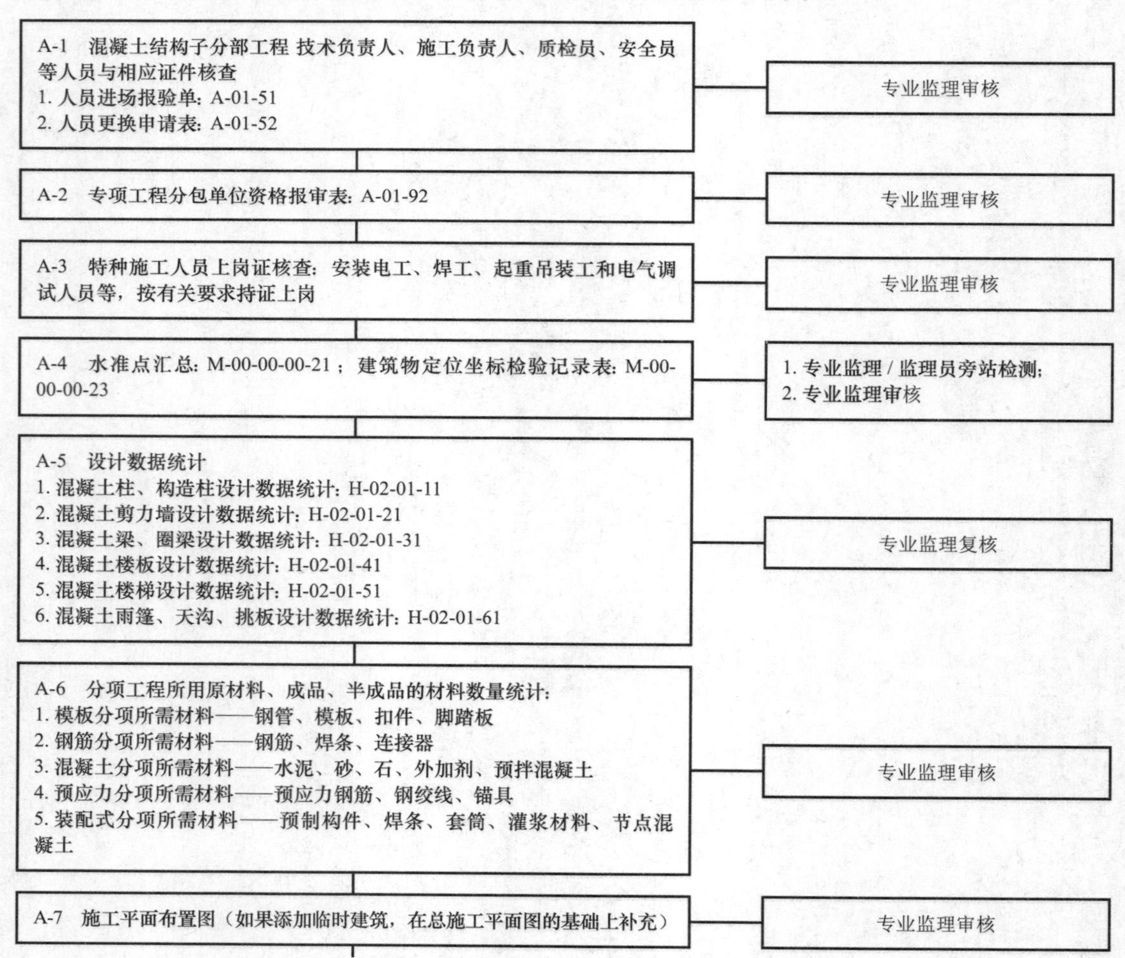

图 2-1 混凝土结构子分部开工程序 P-02-01-00A（一）

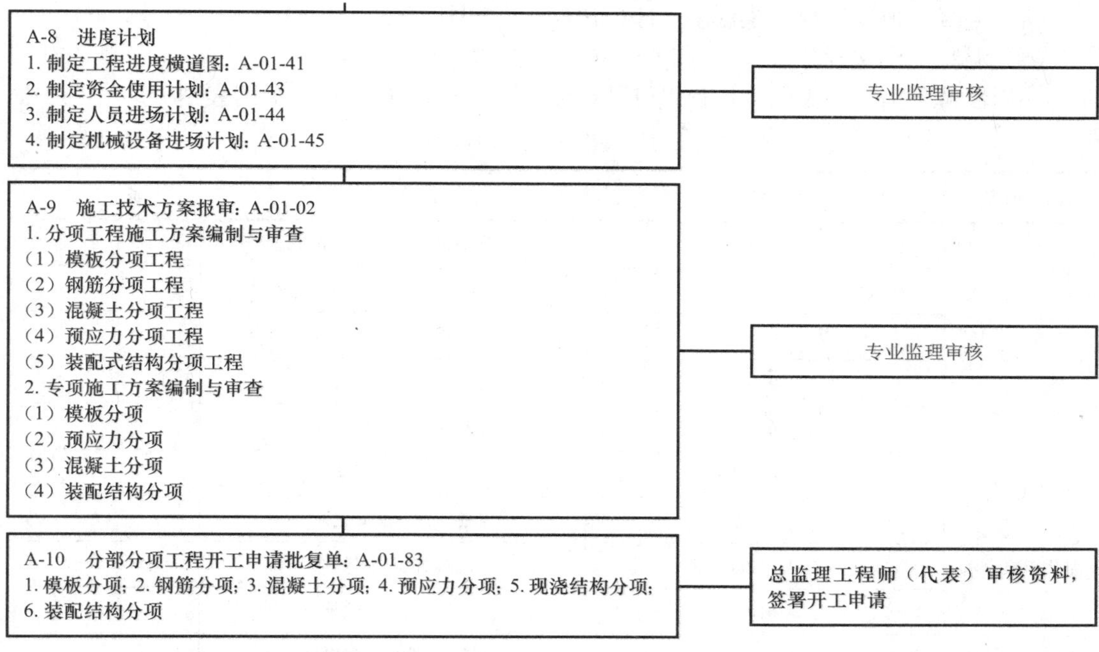

图 2-1　混凝土结构子分部开工程序 P-02-01-00A（二）

2.2　混凝土结构子分部开工程序应用

在开工程序的应用中，主要涉及两方面的内容，一是程序中使用的表格设计，一是开工中涉及的主要政策文件。

2.2.1　混凝土结构子分部开工程序使用的表格

混凝土结构子分部开工程序主要使用了下述三类表格：一是施工单位用表，包括施工单位的申报、批复表格；二是开工准备必要的测量检测用表格；三是为熟悉图纸、为后期施工做一些准备，对设计数据进行统计汇总的表格。

施工单位用表在本书中编号为“A-01-××”。编号原则为使用频率和逻辑关系。使用频率高的编号优先，逻辑关系靠近的编号靠拢。混凝土结构子分部开工程序与当地行政主管部门的规定关系比较紧密，因此一般使用当地建设行政主管部门规定的表格。本书中的“施工单位用表”只列出了“A-01”类表格目录，名称与编号可供业内人员参考。

1. 施工单位用表目录（A-01-00），见表 2-1。

2. P-02-01-00A 应用的检测用表

（1）水准点汇总表（M-00-00-00-21），见附表 1-7。

（2）建筑物定位坐标检验记录表（M-00-00-00-23），见附表 1-8。

3. P-02-01-00A 应用的设计数据统计用表

（1）混凝土柱、构造柱设计数据统计表（H-02-01-11），见附表 2-2。

（2）混凝土剪力墙设计数据统计表（H-02-01-21），见附表 2-3。

（3）混凝土梁、圈梁设计数据统计表（H-02-01-31），见附表 2-4。

（4）混凝土板设计数据统计表（H-02-01-41），见附表 2-5。

（5）混凝土楼梯设计数据统计表（H-02-01-51），见附表 2-6。

（6）混凝土雨篷、天沟、挑板设计数据统计表（H-02-01-61），见附表 2-7。

施工单位用表目录（A–01–00）　　表 2–1

表格内容	表格编号	表格名称	备　注
常用申报表格	A-01-01	施工组织设计（方案）审批记录	
	A-01-02	施工技术方案报审表	
	A-01-03	承包商申报表	
	A-01-04	监理工程师通知回复单	
	A-01-05	施工现场质量管理检查记录	
	A-01-06	图纸会审记录	
	A-01-07	施工技术交底记录	
	A-01-08	材料试验委托单	
	A-01-09	施工放样报验单	
	A-01-10	现场问题处理报告单	
	A-01-11	隐蔽工程量计量记录表	
	A-01-12	工程质量事故报告	
	A-01-13	工程报验申请表	
	A-01-14	工程竣工申请表	
	A-01-15 ~ A-01-39	预留	
进度控制表格	A-01-40	预留	
	A-01-41	工程进度横道图表	
	A-01-42A	每周工作计划与检查表	
	A-01-42B	施工周报	
	A-01-43	资金使用计划申报表	
	A-01-44	人员进场计划申报表	
	A-01-45	机械设备进场计划申报表	
	A-01-46 ~ A-01-49	预留	
人员、设备进场报验表格	A-01-50	预留	
	A-01-51	人员进场报验单	
	A-01-52	人员更换申请表	
	A-01-53	机械设备仪器进场报验单	
	A-01-54	机械设备仪器退场申请表	
	A-01-55 ~ A-01-79	预留	

续表

表格内容	表格编号	表格名称	备　注
开、复工申请表格	A-01-80	预留	
	A-01-81	合同段开工申请批复单	
	A-01-82	单位工程开工申请批复单	
	A-01-83	分部分项工程开工申请批复单	
	A-01-84	复工申请表	
	A-01-85 ～ A-01-89	预留	
合同管理表格	A-01-90	设计变更汇总表	
	A-01-91	工程变更申请表	
	A-01-92	分包单位资格报审表	
	A-01-93	延长工期申报表	
	A-01-94	合同外工程单价申报表	
	A-01-95	索赔申报表	
	A-01-96 ～ A-01-99	预留	

2.2.2　混凝土结构子分部开工程序涉及的重要政策文件

分部、子分部开工涉及许多专项开工方案的审批和论证。危险性较大的分部分项工程需要制定专项施工方案，超过一定规模的危险性较大的分部分项工程的施工方案需要组织专家进行论证。2018 年 3 月 8 日中华人民共和国住房和城乡建设部下发了《危险性较大的分部分项工程安全管理规定》，自 2018 年 6 月 1 日施行。混凝土结构子分部包含若干个危险性较大的分项工程，因此将该文件引述如下：供施工单位编制“分项工程施工专项方案”和组织专家评审参考。

危险性较大的分部分项工程安全管理规定

《危险性较大的分部分项工程安全管理规定》已经 2018 年 2 月 12 日第 37 次部常务会议审议通过，现予发布，自 2018 年 6 月 1 日起施行。

住房城乡建设部部长　王蒙徽

2018 年 3 月 8 日

危险性较大的分部分项工程安全管理规定

第一章　总则

第一条　为加强对房屋建筑和市政基础设施工程中危险性较大的分部分项工程安全管理，有效防范生产安全事故，依据《中华人民共和国建筑法》《中华人民共和国安全生产法》《建设工程安全生产管理条例》等法律法规，制定本规定。

第二条　本规定适用于房屋建筑和市政基础设施工程中危险性较大的分部分项工程安全管理。

第三条　本规定所称危险性较大的分部分项工程（以下简称“危大工程”），是指房屋建筑和市政基础设施工程在施工过程中，容易导致人员群死群伤或者造成重大经济损失的分部分项工程。

危大工程及超过一定规模的危大工程范围由国务院住房城乡建设主管部门制定。

省级住房城乡建设主管部门可以结合本地区实际情况，补充本地区危大工程范围。

第四条　国务院住房城乡建设主管部门负责全国危大工程安全管理的指导监督。

县级以上地方人民政府住房城乡建设主管部门负责本行政区域内危大工程的安全监督管理。

第二章　前期保障

第五条　建设单位应当依法提供真实、准确、完整的工程地质、水文地质和工程周边环境等资料。

第六条　勘察单位应当根据工程实际及工程周边环境资料，在勘察文件中说明地质条件可能造成的工程风险。

设计单位应当在设计文件中注明涉及危大工程的重点部位和环节，提出保障工程周边环境安全和工程施工安全的意见，必要时进行专项设计。

第七条　建设单位应当组织勘察、设计等单位在施工招标文件中列出危大工程清单，要求施工单位在投标时补充完善危大工程清单并明确相应的安全管理措施。

第八条　建设单位应当按照施工合同约定及时支付危大工程施工技术措施费以及相应的安全防护文明施工措施费，保障危大工程施工安全。

第九条　建设单位在申请办理安全监督手续时，应当提交危大工程清单及其安全管理措施等资料。

第三章　专项施工方案

第十条　施工单位应当在危大工程施工前组织工程技术人员编制专项施工方案。

实行施工总承包的，专项施工方案应当由施工总承包单位组织编制。危大工程实行分包的，专项施工方案可以由相关专业分包单位组织编制。

第十一条　专项施工方案应当由施工单位技术负责人审核签字、加盖单位公章，并由总监理工程师审查签字、加盖执业印章后方可实施。

危大工程实行分包并由分包单位编制专项施工方案的，专项施工方案应当由总承包单位技术负责人及分包单位技术负责人共同审核签字并加盖单位公章。

第十二条　对于超过一定规模的危大工程，施工单位应当组织召开专家论证会对专项施工方案进行论证。实行施工总承包的，由施工总承包单位组织召开专家论证会。专家论证前专项施工方案应当通过施工单位审核和总监理工程师审查。

专家应当从地方人民政府住房城乡建设主管部门建立的专家库中选取，符合专业要求且人数不得少于5名。与本工程有利害关系的人员不得以专家身份参加专家论证会。

第十三条　专家论证会后，应当形成论证报告，对专项施工方案提出通过、修改后通过或者不通过的一致意见。专家对论证报告负责并签字确认。

专项施工方案经论证需修改后通过的，施工单位应当根据论证报告修改完善后，重新履行本规定第十一条的程序。

专项施工方案经论证不通过的，施工单位修改后应当按照本规定的要求重新组织专家论证。

第四章 现场安全管理

第十四条 施工单位应当在施工现场显著位置公告危大工程名称、施工时间和具体责任人员，并在危险区域设置安全警示标志。

第十五条 专项施工方案实施前，编制人员或者项目技术负责人应当向施工现场管理人员进行方案交底。

施工现场管理人员应当向作业人员进行安全技术交底，并由双方和项目专职安全生产管理人员共同签字确认。

第十六条 施工单位应当严格按照专项施工方案组织施工，不得擅自修改专项施工方案。

因规划调整、设计变更等原因确需调整的，修改后的专项施工方案应当按照本规定重新审核和论证。涉及资金或者工期调整的，建设单位应当按照约定予以调整。

第十七条 施工单位应当对危大工程施工作业人员进行登记，项目负责人应当在施工现场履职。

项目专职安全生产管理人员应当对专项施工方案实施情况进行现场监督，对未按照专项施工方案施工的，应当要求立即整改，并及时报告项目负责人，项目负责人应当及时组织限期整改。

施工单位应当按照规定对危大工程进行施工监测和安全巡视，发现危及人身安全的紧急情况，应当立即组织作业人员撤离危险区域。

第十八条 监理单位应当结合危大工程专项施工方案编制监理实施细则，并对危大工程施工实施专项巡视检查。

第十九条 监理单位发现施工单位未按照专项施工方案施工的，应当要求其进行整改；情节严重的，应当要求其暂停施工，并及时报告建设单位。施工单位拒不整改或者不停止施工的，监理单位应当及时报告建设单位和工程所在地住房城乡建设主管部门。

第二十条 对于按照规定需要进行第三方监测的危大工程，建设单位应当委托具有相应勘察资质的单位进行监测。

监测单位应当编制监测方案。监测方案由监测单位技术负责人审核签字并加盖单位公章，报送监理单位后方可实施。

监测单位应当按照监测方案开展监测，及时向建设单位报送监测成果，并对监测成果负责；发现异常时，及时向建设、设计、施工、监理单位报告，建设单位应当立即组织相关单位采取处置措施。

第二十一条 对于按照规定需要验收的危大工程，施工单位、监理单位应当组织相关人员进行验收。验收合格的，经施工单位项目技术负责人及总监理工程师签字确认后，方可进入下一道工序。

危大工程验收合格后，施工单位应当在施工现场明显位置设置验收标识牌，公示验收时间及责任人员。

第二十二条　危大工程发生险情或者事故时，施工单位应当立即采取应急处置措施，并报告工程所在地住房城乡建设主管部门。建设、勘察、设计、监理等单位应当配合施工单位开展应急抢险工作。

第二十三条　危大工程应急抢险结束后，建设单位应当组织勘察、设计、施工、监理等单位制定工程恢复方案，并对应急抢险工作进行后评估。

第二十四条　施工、监理单位应当建立危大工程安全管理档案。

施工单位应当将专项施工方案及审核、专家论证、交底、现场检查、验收及整改等相关资料纳入档案管理。

监理单位应当将监理实施细则、专项施工方案审查、专项巡视检查、验收及整改等相关资料纳入档案管理。

第五章　监督管理

第二十五条　设区的市级以上地方人民政府住房城乡建设主管部门应当建立专家库，制定专家库管理制度，建立专家诚信档案，并向社会公布，接受社会监督。

第二十六条　县级以上地方人民政府住房城乡建设主管部门或者所属施工安全监督机构，应当根据监督工作计划对危大工程进行抽查。

县级以上地方人民政府住房城乡建设主管部门或者所属施工安全监督机构，可以通过政府购买技术服务方式，聘请具有专业技术能力的单位和人员对危大工程进行检查，所需费用向本级财政申请予以保障。

第二十七条　县级以上地方人民政府住房城乡建设主管部门或者所属施工安全监督机构，在监督抽查中发现危大工程存在安全隐患的，应当责令施工单位整改；重大安全事故隐患排除前或者排除过程中无法保证安全的，责令从危险区域内撤出作业人员或者暂时停止施工；对依法应当给予行政处罚的行为，应当依法作出行政处罚决定。

第二十八条　县级以上地方人民政府住房城乡建设主管部门应当将单位和个人的处罚信息纳入建筑施工安全生产不良信用记录。

第六章　法律责任

第二十九条　建设单位有下列行为之一的，责令限期改正，并处1万元以上3万元以下的罚款；对直接负责的主管人员和其他直接责任人员处1000元以上5000元以下的罚款：

（一）未按照本规定提供工程周边环境等资料的；

（二）未按照本规定在招标文件中列出危大工程清单的；

（三）未按照施工合同约定及时支付危大工程施工技术措施费或者相应的安全防护文明施工措施费的；

（四）未按照本规定委托具有相应勘察资质的单位进行第三方监测的；

（五）未对第三方监测单位报告的异常情况组织采取处置措施的。

第三十条　勘察单位未在勘察文件中说明地质条件可能造成的工程风险的，责令限期改正，依照《建设工程安全生产管理条例》对单位进行处罚；对直接负责的主管人员和其他直接责任人员处1000元以上5000元以下的罚款。

第三十一条　设计单位未在设计文件中注明涉及危大工程的重点部位和环节，未提出保障工程周边环境安全和工程施工安全的意见的，责令限期改正，并处1万元以上3万元以下的罚款；对直接负责的主管人员和其他直接责任人员处1000元以上5000元以下的罚款。

第三十二条　施工单位未按照本规定编制并审核危大工程专项施工方案的，依照《建设工程安全生产管理条例》对单位进行处罚，并暂扣安全生产许可证30日；对直接负责的主管人员和其他直接责任人员处1000元以上5000元以下的罚款。

第三十三条　施工单位有下列行为之一的，依照《中华人民共和国安全生产法》《建设工程安全生产管理条例》对单位和相关责任人员进行处罚：

（一）未向施工现场管理人员和作业人员进行方案交底和安全技术交底的；

（二）未在施工现场显著位置公告危大工程，并在危险区域设置安全警示标志的；

（三）项目专职安全生产管理人员未对专项施工方案实施情况进行现场监督的。

第三十四条　施工单位有下列行为之一的，责令限期改正，处1万元以上3万元以下的罚款，并暂扣安全生产许可证30日；对直接负责的主管人员和其他直接责任人员处1000元以上5000元以下的罚款：

（一）未对超过一定规模的危大工程专项施工方案进行专家论证的；

（二）未根据专家论证报告对超过一定规模的危大工程专项施工方案进行修改，或者未按照本规定重新组织专家论证的；

（三）未严格按照专项施工方案组织施工，或者擅自修改专项施工方案的。

第三十五条　施工单位有下列行为之一的，责令限期改正，并处1万元以上3万元以下的罚款；对直接负责的主管人员和其他直接责任人员处1000元以上5000元以下的罚款：

（一）项目负责人未按照本规定现场履职或者组织限期整改的；

（二）施工单位未按照本规定进行施工监测和安全巡视的；

（三）未按照本规定组织危大工程验收的；

（四）发生险情或者事故时，未采取应急处置措施的；

（五）未按照本规定建立危大工程安全管理档案的。

第三十六条　监理单位有下列行为之一的，依照《中华人民共和国安全生产法》《建设工程安全生产管理条例》对单位进行处罚；对直接负责的主管人员和其他直接责任人员处1000元以上5000元以下的罚款：

（一）总监理工程师未按照本规定审查危大工程专项施工方案的；

（二）发现施工单位未按照专项施工方案实施，未要求其整改或者停工的；

（三）施工单位拒不整改或者不停止施工时，未向建设单位和工程所在地住房城乡建设主管部门报告的。

第三十七条　监理单位有下列行为之一的，责令限期改正，并处1万元以上3万元以下的罚款；对直接负责的主管人员和其他直接责任人员处1000元以上5000元以下的罚款：

（一）未按照本规定编制监理实施细则的；

（二）未对危大工程施工实施专项巡视检查的；

（三）未按照本规定参与组织危大工程验收的；

（四）未按照本规定建立危大工程安全管理档案的。

第三十八条　监测单位有下列行为之一的，责令限期改正，并处1万元以上3万元以下的罚款；对直接负责的主管人员和其他直接责任人员处1000元以上5000元以下的罚款：

（一）未取得相应勘察资质从事第三方监测的；

（二）未按照本规定编制监测方案的；

（三）未按照监测方案开展监测的；

（四）发现异常未及时报告的。

第三十九条　县级以上地方人民政府住房城乡建设主管部门或者所属施工安全监督机构的工作人员，未依法履行危大工程安全监督管理职责的，依照有关规定给予处分。

第七章　附　　则

第四十条　本规定自 2018 年 6 月 1 日起施行。

第 3 章　混凝土结构子分部验收程序设计及应用

3.1　混凝土结构子分部验收程序设计

混凝土结构子分部验收是一个重要的环节，因此单独设计了一个验收程序，分项工程的编号为 00B，故主体分部混凝土结构子分部验收程序编号为“P-02-01-00B”。

混凝土结构子分部验收分 3 个工序：① 结构实体检验；② 子分部各分项工程施工质量检验记录审核；③ 子分部工程验收施工质量检验记录审核。混凝土子分部施工质量验收程序 P-02-01-00B 如图 3-1 所示。

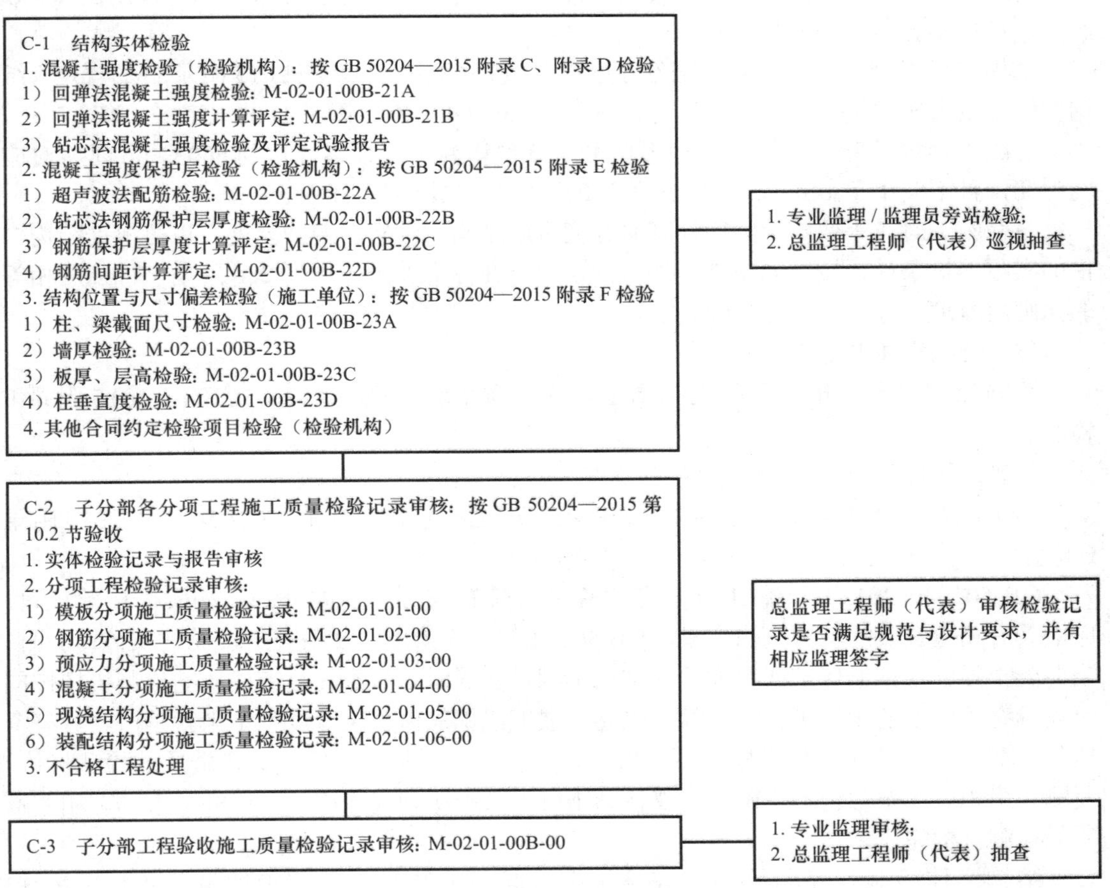

图 3-1　混凝土子分部施工质量验收程序 P-02-01-00B

3.2 混凝土结构子分部验收程序应用

3.2.1 结构实体检验

1. 结构实体检验应用相关规范条文

结构实体检验根据《混凝土结构工程施工质量验收规范》GB 50204—2015 第 10.1 节实施。结构实体检验的内容应包括混凝土强度、钢筋保护层厚度、结构位置与尺寸偏差以及合同约定的项目；必要时可检验其他项目。

结构实体检验应由监理单位组织施工单位实施，并见证实施过程。施工单位应制定结构实体检验专项方案，并经监理单位审核批准后实施。除结构位置与尺寸偏差外的结构实体检验项目，应由具有相应资质的检测机构完成。

（1）结构实体混凝土强度检测

结构实体混凝土强度应按不同强度等级分别检验，检验方法宜采用同条件养护试件方法；当未取得同条件养护试件强度或同条件养护试件强度不符合要求时，可采用回弹 - 取芯法进行检验。

结构实体混凝土同条件养护试件强度检验应符合 GB 50204—2015 附录 C 的规定；结构实体混凝土回弹 - 取芯法强度检验应符合 GB 50204—2015 附录 D 的规定。

混凝土强度检验时的等效养护龄期可取日平均温度逐日累计达到 600℃ · d 时所对应的龄期，且不应小于 14d。日平均温度为 0℃及以下的龄期不计入。

冬期施工时，等效养护龄期计算时温度可取结构构件实际养护温度，也可根据结构构件的实际养护条件，按照同条件养护试件强度与在标准养护条件下 28d 龄期试件强度相等的原则由监理、施工等各方共同确定。

（2）结构实体混凝土强度检测

钢筋保护层厚度按《混凝土结构工程施工质量验收规范》GB 50204—2015 附录 E 检验。

（3）结构位置与尺寸偏差检验

结构位置与尺寸偏差按《混凝土结构工程施工质量验收规范》GB 50204—2015 附录 F 检验。

GB 50204—2015 第 10.1.1 条规定："除结构位置与尺寸偏差外的结构实体检验项目，应由具有相应资质的检测机构完成。"GB 50204—2015 第 10.1.5 条规定："结构实体检验时，当混凝土强度或钢筋保护层厚度检验结果不满足要求时，应委托具有资质的检测机构按国家现行有关标准的规定进行检测"。"混凝土强度或钢筋保护层厚度"本来就是由"具有资质的检测机构"检测，如果检测不合格，是否应该委托另外一家"具有资质的检测机构"复测？第 10.1.5 条规定不明确。建议在第 10.1.5 条中明确规定应委托另外一家具有相应资质的检测机构完成。

结构实体检验程序与检验用表格根据《混凝土结构工程施工质量验收规范》GB 50204—2015 第 10.1 节、附录 C、附录 D、附录 E、附录 F 设计。

2. 结构实体检验用表格设计

（1）回弹法混凝土强度检测记录表

1）回弹法混凝土强度检验记录表（M-02-01-00B-21A），见表3-1。

2）回弹法混凝土强度计算评定表（M-02-01-00B-21B），见表3-2。

（2）钢筋保护层厚度检验

1）超声波配筋检验记录表（M-02-01-00B-22A），见表3-3。

2）钻芯法钢筋保护层厚度检验记录表（M-02-01-00B-22B），见表3-4。

3）钢筋保护层厚度计算评定表（M-02-01-00B-22C），见表3-5。

4）钢筋间距计算评定表（M-02-01-00B-22D），见表3-6。

（3）结构位置与尺寸偏差检验

1）柱、梁截面尺寸检验记录表（M-02-01-00B-23A），见表3-7。

2）墙厚检验记录表（M-02-01-00B-23B），见表3-8。

3）板厚、层高检验记录表（M-02-01-00B-23C），见表3-9。

4）柱垂直度检验记录表（M-02-01-00B-23D），见表3-10。

3.2.2　混凝土结构子分部各分项工程施工质量检验记录审核

1. 混凝土结构子分部各分项工程施工质量检验记录审核应用相关规范条文

混凝土结构子分部各分项工程施工质量检验记录审查根据《混凝土结构工程施工质量验收规范》GB 50204—2015第10.2.1条～第10.2.4条设计。

2. 混凝土结构子分部各分项工程施工质量检验记录审核用表格

（1）模板分项施工质量检验记录目录（M-02-01-01-00），见表4-20。

（2）钢筋分项施工质量检验记录目录（M-02-01-02-00），见表5-33。

（3）预应力分项施工质量检验记录目录（M-02-01-03-00），见表6-32。

（4）混凝土分项施工质量检验记录目录（M-02-01-04-00），见表7-1。

（5）现浇结构分项施工质量检验记录目录（M-02-01-05-00），见表8-24。

（6）装配结构分项施工质量检验记录目录（M-02-01-06-00），见表9-24。

3. 混凝土结构子分部工程验收施工质量检验记录审核

混凝土结构子分部验收施工质量检验记录目录（M-02-01-00B-00），见表3-11。

按照表3-11逐项审核混凝土结构子分部实体检验记录与各分项工程施工质量检验记录。

回弹法混凝土强度检验记录表（M-02-01-00B-21A） 表 3-1

建设项目： 单位工程： 第 页 共 页

层	构件名称编号	轴线 1（区间）	测区	角度	回弹值 R_i																碳化深度 d_i（mm）
		轴线 2（区间）			1	2	3	4	5	6	7	8	9	10	11	12	13	14	15	16	

测面状态：风干 / 潮湿 / 光洁 / 粗糙 回弹仪型号： 编号： 率定值：

执行标准：《混凝土结构工程施工质量验收规范》GB 50204—2015 第 10.1.1 条、第 10.1.2 条、附录 C。

构件总数量	≤ 20	20 ～ 150	151 ～ 280	281 ～ 500	501 ～ 1200	1201 ～ 3200
最小抽样数量	全数	20	26	40	64	100

检验： 日期： 审核：

回弹法混凝土强度计算评定表（M-02-01-00B-21B）

表 3-2

建设项目：　　　　单位工程：　　　　第　　页 共　　页

层	构件	轴线1（区间） 轴线2（区间）	测区	角度	回弹值 R_i																min	max	R_{ma}	R_{mb}	R_m	d_i(mm)	$f^c_{cu,i}$	$(f^c_{cu,i})^2$
					1	2	3	4	5	6	7	8	9	10	11	12	13	14	15	16								
$f^c_{cu,min}$																												
$m_{f}c_{cu}$																												
N																												
$\sum(f^c_{cu,i})^2$																												
$[\sum(f^c_{cu,i})^2-N(m_f c_{cu})^2]$																												
$[\sum(f^c_{cu,i})^2-N(m_f c_{cu})^2]/N-1$																												
$S_{f}c_{cu}$																												
$f_{cu,e}=m_f c_{cu}-1.645S_{f}c_{cu}$																												

计算：　　　　日期：　　　　审核：

超声波法配筋检验记录表（M-02-01-00B-22A）　　表 3-3

建设项目：　　单位工程：　　第　页 共　页

层号	构件名称编号	轴线（区间）1	边长（mm）		纵向钢筋根数		检测内容（mm）	设计值（mm）	测点实测值（mm）									
		轴线（区间）2	设计	实测	设计	实测			1	2	3	4	5	6	7	8	9	10
							保护层厚度											
							箍筋 / 板筋间距											
							保护层厚度											
							箍筋 / 板筋间距											
							保护层厚度											
							箍筋 / 板筋间距											

设备名称：　　设备型号：　　设备编号：

执行标准：《混凝土结构工程施工质量验收规范》GB 50204—2015。1. 对悬挑构件之外的梁板应各抽取构件数量的 2%且不少于 5 个构件进行检验；2. 对悬挑梁应各抽取构件数量的 5%且不少于 10 个构件进行检验，总数少于 10 个时，全数检验；3. 对悬挑板应各抽取构件数量的 5%且不少于 20 个构件进行检验，总数少于 20 个时，全数检验。

检验：　　日期：　　审核：

钻芯法钢筋保护层厚度检验记录表（M-02-01-00B-22B）　　表 3-4

建设项目：　　单位工程：　　第　页 共　页

层　号	构件名称编号	轴线位置区域	设计值（mm）	测点实测值（mm）							
				1	2	3	4	5	6	7	8

执行标准：《混凝土结构工程施工质量验收规范》GB 50204—2015 第 10.1.3 条、附录 E。1. 对悬挑构件之外的梁板应各抽取构件数量的 2%且不少于 5 个构件进行检验；2. 对悬挑梁应各抽取构件数量的 5%且不少于 10 个构件进行检验，总数少于 10 个时，全数检验；3. 对悬挑板应各抽取构件数量的 5%且不少于 20 个构件进行检验，总数少于 20 个时，全数检验。

检验：　　日期：　　审核：

钢筋保护层厚度计算评定表（M-02-01-00B-22C）　　表 3-5

建设项目：

单位工程：　　　　　　　　　　　　　　　　第　页 共　页

设计保护层厚度（mm）			允许误差								
层　号	构件名称编号	轴线位置	测点实测值（mm）								
			1	2	3	4	5	6	7	8	9
设计保护层厚度			允许误差								
总检测点数											
保护层厚度＜　mm 的点数											
保护层厚度＞　mm 的点数											
合格率											

计算：　　　　　　　　日期：　　　　　　　　审核：

钢筋间距计算评定表（M-02-01-00B-22D）　　表 3-6

建设项目：

单位工程：　　　　　　　　　　　　　　　　第　页 共　页

允许误差				绑扎钢筋网眼尺寸：±20mm；绑扎箍筋、横向钢筋间距：±20mm																			
层号	构件名称编号	轴线（区间）1× 轴线（区间）2	设计值	1		2		3		4		5		6		7		8		9		10	
				实测	差值	实测	差值	实测	差值	实测	差值	实测	差值	实测	差值	实测	差值	实测	差值	实测	差值	实测	差值
检测总点数																							
差值＜－ 20mm 点数																							
差值＞ 20mm 点数																							
合格率（%）																							

计算：　　　　　　　　日期：　　　　　　　　审核：

柱、梁截面尺寸检验记录表（M–02–01–00B–23A） 表 3–7

建设项目：			单位工程：							第 页 共 页
柱、梁：+10，−5mm			柱：选取柱的一边量测柱中间、下部及其他部位，取 3 点平均值； 梁：选取梁的一侧边中间及距两端各 0.1m 处，取 3 点平均值							
层号	构件名称与编号	轴线位置	截面 b（mm）				截面 h（mm）			
			设计	实测	平均值	差值	设计	实测	平均值	差值

执行标准：《混凝土结构工程施工质量验收规范》GB 50204—2015 第 10.1.4 条、附录 F。梁柱应抽取构件数量的 1%，且不少于 3 个构件。

检验： 日期： 审核：

墙厚检验记录表（M–02–01–00B–23B） 表 3–8

建设项目：						
单位工程：						第 页 共 页
墙：+10，−5mm		墙身中部量测 3 点，取 3 点平均值，量测间距不应小于 1m				
层号	构件名称与编号	轴线位置	墙厚 H（mm）			
			设计	实测	平均值	差值

设备名称： 设备型号： 设备编号：

执行标准：《混凝土结构工程施工质量验收规范》GB 50204—2015 第 10.1.4 条、附录 F。按有代表性的自然间抽取 1%，且不应少于 3 个间。

检验： 日期： 审核：

板厚、层高检验记录表（M–02–01–00B–23C）　表 3–9

<table>
<tr><td colspan="7">建设项目：</td><td colspan="2">单位工程：</td><td colspan="2">第　页共　页</td></tr>
<tr><td colspan="7">板厚：悬挑板取距离支座 0.1m 处，沿宽度方向取包括中心点位置在内的随机 3 点取平均值；其他楼板，在同一对角线量测中间及距两端各 0.1m 处，取 3 点平均值。</td><td colspan="4">层高：与板厚测点相同，量测板底至下层楼板板顶之净高，层高为净高与板厚之和，取 3 点平均值。</td></tr>
<tr><td rowspan="2">层　号</td><td rowspan="2">构件名称与编号</td><td rowspan="2">轴线位置</td><td colspan="4">板厚 h（mm）：＋10，－5mm</td><td colspan="4">层高（mm）：±10mm</td></tr>
<tr><td>设计</td><td>实测</td><td>平均值</td><td>差值</td><td>设计</td><td>实测</td><td>平均值</td><td>差值</td></tr>
<tr><td rowspan="3"></td><td rowspan="3"></td><td rowspan="3"></td><td rowspan="3"></td><td></td><td rowspan="3"></td><td rowspan="3"></td><td rowspan="3"></td><td></td><td rowspan="3"></td><td rowspan="3"></td></tr>
<tr><td></td><td></td></tr>
<tr><td></td><td></td></tr>
<tr><td rowspan="3"></td><td rowspan="3"></td><td rowspan="3"></td><td rowspan="3"></td><td></td><td rowspan="3"></td><td rowspan="3"></td><td rowspan="3"></td><td></td><td rowspan="3"></td><td rowspan="3"></td></tr>
<tr><td></td><td></td></tr>
<tr><td></td><td></td></tr>
</table>

设备名称：　　　　设备型号：　　　　设备编号：

执行标准：《混凝土结构工程施工质量验收规范》GB 50204—2015 第 10.1.4 条、附录 F。按有代表性的自然间抽取 1%，且不应少于 3 个间。

检验：　　　　日期：　　　　审核：

柱垂直度检验记录表（M–02–01–00B–23D）　表 3–10

<table>
<tr><td colspan="7">建设项目：</td></tr>
<tr><td colspan="6">单位工程：</td><td>第　页共　页</td></tr>
<tr><td colspan="3">柱、墙：层高≤ 6m，≤ 10mm；层高＞ 6m，≤ 12mm</td><td colspan="4">全高（H）：H ≤ 300m，≤ H/30000+20；H ＞ 300m，≤ H/10000 且≤ 80</td></tr>
<tr><td>层号</td><td>构件名称与编号</td><td>测点轴线交点</td><td>检测高度（mm）</td><td>检测方向</td><td>下测点偏距数（mm）</td><td>垂直度（左偏负，右偏正）</td></tr>
<tr><td rowspan="2"></td><td rowspan="2"></td><td rowspan="2"></td><td rowspan="2"></td><td>X</td><td></td><td></td></tr>
<tr><td>Y</td><td></td><td></td></tr>
<tr><td rowspan="2"></td><td rowspan="2"></td><td rowspan="2"></td><td rowspan="2"></td><td>X</td><td></td><td></td></tr>
<tr><td>Y</td><td></td><td></td></tr>
<tr><td rowspan="2"></td><td rowspan="2"></td><td rowspan="2"></td><td rowspan="2"></td><td>X</td><td></td><td></td></tr>
<tr><td>Y</td><td></td><td></td></tr>
</table>

设备名称：　　　　设备型号：　　　　设备编号：

执行标准：《混凝土结构工程施工质量验收规范》GB 50204—2015 第 10.1.4 条、附录 F。柱应抽取构件数量的 1%，且不少于 3 个构件。

检验：　　　　日期：　　　　审核：

混凝土结构子分部验收施工质量检验记录目录（M–02–01–00B–00）　　表 3–11

建设项目：

单位工程：　　第　页共　页

工序	表格编号	表格名称	份数
1. 结构实体检验	M-02-01-00B-21A	回弹法混凝土强度检验记录表	
	M-02-01-00B-21B	回弹法混凝土强度计算评定表	
	M-02-01-00B-22A	超声波配筋检验记录表	
	M-02-01-00B-22B	钻芯法钢筋保护层厚度检验记录表	
	M-02-01-00B-22C	钢筋保护层厚度计算评定表	
	M-02-01-00B-22D	钢筋间距计算评定表	
	M-02-01-00B-23A	柱、梁截面尺寸检验记录表	
	M-02-01-00B-23B	墙厚检验记录表	
	M-02-01-00B-23C	板厚、层高检验记录表	
	M-02-01-00B-23D	柱垂直度检验记录表	
2. 子分部各分项工程施工质量检验记录审查	M-02-01-01-00	模板分项施工质量检验记录目录	
	M-02-01-02-00	钢筋分项施工质量检验记录目录	
	M-02-01-03-00	预应力分项施工质量检验记录目录	
	M-02-01-04-00	混凝土分项施工质量检验记录目录	
	M-02-01-05-00	现浇结构分项施工质量检验记录目录	
	M-02-01-06-00	装配结构分项施工质量检验记录目录	

施工技术负责人：　　日期：　　专业监理：

第 4 章 模板分项施工质量检验程序设计及应用

4.1 模板分项施工质量检验程序设计

在主体分部混凝土结构子分部中，模板分项工程编号为“01”，故主体分部混凝土结构子分部模板分项施工质量检验程序编号为“P-02-01-01”。

模板分项分 5 个工序：

（1）施工方案、专项施工方案的编制与审批；

（2）支模架的搭设与质量检验；

（3）模板型号选择、生产厂家的确定与进场质量检验；

（4）模板安装与质量检验；

（5）模板的拆除与质量检验；

（6）模板分项施工质量检验记录审核。

模板分项施工质量检验程序 P-02-01-01 如图 4-1 所示。

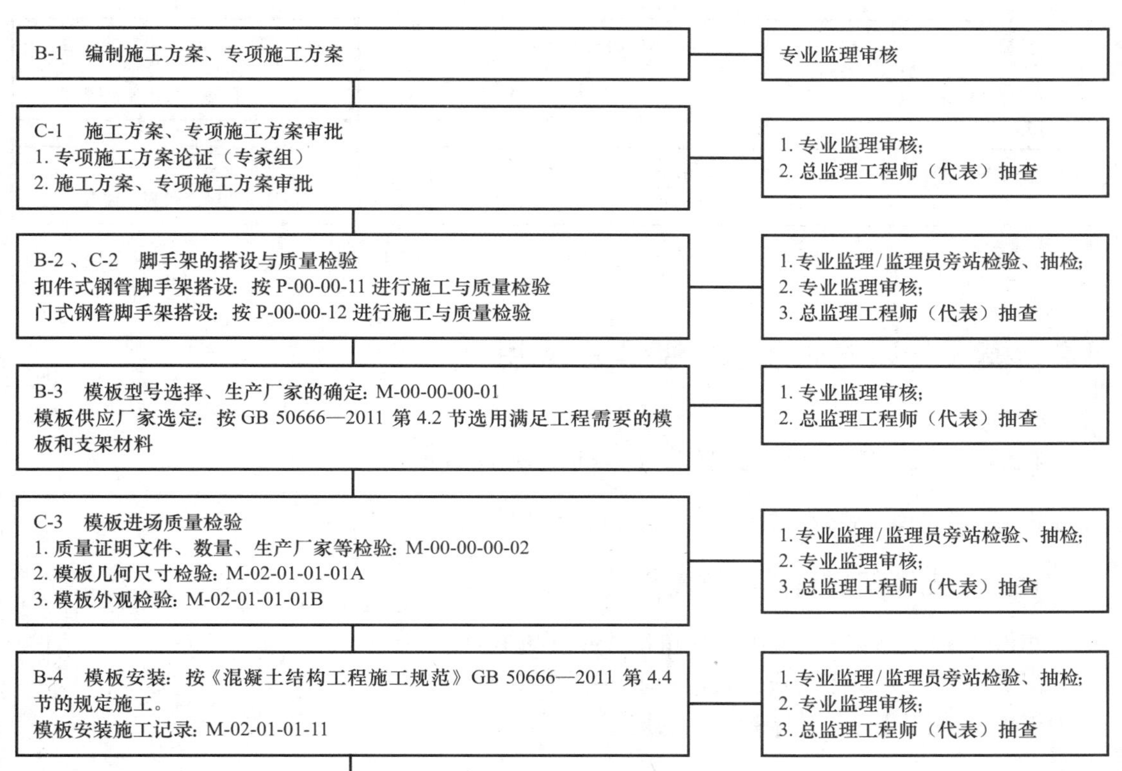

图 4-1 模板分项施工质量检验程序 P-02-01-01（一）

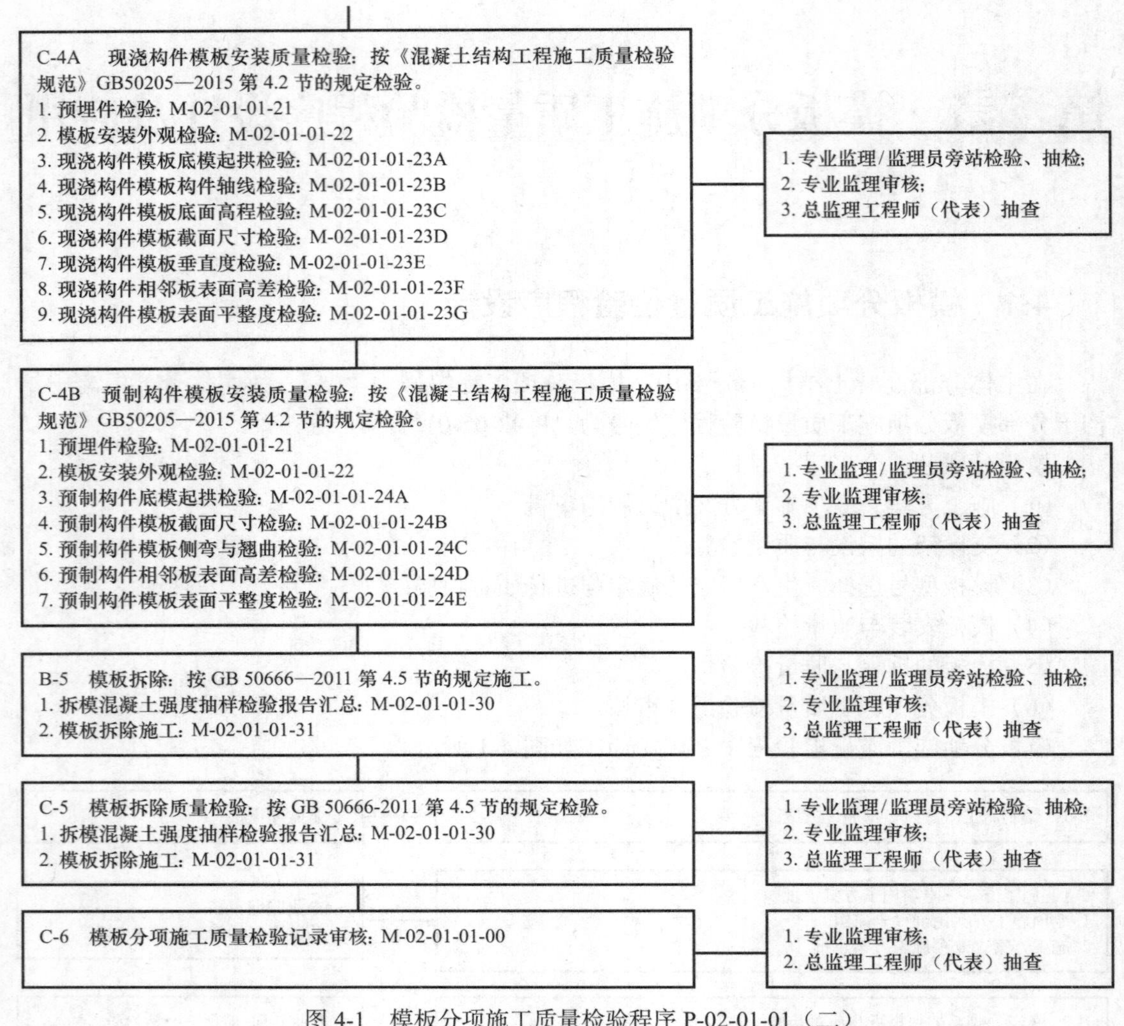

图 4-1　模板分项施工质量检验程序 P-02-01-01（二）

4.2　模板分项施工质量检验程序应用

4.2.1　施工方案、专项施工方案的编制与审批

相关方案的编制与审批按相关规范和建设主管部门的规定执行。

4.2.2　支模架的搭设与质量检验

扣件式钢管脚手架搭设施工质量检验：按图 10-1 检验。

门式钢管脚手架搭设施工质量检验：按图 10-2 检验。

支模架的搭设与质量检验应用的规范条文与表格设计见第 10 章。

4.2.3　模板型号选择、生产厂家的确定与进场质量检验

1. 规范条文

模板型号选择、生产厂家的确定与进场质量检验根据《混凝土结构工程施工质量验收规范》GB 50204—2015 第 4.2.1 条～第 4.2.4 条执行。

2. 表格设计

（1）原材料 / 成品 / 半成品选用表（模板型号选择、生产厂家的确定）（M-00-00-00-01），见附录 1 附表 1-2。

（2）原材料 / 成品 / 半成品进场检验记录表（模板质量证明文件、生产厂家、数量检验记录表）（M-00-00-00-02），见附录 1 附表 1-3。

（3）模板几何尺寸检验记录表（M-02-01-01-01A），见表 4-1。

（4）模板外观检验记录表（M-02-01-01-01B），见表 4-2。

4.2.4　模板的安装与质量检验

1. 规范条文

模板的安装质量根据《混凝土结构工程施工质量验收规范》GB 50204—2015 第 4.2 节的规定检验。

（1）模板及支架用材料按 GB 50204—2015 第 4.2.2 条检验。

（2）现浇混凝土结构模板及支架的安装质量按 GB 50204—2015 第 4.2.1 条～第 4.2.5 条、第 4.2.8 条检验。

（3）支架下的土层质量按 GB 50204—2015 第 4.2.4 条检验。

（4）隔离剂的品种和涂刷方法按 GB 50204—2015 第 4.2.6 条检验。

（5）模板的起拱按 GB 50204—2015 第 4.2.7 条检验模板。

（6）预埋件和预留孔洞按 GB 50204—2015 第 4.2.9 条检验。

预埋件对后期的安装影响比较大，漏埋现象比较普遍，建议对预埋件应逐一检验，防止漏埋、错埋，检验数量修改为“全数”。

（7）允许偏差项目按 GB 50204—2015 第 4.2.20 条检验。

模板尺寸、标高决定了结构成品的尺寸和标高，因此构件的尺寸和标高，应在模板阶段开始控制。在最后的验收阶段，如发现构件尺寸错误和标高错误，将直接影响使用功能和后期的安装，因此建议模板尺寸、标高检验数量修改为“全数”。

2. 表格设计

（1）模板安装施工记录表（M-02-01-01-11），见表 4-3。

（2）预埋件检验记录表（M-02-01-01-21），见表 4-4。

（3）模板安装外观检验记录表（M-02-01-01-22），见表 4-5。

（4）现浇构件底模起拱检验记录表（M-02-01-01-23A），见表 4-6。

（5）现浇构件模板轴线检验记录表（M-02-01-01-23B），见表 4-7。

（6）现浇构件模板底面高程检验记录表（M-02-01-01-23C），见表 4-8。

（7）现浇构件模板截面尺寸检验记录表（M-02-01-01-23D），见表 4-9。

（8）现浇构件模板垂直度检验记录表（M-02-01-01-23E），见表 4-10。

（9）现浇构件相邻板表面高差检验记录表（M-02-01-01-23F），见表 4-11。

（10）现浇构件表面平整度检验记录表（M-02-01-01-23G），见表 4-12。

（11）预制构件底模起拱检验记录表（M-02-01-01-24A），见表 4-13。

（12）预制构件模板截面尺寸检验记录表（M-02-01-01-24B），见表 4-14。

（13）预制构件模板侧弯与翘曲检验记录表（M-02-01-01-24C），见表 4-15。

（14）预制构件相邻板表面高差检验记录表（M-02-01-01-24D），见表 4-16。

（15）预制构件模板表面平整度检验记录表（M-02-01-01-24E），见表 4-17。

4.2.5 模板的拆除与质量检验

1. 规范条文

模板的拆除与质量根据《混凝土结构工程施工规范》GB 50666—2011 第 4.5.1 条～第 4.5.8 条检验。

2. 表格设计

（1）拆模混凝土强度抽样检验报告汇总表（M-02-01-01-30），见表 4-18。

（2）模板拆除施工记录表（M-02-01-01-31），见表 4-19。

4.2.6 模板分项施工质量检验记录审核

模板分项施工质量检验记录目录（M-02-01-01-00），见表 4-20。

按照表 4-20 的顺序汇总检验记录，审核检验记录的完整性与检验数据是否符合规范要求。

模板几何尺寸检验记录表（M-02-01-01-01A） **表 4-1**

建设项目： 单位工程： 第 页 共 页

进场日期： 生产厂家 / 供货商：

序号	规格型号	厚度（mm）		宽度（mm）		长度（mm）		板面翘曲（mm）	板面扭曲（mm）
		设计厚度	允许误差	订货宽度	允许误差	订货长度	允许误差	$L \leqslant 4m$，$\leqslant 12mm$；$L > 4m$，$\leqslant 16mm$	任一角翘起$\leqslant 5mm$
		实测	误差	实测	误差	实测	误差	实测	实测

执行标准：《混凝土结构工程施工质量验收规范》GB 50204—2015 第 4.2.1 条。

检验： 日期： 审核：

模板外观检验记录表（M–02–01–01–01B）　　表 4–2

建设项目：					
单位工程：					第　页 共　页
进场日期：			生产厂家 / 供货商：		
序号	规格型号	钢模板	裂缝	硬弯	锈蚀
		木竹模板	扭曲变形	劈裂	腐朽
执行标准：《混凝土结构工程施工质量验收规范》GB50204—2015 第 4.2.1 条。检验频率：100%。					

检验：　　日期：　　审核：

模板安装施工记录表（M–02–01–01–11）　　表 4–3

建设项目：	单位工程：	第　页 共　页
层号 / 构件名称 / 轴线区域：	施工日期：	
气候：晴 / 阴 / 小雨 / 大雨 / 暴雨 / 雪	风力：	
施工负责人：	气温：	
施工方案批复情况检查：		
施工人员培训及交底：		
支架搭设与批复方案的一致性检查：		
支架立柱和竖向模板安装在土层上的措施检查：		
竖向模板抗侧移、抗浮、抗倾覆、防风措施检查：		
后浇带模板与支架的独立设置：		
有防水要求的墙体，模板对拉杆止水环检查：		
模板隔离剂涂刷检查：		
施工间断情况记录与其他情况记录：		
执行标准：《混凝土结构工程施工规范》GB 50666—2011。		

记录：　　日期：　　审核：

预埋件检验记录表（M–02–01–01–21）　　表 4–4

建设项目：			单位工程：						第　页共　页		
预埋钢板、预埋管中线位置：3mm			插筋：位置 5mm，外露长度 10mm			预埋螺栓：位置 2mm，外露长度 10mm			预留洞：位置 10mm，尺寸 10mm		
层号	预埋件编号与名称	控制点轴线交点	定位点位置（mm）						尺寸（mm）		
			距控制点 X 距离			距控制点 Y 距离					
			设计	实测	差值	设计	实测	差值	设计	实测	差值

执行标准：《混凝土结构工程施工质量验收规范》GB 50204—2015 第 4.2.9 条。检验频率：按楼层、结构缝或施工段划分检验批。在同一检验批内，对梁、柱和独立基础，应抽查构件数量的 10%，且不少于 3 件；对墙和板，应按有代表性的自然间抽查 10%，且不少于 3 间；对大空间结构，墙可按相邻轴线间高度 5m 左右划分检查面，板可按纵、横轴线划分检查面，抽查 10%，且均不少于 3 面。

检验：　　日期：　　审核：

模板安装外观检验记录表（M–02–01–01–22）　　表 4–5

建设项目：　　　　单位工程：　　　　第　页共　页		
规范要求	层号 / 轴线区域 / 构件名称	检验结果
第 4.2.3 条：后浇带的模板和支架应独立设置。		
第 4.2.4 条：支架竖杆或竖向模板安装在土层上时，应符合：1. 土层因坚实、平整，其承载力或密实度应符合施工方案的要求；2. 应有防水、排水措施；对冻胀土，应有预防冻融措施；3. 支架竖杆下应有底座或垫板。		
第 4.2.5 条：1. 模板的接缝应严密；2. 模板内不应有杂物、积水和冰雪；3. 模板与混凝土的接触面应平整、清洁；4. 用作模板的地坪、胎模等应平整、清洁，不应有影响构件质量的下沉、裂缝、起砂或起鼓；5. 对清水混凝土及装饰混凝土构件，应使用能达到设计效果的模板。		
第 4.2.6 条：隔离剂的品种和涂刷方法应符合施工方案的要求。隔离剂不得影响结构性能及装饰施工，不得沾污钢筋、预应力筋、预埋件和混凝土接槎处，不得对环境造成污染。		

执行标准：《混凝土结构工程施工质量验收规范》GB 50204—2015 第 4.2.3 条～第 4.2.6 条。检验频率：全数。

检验：　　日期：　　审核：

现浇构件底模起拱检验记录表（M–02–01–01–23A）　　　**表 4–6**

建设项目：　　　　单位工程：　　　　第　　页 共　　页

对跨度不小于 4m 的钢筋混凝土梁、板，其模板应按设计要求起拱；当设计无具体要求时，起拱高度宜为跨度的 $L/1000$ ～ $3L/1000$。

层号	构件名称与编号	轴线位置	L 跨度（m）	H_1 始端读数（m）	H_2 中部读数（m）	H_3 终端读数（m）	起拱度 $[(H_1+H_3)/2-H_2]/L$

设备名称：　　　　设备型号：　　　　设备编号：

执行标准：《混凝土结构工程施工质量验收规范》GB 50204—2015 第 4.2.7 条。检验频率：按楼层、结构缝或施工段划分检验批。在同一检验批内，对梁、柱和独立基础，应抽查构件数量的 10%，且不少于 3 件；对墙和板，应按有代表性的自然间抽查 10%，且不少于 3 间；对大空间结构，墙可按相邻轴线间高度 5m 左右划分检查面，板可按纵、横轴线划分检查面，抽查 10%，且均不少于 3 面。

检验：　　　　日期：　　　　审核：

现浇构件模板轴线检验记录表（M–02–01–01–23B）　　　**表 4–7**

建设项目：

单位工程：　　　　第　　页 共　　页

竖向构件（柱、墙板）：5mm			水平构件（梁、楼板）：5mm					
层号	构件名称与编号	控制点轴线位置	距控制点 X 距离			距控制点 Y 距离		
			设计	实测	差值	设计	实测	差值

执行标准：《混凝土结构工程施工质量验收规范》GB 50204—2015 第 4.2.10 条。检验频率：按楼层、结构缝或施工段划分检验批。在同一检验批内，对梁、柱和独立基础，应抽查构件数量的 10%，且不少于 3 件；对墙和板，应按有代表性的自然间抽查 10%，且不少于 3 间；对大空间结构，墙可按相邻轴线间高度 5m 左右划分检查面，板可按纵、横轴线划分检查面，抽查 10%，且均不少于 3 面。

检验：　　　　日期：　　　　审核：

现浇构件模板底面高程检验记录表（M-02-01-01-23C） **表 4-8**

建设项目：　　　　单位工程：　　　　第　页共　页

层号	构件名称与编号	轴线位置	后视点号	（1）后视高程（m）	（2）后视读数（m）	（3）前视读数（m）	（4）高差（m）（2）－（3）	（5）前视高程（m）（1）＋（4）	（6）设计高程（m）	（7）差值（mm）[（5）－（6）]×1000：±5mm

设备名称：　　　　设备型号：　　　　设备编号：

执行标准：《混凝土结构工程施工质量验收规范》GB 50204—2015 第 4.2.10 条。检验频率：按楼层、结构缝或施工段划分检验批。在同一检验批内，对梁、柱和独立基础，应抽查构件数量的 10%，且不少于 3 件；对墙和板，应按有代表性的自然间抽查 10%，且不少于 3 间；对大空间结构，墙可按相邻轴线间高度 5m 左右划分检查面，板可按纵、横轴线划分检查面，抽查 10%，且均不少于 3 面。

检验：　　　　日期：　　　　审核：

现浇构件模板截面尺寸检验记录表（M-02-01-01-23D） **表 4-9**

建设项目：　　　　单位工程：　　　　第　页共　页

柱、墙、梁：+4，－5mm；基础：±10mm			柱：选取柱的一边量测柱中间、下部及其他部位，取 3 点平均值；梁：选取梁的一侧边中间及距两端各 0.1m 处，取 3 点平均值。											
层号	构件名称与编号	轴线位置	截面边长 1（mm）				截面边长 2（mm）				截面边长 3（mm）			
			设计	实测	平均值	差值	设计	实测	平均值	差值	设计	实测	平均值	差值

执行标准：《混凝土结构工程施工质量验收规范》GB 50204—2015 第 4.2.10 条。检验频率：按楼层、结构缝或施工段划分检验批。在同一检验批内，对梁、柱和独立基础，应抽查构件数量的 10%，且不少于 3 件；对墙和板，应按有代表性的自然间抽查 10%，且不少于 3 间；对大空间结构，墙可按相邻轴线间高度 5m 左右划分检查面，板可按纵、横轴线划分检查面，抽查 10%，且均不少于 3 面。

检验：　　　　日期：　　　　审核：

现浇构件模板垂直度检验记录表（M–02–01–01–23E）　　表 4–10

建设项目：

单位工程：　　　　第　　页 共　　页

层高≤ 5m，6mm；层高＞ 5m，8mm

层号	构件名称与编号	测点轴线交点	检测高度（mm）	检测方向	下测点偏距数（mm）	垂直度（左偏负，右偏正）
				X		
				Y		
				X		
				Y		
				X		
				Y		
				X		
				Y		

设备名称：　　设备型号：　　设备编号：

执行标准：《混凝土结构工程施工质量验收规范》GB 50204—2015 第 4.2.10 条。检验频率：按楼层、结构缝或施工段划分检验批。在同一检验批内，对梁、柱和独立基础，应抽查构件数量的 10%，且不少于 3 件；对墙和板，应按有代表性的自然间抽查 10%，且不少于 3 间；对大空间结构，墙可按相邻轴线间高度 5m 左右划分检查面，板可按纵、横轴线划分检查面，抽查 10%，且均不少于 3 面。

检验：　　日期：　　审核：

现浇构件相邻板表面高差检验记录表（M–02–01–01–23F）　　表 4–11

建设项目：

单位工程：　　　　第　　页 共　　页

层　号	构件名称与编号	轴线（区间）	高差（mm）：2mm				

执行标准：《混凝土结构工程施工质量验收规范》GB 50204—2015 第 4.2.10 条。检验频率：按楼层、结构缝或施工段划分检验批。在同一检验批内，对梁、柱和独立基础，应抽查构件数量的 10%，且不少于 3 件；对墙和板，应按有代表性的自然间抽查 10%，且不少于 3 间；对大空间结构，墙可按相邻轴线间高度 5m 左右划分检查面，板可按纵、横轴线划分检查面，抽查 10%，且均不少于 3 面。

检验：　　日期：　　审核：

现浇构件模板表面平整度检验记录表（M-02-01-01-23G）　　表 4-12

建设项目：

单位工程：　　第　页共　页

层　号	构件名称与编号	轴线区间	平整度（mm）：5mm				

执行标准：《混凝土结构工程施工质量验收规范》GB 50204—2015 第 4.2.10 条。检验频率：按楼层、结构缝或施工段划分检验批。在同一检验批内，对梁、柱和独立基础，应抽查构件数量的 10%，且不少于 3 件；对墙和板，应按有代表性的自然间抽查 10%，且不少于 3 间；对大空间结构，墙可按相邻轴线间高度 5m 左右划分检查面，板可按纵、横轴线划分检查面，抽查 10%，且均不少于 3 面。

检验：　　日期：　　审核：

预制构件底模起拱检验记录表（M-02-01-01-24A）　　表 4-13

建设项目：　　单位工程：　　第　页共　页

构件名称与编号	设计起拱值（mm）	L 跨度（m）	H_1 始端读数（m）	H_2 中部读数（m）	H_3 终端读数（m）	实测起拱值（mm）$[(H_1+H_3)/2-H_2]\times1000$	差值（mm）：±3mm

设备名称：　　设备型号：　　设备编号：

执行标准：《混凝土结构工程施工质量验收规范》GB 50204—2015 第 4.2.11 条。检验频率：首次使用及大修后应全数检验，使用中的模板应抽查 10%，且不少于 5 件，不足 5 件时应全数检验。

检验：　　日期：　　审核：

预制构件模板截面尺寸检验记录表（M–02–01–01–24B） **表 4–14**

建设项目： 单位工程： 第 页 共 页

构件名称与编号	长度 L（mm）			对角线差 L_a（mm）			截面宽度 b（mm）			截面高（厚）度 h（mm）		
	板梁 ±5mm；薄腹梁桁架 ±5mm；柱 0，−10mm；墙板 0，−5mm			板 7mm；墙、板 5mm			板、墙板＋1，−5mm；梁、薄腹梁、桁架、柱＋2，−5mm			板＋2，−3mm；墙、板 0，−5mm；梁、薄腹梁、桁架、柱＋2，−5mm		
	设计	实测	差值	设计	实测	差值	设计	实测	差值	设计	实测	差值

执行标准：《混凝土结构工程施工质量验收规范》GB 50204—2015 第 4.2.11 条。检验频率：首次使用及大修后应全数检验，使用中的模板应抽查 10%，且不少于 5 件，不足 5 件时应全数检验。

检验： 日期： 审核：

预制构件模板侧弯与翘曲检验记录表（M–02–01–01–24C） **表 4–15**

建设项目： 单位工程： 第 页 共 页

构件名称与编号	长度 L（mm）	侧向弯曲（mm）：梁、板、柱 L/1000 且≤ 15mm；墙板、薄腹梁、桁架 L/1500 且≤ 15mm		翘曲（mm）：板、墙板 L/1500		
		允许值	实测	允许值	端部 1 实测	端部 2 实测

执行标准：《混凝土结构工程施工质量验收规范》GB 50204—2015 第 4.2.11 条。检验频率：首次使用及大修后应全数检验，使用中的模板应抽查 10%，且不少于 5 件，不足 5 件时应全数检验。

检验： 日期： 审核：

预制构件相邻板表面高差检验记录表（M-02-01-01-24D） 表 4-16

建设项目：

单位工程： 第　页共　页

构件名称与编号	高差（mm）：1mm						

执行标准：《混凝土结构工程施工质量验收规范》GB 50204—2015 第 4.2.11 条。检验频率：首次使用及大修后应全数检验，使用中的模板应抽查 10%，且不少于 5 件，不足 5 件时应全数检验。

检验：　日期：　审核：

预制构件模板表面平整度检验记录表（M-02-01-01-24E） 表 4-17

建设项目：

单位工程： 第　页共　页

构件名称与编号	平整度（mm）：3mm									

执行标准：《混凝土结构工程施工质量验收规范》GB 50204—2015 第 4.2.11 条。检验频率：首次使用及大修后应全数检验，使用中的模板应抽查 10%，且不少于 5 件，不足 5 件时应全数检验。

检验：　日期：　审核：

拆模混凝土强度抽样检验报告汇总表（M–02–01–01–30）　　表 4–18

建设项目：				单位工程：			
分部 / 子分部工程：				分项工程：		第　页 共　页	
序　号	抽样日期	抽样部位（层 / 构件名称 / 构件编号 / 轴线位置）	品种规格	送检试件组数	试验日期	试验报告编号	试验报告结论
附件：拆模混凝土强度抽样检验报告							
执行标准：《混凝土结构工程施工规范》GB 50666—2011 第 4.5.2 条。							

填报：　　日期：　　审核：　　监理：

模板拆除施工记录表（M–02–01–01–31）　　表 4–19

建设项目：	
单位工程：	第　页 共　页
施工日期：	
气候：晴 / 阴 / 小雨 / 大雨 / 暴雨 / 雪	风力：
施工负责人：	气温：
施工内容及施工范围（层号 / 构件名称 / 轴线区域）：	
施工人员培训及交底：	
底模拆除时间、拆除顺序及拆除时混凝土强度：GB 50666—2011 第 4.5.2 条、第 4.5.4 条～第 4.5.6 条：	
侧模拆除时间、拆除顺序及其他情况：GB 50666—2011 第 4.5.3 条、第 4.5.6 条：	
模板、架杆堆放清运：	
模板表面清理，变形与损伤部位修复：	
施工间断情况记录与其他情况记录：	
执行标准：《混凝土结构工程施工规范》GB 50666—2011 第 4.5 节。	

记录：　　审核：

模板分项施工质量检验记录目录（M–02–01–01–00） 表 4–20

建设项目：

单位工程： 第 页共 页

工 序	表格编号	表格名称	份 数
1. 施工方案、专项施工方案的编制与审批		施工方案、专项施工方案与审批意见	
2. 支模架的搭设与质量检验	M-00-00-11-00	通用工序——扣件式钢管脚手架施工检验资料目录	
	M-00-00-12-00	通用工序——门式钢管脚手架施工检验资料目录	
3. 模板型号选择、生产厂家的确定与进场质量检验	M-00-00-00-01	原材料 / 成品 / 半成品选用表（模板型号选择、生产厂家的确定）	
	M-00-00-00-02	原材料 / 成品 / 半成品进场检验记录表（模板质量证明文件、生产厂家、数量检验记录表）	
	M-02-01-01-01A	模板几何尺寸检验记录表	
	M-02-01-01-01B	模板外观检验记录表	
	M-02-01-01-02 ～ M-02-01-01-09	预留	
4. 模板安装与质量检验	M-02-01-01-10	预留	
	M-02-01-01-11	模板安装施工记录表	
	M-02-01-01-12 ～ M-02-01-01-20	预留	
	M-02-01-01-21	预埋件检验记录表	
	M-02-01-01-22	模板安装外观检验记录表	
	M-02-01-01-23A	现浇构件底模起拱检验记录表	
	M-02-01-01-23B	现浇构件模板轴线检验记录表	
	M-02-01-01-23C	现浇构件模板底面高程检验记录表	
	M-02-01-01-23D	现浇构件模板截面尺寸检验记录表	
	M-02-01-01-23E	现浇构件模板垂直度检验记录表	
	M-02-01-01-23F	现浇构件相邻板表面高差检验记录表	
	M-02-01-01-23G	现浇构件表面平整度检验记录表	
	M-02-01-01-24A	预制构件底模起拱检验记录表	
	M-02-01-01-24B	预制构件模板截面尺寸检验记录表	
	M-02-01-01-24C	预制构件模板侧弯与翘曲检验记录表	
	M-02-01-01-24D	预制构件相邻板表面高差检验记录表	
	M-02-01-01-24E	预制构件模板表面平整度检验记录表	
	M-02-01-01-25 ～ M-02-01-01-29	预留	

施工技术负责人： 日期： 专业监理：

续表

建设项目：

单位工程：　　　　　　　　　　　　　　　　　　　　　　　　第　　页 共　　页

工　序	表格编号	表格名称	份　数
5. 模板拆除与质量检验	M-02-01-01-30	拆模混凝土强度抽样检验报告汇总表	
	M-02-01-01-31	模板拆除施工记录表	
	M-02-01-01-32 ～ M-02-01-01-49	预留	

施工技术负责人：　　　　　　日期：　　　　　　专业监理：

第5章 钢筋分项施工质量检验程序设计及应用

5.1 钢筋分项施工质量检验程序设计

钢筋分项在主体分部混凝土结构子分部中的编号为“02”，故主体分部混凝土结构子分部钢筋分项施工质量检验程序编号为“P-02-01-02”。

钢筋分项分6个工序：

（1）施工方案、专项施工方案的编制与审批；

（2）钢筋、成品钢筋、预埋件型号选择、生产厂家的确定与进场质量检验；

（3）钢筋加工与质量检验；

（4）钢筋连接与质量检验，见图12-1、图12-2；

（5）钢筋安装与质量检验；

（6）钢筋分项施工质量检验记录的审核。

钢筋分项施工质量检验程序P-02-01-02如图5-1所示。

5.2 钢筋分项施工质量检验程序应用

5.2.1 施工方案、专项施工方案的编制与审批

专项施工方案编制与审批按照相关施工规范和当地建设主管部门的规定办理，在本章中不作讨论。

5.2.2 钢筋、成品钢筋、预埋件型号选择、生产厂家的确定与进场质量检验

1. 规范条文

钢筋、成品钢筋、预埋件型号选择、生产厂家的确定与进场质量检验根据《混凝土结构工程施工质量验收规范》GB 50204—2015第5.2节检验。

（1）一般钢筋

力学性能按GB 50204—2015第5.2.1条、第5.2.3条检验；外观按GB 50204—2015第5.2.4条检验。其中第5.2.4条中，检验数量是全数，比较模糊，不易操作。全数是指捆、盘，还是全长？建议对钢筋外观检验按盘或捆进行检验，每捆/每盘检验若干根/若干段。

（2）成型钢筋

力学性能按GB 50204—2015第5.2.2条的要求进行检验；外观质量和尺寸偏差按GB 50204—2015第5.2.5条检验。

B-1　编制施工方案、专项施工方案 —— 专业监理审核

C-1　施工方案、专项施工方案审批
1. 专项施工方案审查与论证（专家论证）
2. 施工方案、专项施工方案审批
—— 1. 专业监理审核；2. 总监理工程师（代表）抽查

B-2　钢筋、成品钢筋、预埋件型号选择、生产厂家的确定：M-00-00-00-01
1. 钢材按 GB 50204—2015 第 5.2 节、JGJ 18—2012 第 3.0.1 条及第 3.0.2 条选用
2. 当需要进行钢筋代换时，应办理设计变更手续
—— 1. 专业监理审核；2. 总监理工程师（代表）抽查

C-2　钢筋、成品钢筋、预埋件进场质量检验：
1. 钢筋进场质量检验
（1）质量证明文件、数量、生产厂家等核查：M-00-00-00-02、钢筋几何尺寸检验记录表：M-02-01-02-01A；钢筋外观检验记录表：M-02-01-02-01B
（2）钢筋抽样检验报告汇总 :M-02-01-02-01C
2. 成品钢筋进场质量检验
（1）质量证明文件、数量、生产厂家等核查：M-00-00-00-02、成品纵向钢筋几何尺寸检验：M-02-01-02-02A；成品箍筋几何尺寸检验：M-02-01-02-02B
（2）成品钢筋抽样检验报告汇总：M-02-01-02-02C
3. 钢筋锚固板进场质量检验
质量证明文件、数量、生产厂家等核查：M-00-00-00-02、钢筋锚固板几何尺寸检验：M-02-01-02-03A；钢筋锚固板外观检验：M-02-01-02-03B
4. 预埋件进场质量检验
质量证明文件、数量、生产厂家等核查：M-00-00-00-02、预埋件几何尺寸检验：M-02-01-02-04A；预埋件锚固钢筋检验：M-02-01-02-04B；预埋件外观检验：M-02-01-02-04C
—— 1. 专业监理 / 监理员旁站取样；2. 专业监理/监理员旁站检验、抽检；3. 专业监理审核；4. 总监理工程师（代表）抽查

B-3　钢筋加工：按 GB 50666—2011 第 5.3 节的规定施工
1. 钢筋加工施工：M-02-01-02-11
2. 盘卷钢筋调直后抽样检验报告汇总：M-02-01-02-10；按 GB 50204—2015 第 5.3.4 条取样送专业机构检验
3. 钢筋调直冷拉检验：M-02-01-02-12
—— 1. 专业监理/监理员旁站检验、抽检；2. 专业监理审核；3. 总监理工程师（代表）抽查

C-3　钢筋加工质量检验：按 GB 50204—2015 第 5.3 节检验
1. 盘卷钢筋调直后抽样检验报告：M-02-01-02-10，按 GB 50204—2015 第 5.2 节、第 5.3.4 条进行审核
2. 纵向钢筋尺寸检验：M-02-01-02-21A；箍筋尺寸检验：M-02-01-02-21B
—— 1. 专业监理/监理员旁站检验、抽检；2. 专业监理审核；3. 总监理工程师（代表）抽查

B-4、C-4　钢筋连接的施工与质量检验
1. 钢筋焊接连接：按 P-02-00-21 进行施工和质量检验
2. 钢筋套筒连接：按 P-02-00-22 进行施工和质量检验
—— 1. 专业监理/监理员旁站检验、抽检；2. 专业监理审核；3. 总监理工程师（代表）抽查

C-4　钢筋连接接头位置检验：按 GB 50204—2015 第 5.4.4 条、第 5.4.6 条、第 5.4.7 条、第 5.4.8 条检验
1. 纵向钢筋绑扎连接接头位置与数量检验：M-02-01-02-41A
2. 纵向钢筋焊接或机械连接接头位置与数量检验：M-02-01-02-41B
3. 纵向钢筋搭接长度、箍筋直径与间距检验：M-02-01-02-41C
—— 1. 专业监理/监理员旁站检验、抽检；2. 专业监理审核；3. 总监理工程师（代表）抽查

图 5-1　钢筋分项施工质量检验程序 P-02-01-02（一）

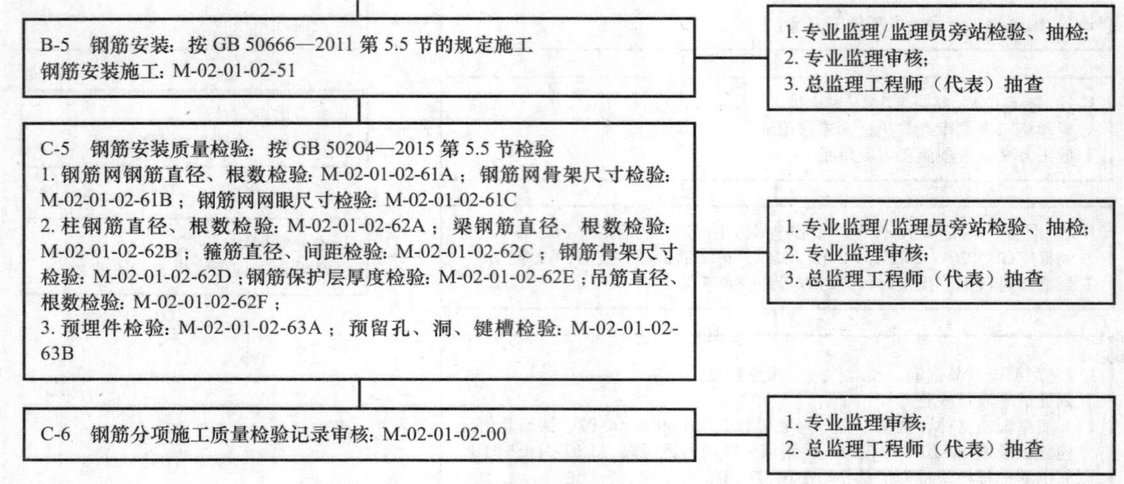

图 5-1 钢筋分项施工质量检验程序 P-02-01-02（二）

（3）机械连接套筒按 GB 50204—2015 第 5.2.6 条进行检验。

2. 钢表格设计

（1）原材料 / 成品 / 半成品选用表（钢筋、成品钢筋、锚固板、预埋件型号选择、生产厂家的确定记录表）（M-00-00-00-01），见附录 1 附表 1-2。

（2）钢筋

1）原材料 / 成品 / 半成品进场检验记录表（钢筋质量证明文件、生产厂家、数量检验记录表）（M-00-00-00-02），见附录 1 附表 1-3。

2）钢筋几何尺寸检验记录表（M-02-01-02-01A），见表 5-1。

3）钢筋外观检验记录表（M-02-01-02-01B），见表 5-2。

4）钢筋抽样检验报告汇总表（M-02-01-02-01C），见表 5-3。

（3）成品钢筋

1）原材料 / 成品 / 半成品进场检验记录表（成品钢筋质量证明文件、生产厂家、数量检验记录表）（M-00-00-00-02），见附录 1 附表 1-3。

2）成品纵向钢筋尺寸检验记录表（M-02-01-02-02A），见表 5-4。

3）成品箍筋尺寸检验记录表（M-02-01-02-02B），见表 5-5。

4）成品钢筋抽样检验报告汇总表（M-02-01-02-02C），见表 5-6。

（4）钢筋锚固板

1）原材料 / 成品 / 半成品进场检验记录表（钢筋锚固板质量证明文件、生产厂家、数量检验记录表）（M-00-00-00-02），见附录 1 附表 1-3。

2）钢筋锚固板几何尺寸检验记录表（M-02-01-02-03A），见表 5-7。

3）钢筋锚固板外观检验记录表（M-02-01-02-03B），见表 5-8。

（5）预埋件

1）原材料 / 成品 / 半成品进场检验记录表（预埋件质量证明文件、生产厂家、数量检验记录表）（M-00-00-00-02），见附录 1 附表 1-3。

2）预埋件几何尺寸检验记录表（M-02-01-02-04A），见表 5-9。

3）预埋件锚固钢筋检验记录表（M-02-01-02-04B），见表 5-10。

4）预埋件外观检验记录表（M-02-01-02-04C），见表 5-11。

5.2.3　钢筋加工与质量检验

1. 规范条文

钢筋加工根据《混凝土结构工程施工质量验收规范》GB 50204—2015 的第 5.3 节进行施工与质量检验。

（1）钢筋的弯折：按 GB 50204—2015 第 5.3.1 条～第 5.3.3 条的规定检验。

（2）盘卷钢筋调直后的力学性能和重量偏差按 GB 50204—2015 第 5.3.4 条规定检验。

（3）钢筋加工的形状、尺寸按 GB 50204—2015 第 5.3.5 条检验。

2. 表格设计

（1）盘卷钢筋调直后抽样检验报告汇总表（M-02-01-02-10），见表 5-12。

（2）钢筋加工施工记录表（M-02-01-02-11），见表 5-13。

（3）钢筋调直冷拉检验记录表（M-02-01-02-12），见表 5-14。

（4）纵向钢筋尺寸检验记录表（M-02-01-02-21A），见表 5-15。

（5）箍筋尺寸检验记录表（M-02-01-02-21B），见表 5-16。

5.2.4　钢筋连接与质量检验

钢筋焊接连接施工质量检验：按图 11-1 检验。钢筋套筒连接施工质量检验：按图 11-2 检验。

1. 规范条文

钢筋连接根据《混凝土结构工程施工质量验收规范》GB 50204—2015 的第 5.4 节规定进行施工与质量检验。

（1）钢筋的连接方式按 GB 50204—2015 第 5.4.1 条的规定检验。

（2）钢筋机械连接或焊接接头的力学性能检验按 GB 50204—2015 第 5.4.2 条规定检验。

（3）钢筋接头位置按 GB 50204—2015 第 5.4.4 条的规定检验。当纵向受力钢筋采用绑扎搭接接头时，接头的设置还应按第 5.4.7 条的规定检验。

（4）钢筋接头数量按 GB 50204—2015 第 5.4.6 条的规定检验。

（5）梁、柱类构件的纵向受力钢筋搭接长度范围内箍筋的设置按 GB 50204—2015 第 5.4.8 条的规定检验。

2. 表格设计

程序 M-00-00-21-00 所列表格见第 11 章的第 11.1.2 节。

程序 M-00-00-22-00 所列表格见第 11 章的第 11.2.2 节。

（1）钢筋连接施工记录表（M-02-01-02-31），见表 5-17。

（2）纵向钢筋绑扎连接接头位置与数量检验记录表（M-02-01-02-41A），见表 5-18。

（3）纵向钢筋焊接或机械连接接头位置与数量检验记录表（M-02-01-02-41B），见表 5-19。

（4）纵向钢筋搭接长度、箍筋直径与间距检验记录表（M-02-01-02-41C），见表 5-20。

5.2.5 钢筋安装与质量检验

1. 规范条文

钢筋安装根据《混凝土结构工程施工质量验收规范》GB 50204—2015 的第 5.5 节的规定进行施工与质量检验。

（1）钢筋安装时，受力钢筋的牌号、规格和数量按 GB 50204—2015 第 5.5.1 条的规定检验。

（2）受力钢筋的安装位置、锚固方式按 GB 50204—2015 第 5.5.2 条的规定检验。

（3）钢筋安装偏差按 GB 50204—2015 第 5.5.3 条的规定检验。

2. 表格设计

（1）钢筋安装施工记录表（M-02-01-02-51），见表 5-21。

（2）钢筋网钢筋直径、根数检验记录表（M-02-01-02-61A），见表 5-22。

（3）钢筋网骨架尺寸检验记录表（M-02-01-02-61B），见表 5-23。

（4）钢筋网网眼尺寸检验记录表（M-02-01-02-61C），见表 5-24。

（5）柱钢筋直径、根数检验记录表（M-02-01-02-62A），见表 5-25。

（6）梁钢筋直径、根数检验记录表（M-02-01-02-62B），见表 5-26。

（7）箍筋直径、间距检验记录表（M-02-01-02-62C），见表 5-27。

（8）钢筋骨架尺寸检验记录表（M-02-01-02-62D），见表 5-28。

（9）钢筋保护层厚度检验记录表（M-02-01-02-62E），见表 5-29。

（10）吊筋直径、根数检验记录表（M-02-01-02-62F），见表 5-30。

（11）预埋件检验记录表（M-02-01-02-63A），见表 5-31。

（12）预留孔、洞、键槽检验记录表（M-02-01-02-63B），见表 5-32。

5.2.6 钢筋分项施工质量检验记录审核

钢筋分项施工质量检验记录目录（M-02-01-02-00），见表 5-33。

按照表 5-33 的顺序汇总检验记录，审核检验记录的完整性与检验数据是否符合规范要求。

钢筋几何尺寸检验记录表（M–02–01–02–01A）　　表 5–1

建设项目：

单位工程：　　第　　页 共　　页

进场日期：　　生产厂家 / 供货商：

序　号	规格型号	表面标记	直径（mm）	单根长度（m）	重量（kg/m）

执行标准：《混凝土结构工程施工质量验收规范》GB 50204—2015 第 5.2.4 条。检验频率：全数。对钢筋外观检验按盘或捆进行检验，每捆 / 每盘检验若干根 / 若干段。

检验：　　日期：　　审核：

钢筋外观检验记录表（M–02–01–02–01B）　　表 5–2

建设项目：　　单位工程：　　第　　页 共　　页

序　号	进场日期	规格型号	数量	生产厂家	表面标记	平直	无损伤	无裂纹	无油污	无颗粒状或片状老锈

执行标准：《混凝土结构工程施工质量验收规范》GB 50204—2015 第 5.2.4 条。检验频率：全数。

检验：　　日期：　　审核：

钢筋抽样检验报告汇总表（M–02–01–02–01C）　　表 5–3

建设项目：　　　　单位工程：　　　　第　页共　页

序号	进场日期	品种规格	进场批量（t）	生产厂家	送检试件组数	试验报告编号	试验报告结论

附件：钢筋抽样检验报告。

执行标准：《混凝土结构工程施工质量验收规范》GB 50204—2015 第 5.2.1 条、第 5.2.3 条。检验频率：按进场批次和产品的抽样检验方案。

填报：　　　　日期：　　　　审核：　　　　监理：

成品纵向钢筋尺寸检验记录表（M–02–01–02–02A）　　表 5–4

建设项目：　　　　单位工程：　　　　第　页共　页

进场日期：　　　　生产厂家 / 供货商：　　　　层号 / 构件名称与编号：

钢筋编号	d 直径	受力钢筋沿长度方向的净尺寸 L（mm）：±10mm			弯起钢筋的弯折位置 L_a（mm）：±20mm			弯折半径（mm）：① 光圆，$D \geqslant 2.5d$；② 335MPa、400MPa，$D \geqslant 6d$；③ 500MPa，$d<28$，$D \geqslant 6d$；$d > 28$，$D \geqslant 7d$		
		设计	实测	差值	设计	实测	差值	设计	实测	差值

执行标准：《混凝土结构工程施工质量验收规范》GB 50204—2015 第 5.2.5 条、第 5.3.1 条、第 5.3.2 条、第 5.3.5 条。检验频率：同一厂家、同一类型钢筋，不超过 30t 为一批，每批随机抽取 3 个成形钢筋。

检验：　　　　日期：　　　　审核：

成品箍筋尺寸检验记录表（M–02–01–02–02B）

表 5–5

建设项目：						单位工程：					第　页 共　页		
进场日期：						生产厂家 / 供货商：					层号 / 构件名称与编号：		
钢筋编号	d 直径	箍筋内净宽尺寸（mm）：±5mm			箍筋内净高尺寸（mm）：±5mm			弯折半径（mm）：光圆，$D \geqslant 2.5d$		弯钩平直段长度（mm）：① 90° $\geqslant 5d$；② 135° 非抗震 $\geqslant 5d$，抗震 $\geqslant 10d$		圆形箍筋搭接长度（mm）：≥锚固长度	
		设计	实测	差值	设计	实测	差值	设计	实测	设计	实测	设计	实测

执行标准：《混凝土结构工程施工质量验收规范》GB 50204—2015 第 5.2.5 条、第 5.3.1 条、第 5.3.3 条、第 5.3.5 条。检验频率：同一厂家、同一类型钢筋，不超过 30t 为一批，每批随机抽取 3 个成形钢筋。

检验：　　　　　　日期：　　　　　　审核：

成品钢筋抽样检验报告汇总表（M–02–01–02–02C） 表 5–6

建设项目： 单位工程： 第 页 共 页

序号	进场日期	品种规格	进场批量（t）	钢筋加工厂家	送检试件数	试验报告编号	试验报告结论

附件：成品钢筋抽样检验报告。

执行标准：《混凝土结构工程施工质量验收规范》GB 50204—2015 第 5.2.2 条。检验频率：同一厂家、同一类型、同一钢筋来源的成形钢筋，不超过 30t 为一批，每批中每种钢筋牌号、规格均应至少抽取一个钢筋试件，总数不应少于 3 个。

填报： 日期： 审核： 监理：

钢筋锚固板几何尺寸检验记录表（M–02–01–02–03A） 表 5–7

建设项目： 单位工程： 第 页 共 页

进场日期： 生产厂家：

序号	规格型号	表面标记	宽允许误差（mm）：			高允许误差（mm）：			厚允许误差（mm）：		
			设计	实测	误差	设计	实测	误差	设计	实测	误差

执行标准：《混凝土结构工程施工质量验收规范》GB 50204—2015 第 5.2.6 条。

检验： 日期： 审核：

钢筋锚固板外观检验记录表（M-02-01-02-03B）　　表 5-8

建设项目：　　单位工程：　　第　页 共　页

序号	进场日期	规格型号	数量（个）	生产厂家	表面标记	损伤	裂纹	油污	颗粒状或片状老锈

执行标准：《混凝土结构工程施工质量验收规范》GB 50204—2015 第 5.2.6 条。

检验：　　日期：　　审核：

预埋件几何尺寸检验记录表（M-02-01-02-04A）　　表 5-9

建设项目：　　单位工程：　　第　页 共　页

进场日期：　　生产厂家：

序号	规格型号	数量（个）	宽允许误差（mm）：			高允许误差（mm）：			厚允许误差（mm）：		
			设计	实测	误差	设计	实测	误差	设计	实测	误差

执行标准：《混凝土结构工程施工质量验收规范》GB 50204—2015。

检验：　　日期：　　审核：

预埋件锚固钢筋检验记录表（M-02-01-02-04B）　　表 5-10

建设项目：				单位工程：							第　页 共　页
进场日期：				生产厂家：								
编号	规格型号	根数	直径（mm）	长度允许误差（mm）：			边距允许误差（mm）：			间距允许误差（mm）：		
				设计	实测	误差	设计	实测	误差	设计	实测	误差

执行标准：《混凝土结构工程施工质量验收规范》GB 50204—2015。

检验：　　日期：　　审核：

预埋件外观检验记录表（M-02-01-02-04C）　　表 5-11

建设项目：				单位工程：					第　页 共　页
序号	进场日期	规格型号	数量（个）	生产厂家	表面标记	损伤	裂纹	油污	颗粒状或片状老锈

执行标准：《混凝土结构工程施工质量验收规范》GB 50204—2015 第 5.2.6 条。

检验：　　日期：　　审核：

盘卷钢筋调直后抽样检验报告汇总表（M–02–01–02–10）　　表 5–12

建设项目：

单位工程：　　第　页 共　页

序　号	抽样日期	品种规格	加工数量（t）	送检试件组数	试验报告编号	试验报告结论

附件：盘卷钢筋加工后抽样检验报告。

执行标准：《混凝土结构工程施工质量验收规范》GB 50204—2015 第 5.3.4 条。检验频率：同一设备加工的同一牌号、同一规格的调直钢筋，重量不大于 30t 为一批，每批见证抽取 3 个试件。

填报：　　日期：　　审核：　　监理：

钢筋加工施工记录表（M–02–01–02–11）　　表 5–13

建设项目：

单位工程：　　第　页 共　页

施工日期：

气候：晴 / 阴 / 小雨 / 大雨 / 暴雨 / 雪　　风力：

施工负责人：　　气温：

施工内容及施工范围（层号 / 构件名称 / 轴线区域）：

施工人员培训及交底：

钢筋表面清理：

钢筋调直冷拉率：

钢筋弯折的弯弧内直径：

箍筋、拉筋末端弯钩弯折角度、直线段长度：

钢筋端部加工（钢筋机械锚固）：

异常情况处理（钢筋脆断、焊接性能不良、力学性能显著不正常）：

执行标准：《混凝土结构工程施工规范》GB 50666—2011。

记录：　　审核：

钢筋调直冷拉检验记录表（M-02-01-02-12）　　表 5-14

建设项目：　　单位工程：　　第　页共　页

直径 d（mm）	本批钢筋重量（kg）	产地	断后冷拉率（%）				重量偏差（%）			
			HPB300：≥ 21；HRB335、HRBF335：≥ 16；HRB400、HRBF400：≥ 15；RRB400：≥ 13；HRB500、HRBF500：≥ 13				HPB300：$d = 6 \sim 12$mm，≥ − 10；其他等级钢筋：$d = 6 \sim 12$mm，≥ − 8；$d = 14 \sim 16$mm，≥ − 6			
			冷拉前长度（mm）	冷拉后长度（mm）	伸长值（mm）	冷拉率（%）	冷拉前重量（g）	冷拉后重量（g）	冷拉后重量减少（g）	重量偏差（%）

设备名称：　　设备型号：　　设备编号：

执行标准：《混凝土结构工程施工质量验收规范》GB 50204—2015 第 5.3.4 条。检验数量：同一设备加工的同一牌号、同一规格的调直钢筋，重量不大于 30t 为一批，每批见证抽取 3 个试件。

检验：　　日期：　　审核：

纵向钢筋尺寸检验记录表（M-02-01-02-21A）　　表 5-15

建设项目：

单位工程：　　第　页共　页

层号 / 构件名称与编号	钢筋编号	d 直径	受力钢筋沿长度方向的净尺寸 L（mm）：±10mm			弯起钢筋的弯折位置 L_a（mm）：±20mm			弯折半径（mm）：① 光圆，$D \geq 2.5d$；② 335MPa、400MPa，$D \geq 6d$；③ 500MPa，$d < 28$，$D \geq 6d$；$d > 28$，$D \geq 7d$		
			设计	实测	差值	设计	实测	差值	设计	实测	差值

设备名称：　　设备型号：　　设备编号：

执行标准：《混凝土结构工程施工质量验收规范》GB 50204—2015 第 5.3.1 条、第 5.3.2 条、第 5.3.5 条。检验频率：同一设备加工的同一类型钢筋，每工作班抽查不应少于 3 件。

检验：　　日期：　　审核：

箍筋尺寸检验记录表（M–02–01–02–21B）　　　　**表 5–16**

建设项目：　　　　　　　　单位工程：　　　　　　　　第　　页 共　　页

层号 / 构件名称与编号	钢筋编号	d 直径	箍筋内净尺寸 b（mm）：±5mm			箍筋内净尺寸 h（mm）：±5mm			弯折半径（mm）：光圆，$D \geqslant 2.5d$		弯钩平直段长度（mm）：① 90° $\geqslant 5d$；② 135° 非抗震 $\geqslant 5d$，抗震 $\geqslant 10d$		圆形箍筋搭接长度（mm）：≥锚固长度	
			设计	实测	差值	设计	实测	差值	设计	实测	设计	实测	设计	实测

执行标准：《混凝土结构工程施工质量验收规范》GB 50204—2015 第 5.3.1 条、第 5.3.3 条、第 5.3.5 条。检验频率：同一设备加工的同一类型钢筋，每工作班抽查不应少于 3 件。

检验：　　　　　　　　日期：　　　　　　　　审核：

钢筋连接施工记录表（M–02–01–02–31）　　　　**表 5–17**

建设项目：

单位工程：　　　　　　　　第　　页 共　　页

施工日期：

气候：晴 / 阴 / 小雨 / 大雨 / 暴雨 / 雪　　　　风力：

施工负责人：　　　　气温：

施工内容及施工范围（层号 / 构件名称 / 轴线区域）：

施工人员培训及交底：

执行标准：《混凝土结构工程施工规范》GB 50666—2011。

记录：　　　　　　　　审核：

纵向钢筋绑扎连接接头位置与数量检验记录表（M-02-01-02-41A）　　表 5-18

建设项目：　　　　　　　　　　　　单位工程：　　　　　　　　　　　　第　　页共　　页

层号 / 构件名称 / 编号	纵向受力钢筋的接头面积（%）	钢筋编号	d 直径	接头位置（mm）		接头间距（mm）		搭接长度范围内箍筋直径		搭接长度范围内箍筋间距	
	①梁、板、墙≤ 25，基础筏板、柱≤ 50；②梁≤ 50（在连接区段内计算，连接长度：$1.3l_a$ 搭接长度，连接区段以两个接头的中心点为连接区段的中心点）。			①有抗震设防要求的结构中、梁端、柱端的箍筋加密区不应进行钢筋搭接；②接头末端至钢筋弯起点的距离≥ 10d。		接头的横向间距≥ d 且≥ 25mm。		≥ 0.25d；d 搭接钢筋较大直径。		①受拉搭接区段≤ 5d，且≤ 100mm；②受压搭接区段≤ 10d，且≤ 200mm；③当柱中 d ≥ 25mm 时，应在搭接接头两个端面外 100mm 范围内各设置两个箍筋，其间距宜为 50mm。	
				规定	实测	规定	实测	规定	实测	规定	实测

执行标准：《混凝土结构工程施工质量验收规范》GB 50204—2015 第 5.4.4 条、第 5.4.7 条。检验频率：在同一检验批内，对梁、柱和独立基础，应抽查构件数量的 10%，且不应少于 3 件；对墙和板，应按有代表性的自然间抽查 10%，且不应少于 3 间。对大空间结构，墙可按相邻轴线间高度 5m 左右划分检查面，板可按纵横轴线划分检查面，抽查 10%，且均不应少于 3 面。

检验：　　　　　　　　　　日期：　　　　　　　　　　审核：

纵向钢筋焊接或机械连接接头位置与数量检验记录表（M-02-01-02-41B）　　表 5-19

建设项目：　　　　　　　　　　　　单位工程：　　　　　　　　　　　　第　　页共　　页

层号 / 构件名称 / 编号	纵向受力钢筋的接头面积（%）	钢筋编号	d 直径	接头位置（mm）		接头间距（mm）	
	①受拉接头≤ 50%；②直接承受动力荷载的结构构件中，不宜采用焊接接头；当采用机构连接接头时，不应＞ 50%。			①有抗震设防要求的结构中、梁端、柱端的箍筋加密区不应进行钢筋搭接；②接头末端至钢筋弯起点的距离≥ 10d。		35d（d 为纵向受力钢筋的较大直径）且不小于 500mm。	
				规定	实测	规定	实测

执行标准：《混凝土结构工程施工质量验收规范》GB 50204—2015 第 5.4.4 条、第 5.4.6 条。检验频率：在同一检验批内，对梁、柱和独立基础，应抽查构件数量的 10%，且不应少于 3 件；对墙和板，应按有代表性的自然间抽查 10%，且不应少于 3 间。对大空间结构，墙可按相邻轴线间高度 5m 左右划分检查面，板可按纵横轴线划分检查面，抽查 10%，且均不应少于 3 面。

检验：　　　　　　　　　　日期：　　　　　　　　　　审核：

纵向钢筋搭接长度、箍筋直径与间距检验记录表（M–02–01–02–41C）　　　　表 5–20

建设项目：　　　　　　　　　　　　　　　　单位工程：　　　　　　　　　　　　　　　　第　　页 共　　页

层号 / 构件名称 / 编号	钢筋编号	搭接钢筋直径（mm）	搭接长度（mm）		箍筋直径（mm）		箍筋间距（mm）		＞25mm 钢筋附加箍筋	
					1. 设计值		1. 受拉搭接区段不应大于搭接钢筋较小直径的 5 倍，且不应大于 100mm。		柱中受力钢筋大于 25mm，应在搭接接头两个端面外 100mm 范围内各设置二道箍筋，间距宜为 50mm。	
					2. 不应小于搭接钢筋较大直径的 1/4		2. 受压搭接区段不应大于搭接钢筋较小直径的 10 倍，且不应大于 200mm。			
			规定	实测	规定	实测	规定	实测	直径	间距

执行标准：《混凝土结构工程施工质量验收规范》GB 50204—2015 第 5.4.8 条。检验频率：在同一检验批内，应抽查构件数量的 10%，且不少于 3 件。

检验：　　　　　　　　　　　　日期：　　　　　　　　　　　　审核：

钢筋安装施工记录表（M–02–01–02–51）　　　　表 5–21

建设项目：

单位工程：　　　　　　　　　　　　　　　　　　　　第　　页 共　　页

施工日期：

气候：晴 / 阴 / 小雨 / 大雨 / 暴雨 / 雪　　　　　　　　风力：

施工负责人：　　　　　　　　　　　　　　　　　　气温：

施工内容及施工范围（层号 / 构件名称 / 轴线区域）：

施工人员培训及交底：

钢筋接头净距检查：

保护层厚度保证措施：

钢筋伸入支座长度与锚固长度：

雨天、雪天施工措施：

施工间断情况记录与其他情况记录：

执行标准：《混凝土结构工程施工规范》GB 50666—2011。

记录：　　　　　　　　　　　　　　　　审核：

钢筋网钢筋直径、根数检验记录表（M–02–01–02–61A） **表 5–22**

建设项目：　　　　　　　　　　　　　　单位工程：　　　　　　　　　　　　　　第　页共　页

层号 / 构件名称 / 编号	轴线位置	钢筋牌号	下层 X 向钢筋		下层 Y 向钢筋		上层 X 向钢筋		上层 Y 向钢筋	
			直径（mm）	根数	直径（mm）	根数	直径（mm）	根数	直径（mm）	根数

执行标准：《混凝土结构工程施工质量验收规范》GB 50204—2015 第 5.5.1 条。检验频率：全数。

检验：　　　　　　　　　　日期：　　　　　　　　　　审核：

钢筋网骨架尺寸检验记录表（M–02–01–02–61B） **表 5–23**

建设项目：　　　　　　　　　　　　　　单位工程：　　　　　　　　　　　　　　第　页共　页

层号 / 构件名称 / 编号	轴线位置	钢筋网长（mm）：±10mm			钢筋网宽（mm）：±10mm			钢筋网厚度（mm）：±10mm		
		设计	实测	差值	设计	实测	差值	设计	实测	差值

执行标准：《混凝土结构工程施工质量验收规范》GB 50204—2015 第 5.5.3 条。检验频率：在同一检验批内，对梁、柱和独立基础，应抽查构件数量的 10%，且不应少于 3 件；对墙和板，应按有代表性的自然间抽查 10%，且不应少于 3 间。对大空间结构，墙可按相邻轴线间高度 5m 左右划分检查面，板可按纵横轴线划分检查面，抽查 10%，且均不应少于 3 面。

检验：　　　　　　　　　　日期：　　　　　　　　　　审核：

钢筋网网眼尺寸检验记录表（M–02–01–02–61C）　　**表 5–24**

建设项目：　　　　单位工程：　　　　第　　页 共　　页

层号 / 构件名称 / 编号	轴线位置	上层网眼 X 向尺寸（mm）			上层网眼 Y 向尺寸（mm）			下层网眼 X 向尺寸（mm）			下层网眼 Y 向尺寸（mm）			保护层厚度（mm）		
		网眼 ±20mm			网眼 ±20mm			网眼 ±20mm			网眼 ±20mm			基础 ±10mm，柱梁 ±5mm，板、墙、壳 ±3mm		
		设计	实测	差值	设计	实测	差值	设计	实测	差值	设计	实测	差值	设计	实测	差值

执行标准：《混凝土结构工程施工质量验收规范》GB 50204—2015 第 5.5.3 条。检验频率：在同一检验批内，对梁、柱和独立基础，应抽查构件数量的 10%，且不应少于 3 件；对墙和板，应按有代表性的自然间抽查 10%，且不应少于 3 间。对大空间结构，墙可按相邻轴线间高度 5m 左右划分检查面，板可按纵横轴线划分检查面，抽查 10%，且均不应少于 3 面。

检验：　　　　日期：　　　　审核：

柱钢筋直径、根数检验记录表（M–02–01–02–62A） 表 5–25

建设项目： 单位工程： 第 页共 页

层号 / 构件名称 / 编号： 轴线位置：

位置	钢筋编号	钢筋根数	钢筋牌号	钢筋直径（mm）	纵向钢筋锚固长度（mm）：±20mm			纵向钢筋间距（mm）：±5mm			纵向钢筋排距（mm）：±5mm		
					设计	实测	差值	设计	实测	差值	设计	实测	差值
下部纵向边													
下部横向边													
上部纵向边													
上部横向边													

执行标准：《混凝土结构工程施工质量验收规范》GB 50204—2015 第 5.5.1 条。检验频率：全数。

检验： 日期： 审核：

梁钢筋直径、根数检验记录表（M–02–01–02–62B）　　　　表 5–26

建设项目：　　　　单位工程：　　　　第　　页 共　　页

层号 / 构件名称 / 编号：　　　　轴线位置：

位置	钢筋编号	钢筋根数	钢筋牌号	钢筋直径（mm）	纵向钢筋锚固长度（mm）：±20mm			纵向钢筋间距（mm）：±5mm			纵向钢筋排距（mm）：±5mm		
					设计	实测	差值	设计	实测	差值	设计	实测	差值
左端上部													
左端下部													
中段下部													
右端上部													
右端下部													

执行标准：《混凝土结构工程施工质量验收规范》GB 50204—2015 第 5.5.1 条。检验频率：全数。

检验：　　　　日期：　　　　审核：

箍筋直径、间距检验记录表（M-02-01-02-62C） 表 5-27

建设项目： 单位工程： 第 页共 页

层号 / 构件名称 / 编号	轴线位置	箍筋牌号	直径（mm）	箍筋、次梁处加密箍筋间距（mm）：±20mm			布置长度（mm）：±20mm		
				设计	实测	差值	设计	实测	差值

执行标准：《混凝土结构工程施工质量验收规范》GB 50204—2015 第 5.5.1 条。检验频率：全数。

检验： 日期： 审核：

钢筋骨架尺寸检验记录表（M-02-01-02-62D） 表 5-28

建设项目： 单位工程： 第 页共 页

层号 / 构件名称 / 编号	轴线位置	钢筋骨架长度（mm）			骨架截面宽度（mm）			骨架截面高度（mm）			保护层厚度（mm）		
		±10mm			±5mm			±5mm			基础 ±10mm，柱梁 ±5mm，板、墙、壳 ±3mm		
		设计	实测	差值	设计	实测	差值	设计	实测	差值	设计	实测	差值

执行标准：《混凝土结构工程施工质量验收规范》GB 50204—2015 第 5.5.3 条。检验频率：在同一检验批内，对梁、柱和独立基础，应抽查构件数量的 10%，且不应少于 3 件；对墙和板，应按有代表性的自然间抽查 10%，且不应少于 3 间。对大空间结构，墙可按相邻轴线间高度 5m 左右划分检查面，板可按纵横轴线划分检查面，抽查 10%，且均不应少于 3 面。

检验： 日期： 审核：

钢筋保护层厚度检验记录表（M–02–01–02–62E）　　表 5–29

建设项目：

单位工程：　　第　页 共　页

层号 / 构件名称 / 编号	轴线位置	保护层厚度（mm）：基础 ±10mm，柱梁 ±5mm，板、墙、壳 ±3mm		
		设计	实测	差值

执行标准：《混凝土结构工程施工质量验收规范》GB 50204—2015 第 5.5.3 条。检验频率：在同一检验批内，对梁、柱和独立基础，应抽查构件数量的 10%，且不应少于 3 件；对墙和板，应按有代表性的自然间抽查 10%，且不应少于 3 间。对大空间结构，墙可按相邻轴线间高度 5m 左右划分检查面，板可按纵横轴线划分检查面，抽查 10%，且均不应少于 3 面。

检验：　　日期：　　审核：

吊筋直径、根数检验记录表（M–02–01–02–62F）　　表 5–30

建设项目：　　单位工程：　　第　页 共　页

层号 / 构件名称 / 编号	轴线位置	钢筋牌号	设计		实测	
			直径（mm）	根数	直径（mm）	根数

执行标准：《混凝土结构工程施工质量验收规范》GB 50204—2015 第 5.5.1 条。检验频率：全数。

检验：　　日期：　　审核：

预埋件检验记录表（M-02-01-02-63A）　　表 5-31

建设项目：　　　　单位工程：　　　　第　页共　页

预埋件类型	预埋套筒、螺母	预留插筋	预埋板	预埋螺栓
中心点位置（mm）	2	5	10	2
尺寸（mm）	混凝土平面高差 ±5	外露+10，−5	混凝土平面高差 0，−5	外露+10，−5

层号	构件名称与编号	预埋件类型与编号	控制点轴线位置	中心位置（mm）						尺寸（mm）		
				距控制点 X 距离			距控制点 Y 距离					
				设计	实测	差值	设计	实测	差值	设计	实测	差值

执行标准：《混凝土结构工程施工质量验收规范》GB 50204—2015 第 5.5.3 条。检验频率：全数。允许误差与预制构件预埋件的要求相同：见 GB 50204—2015 的第 9.2.7 条。

注：预埋件是不允许出现漏埋的，因此检验频率应该是全数，而不能按照第 5.5.3 条规定的频率检查预埋件。

检验：　　　　日期：　　　　审核：

预留孔、洞、键槽检验记录表（M-02-01-02-63B）　　表 5-32

建设项目：　　　　单位工程：　　　　第　页共　页

层号	构件名称与编号	孔、洞、键槽编号	控制点轴线位置	中心位置距控制点X距离（mm）：5mm			中心位置距控制点Y距离（mm）：5mm			孔径（mm）：±5mm 洞径（mm）：±10mm 键槽宽度（mm）：±5mm			洞深度（mm）：±10mm 键槽深度（mm）：±10mm			键槽长度（mm）：±5mm		
				设计	实测	差值	设计	实测	差值	设计	实测	差值	设计	实测	差值	设计	实测	差值

执行标准：《混凝土结构工程施工质量验收规范》GB 50204—2015 第 5.5.3 条。检验频率：全数。允许误差与预制构件预埋件一致：见 GB 50204—2015 第 9.2.7 条。

注：预埋件是不允许出现漏埋的，因此检验频率应该是全数，而不能按照 GB 50204—2015 的第 5.5.3 条规定的频率检查预埋件。

检验：　　　　日期：　　　　审核：

钢筋分项施工质量检验记录目录（M-02-01-02-00）　　表 5-33

建设项目：

单位工程：　　　　第　页 共　页

工　序	表格编号	表格名称	份　数
1. 施工方案、专项施工方案的编制与审批		施工方案、专项施工方案与审批意见	
2. 钢筋、成品钢筋、预埋件型号选择、生产厂家的确定与进场质量检验	M-00-00-00-01	原材料 / 成品 / 半成品选用表（钢筋、成品钢筋、锚固板、预埋件型号选择、生产厂家的确定记录表）	
	M-00-00-00-02	原材料 / 成品 / 半成品进场检验记录表（钢筋质量证明文件、生产厂家、数量检验记录表）	
	M-02-01-02-01A	钢筋几何尺寸检验记录表	
	M-02-01-02-01B	钢筋外观检验记录表	
	M-02-01-02-01C	钢筋抽样检验报告汇总表	
	M-00-00-00-02	原材料 / 成品 / 半成品进场检验记录表（成品钢筋质量证明文件、生产厂家、数量检验记录表）	
	M-02-01-02-02A	成品纵向钢筋尺寸检验记录表	
	M-02-01-02-02B	成品箍筋尺寸检验记录表	
	M-02-01-02-02C	成品钢筋抽样检验报告汇总表	
	M-00-00-00-02	原材料 / 成品 / 半成品进场检验记录表（钢筋锚固板质量证明文件、生产厂家、数量检验记录表）	
	M-02-01-02-03A	钢筋锚固板几何尺寸检验记录表	
	M-02-01-02-03B	钢筋锚固板外观检验记录表	
	M-00-00-00-02	原材料 / 成品 / 半成品进场检验记录表（预埋件质量证明文件、生产厂家、数量检验记录表）	
	M-02-01-02-04A	预埋件几何尺寸检验记录表	
	M-02-01-02-04B	预埋件锚固钢筋检验记录表	
	M-02-01-02-04C	预埋件外观检验记录表	
	M-02-01-02-05 ～ M-02-01-02-09	预留	
3. 钢筋加工与质量检验	M-02-01-02-10	盘卷钢筋调直后抽样检验报告汇总表	
	M-02-01-02-11	钢筋加工施工记录表	
	M-02-01-02-12	钢筋调直冷拉检验记录表	
	M-02-01-02-13 ～ M-02-01-02-19	预留	
	M-02-01-02-20	预留	
	M-02-01-02-21A	纵向钢筋尺寸检验记录表	
	M-02-01-02-21B	箍筋尺寸检验记录表	
	M-02-01-02-22 ～ M-02-01-02-29	预留	

施工技术负责人：　　　　日期：　　　　专业监理：

续表

建设项目：

单位工程：　　　　　　　　　　　　　　　　　　　　　　　　　　　　第　　页共　　页

工　序	表格编号	表格名称	份　数
4. 钢筋连接与质量检验	M-02-01-02-30	预留	
	M-00-00-21-00	钢筋焊接连接施工质量检验记录目录	
	M-00-00-22-00	钢筋套筒连接施工质量检验记录目录	
	M-02-01-02-31	钢筋连接施工记录表	
	M-02-01-02-32 ～ M-02-01-02-39	预留	
	M-02-01-02-40	预留	
	M-02-01-02-41A	纵向钢筋绑扎连接接头位置与数量检验记录表	
	M-02-01-02-41B	纵向钢筋焊接或机械连接接头位置与数量检验记录表	
	M-02-01-02-41C	纵向钢筋搭接长度、箍筋直径与间距检验记录表	
	M-02-01-02-42 ～ M-02-01-02-49	预留	
5. 钢筋安装与质量检验	M-02-01-02-50	预留	
	M-02-01-02-51	钢筋安装施工记录表	
	M-02-01-02-52 ～ M-02-01-02-59	预留	
	M-02-01-02-60	预留	
	M-02-01-02-61A	钢筋网钢筋直径根数检验记录表	
	M-02-01-02-61B	钢筋网骨架尺寸检验记录表	
	M-02-01-02-61C	钢筋网网眼尺寸检验记录表	
	M-02-01-02-62A	柱钢筋直径、根数检验记录表	
	M-02-01-02-62B	梁钢筋直径、根数检验记录表	
	M-02-01-02-62C	箍筋直径、间距检验记录表	
	M-02-01-02-62D	钢筋骨架尺寸检验记录表	
	M-02-01-02-62E	钢筋保护层厚度检验记录表	
	M-02-01-02-62F	吊筋直径、根数检验记录表	
	M-02-01-02-63A	预埋件检验记录表	
	M-02-01-02-63B	预留孔、洞、键槽检验记录表	
	M-02-01-02-64 ～ M-02-01-02-69	预留	

施工技术负责人：　　　　　　　日期：　　　　　　　　专业监理：

第6章 预应力分项施工质量检验程序设计及应用

6.1 预应力分项施工质量检验程序设计

预应力分项在主体分部混凝土结构子分部中的编号为“03”，故主体分部混凝土结构子分部预应力分项施工质量检验程序编号为“P-02-01-03”。

预应力分项分6个工序：① 施工方案、专项施工方案的编制与审批；② 预应力筋、钢绞线、锚具夹具连接器、成品灌浆料、灌浆水泥外加剂、成孔管道型号选择、生产厂家的确定与进场质量检验；③ 预应力筋的制作安装与质量检验；④ 预应力筋张拉、放张与质量检验；⑤ 预应力筋灌浆、封锚与质量检验；⑥ 预应力分项施工质量检验记录的审核。

预应力分项施工质量检验程序 P-02-01-03 如图 6-1 所示。

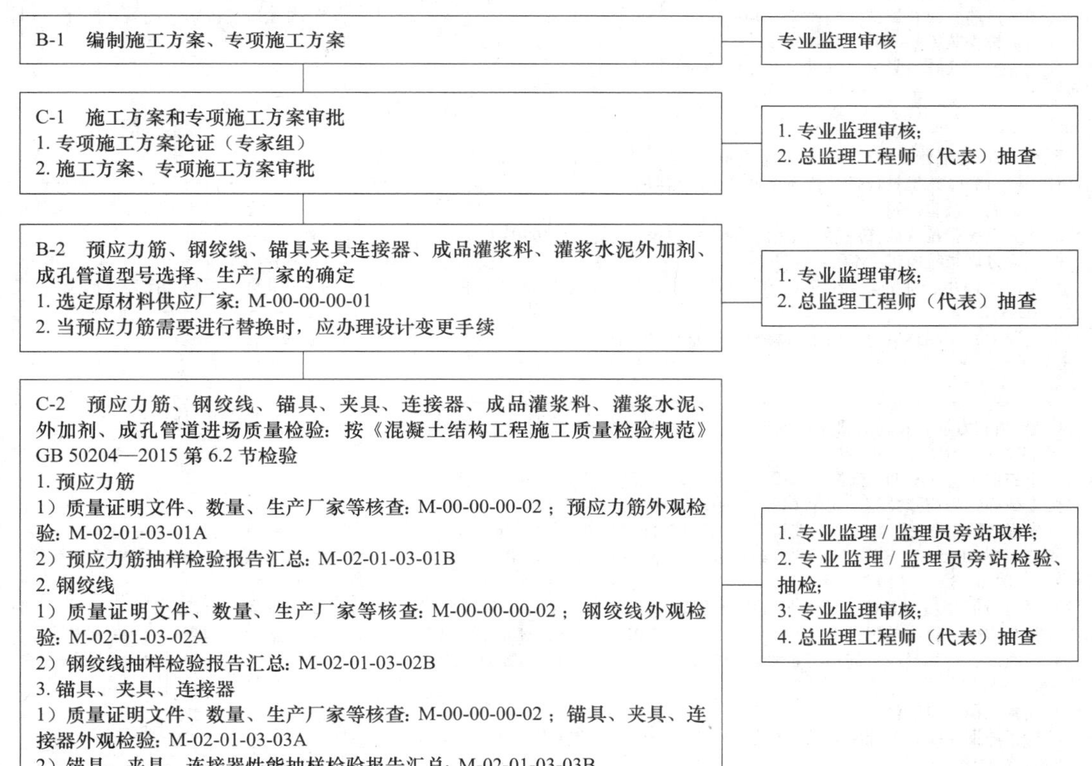

图 6-1 预应力分项施工质量检验程序 P-02-01-03（一）

4. 成品灌浆料
1）质量证明文件、数量、生产厂家等核查：M-00-00-00-02；成品灌浆料外观检验：M-02-01-03-04A
2）成品灌浆料抽样检验报告汇总：M-02-01-03-04B
5. 水泥、外加剂
1）质量证明文件、数量、生产厂家等核查：M-00-00-00-02；水泥、外加剂外观检验：M-02-01-03-05A
2）水泥、外加剂抽样检验报告汇总：M-02-01-03-05B
6. 成孔管道
1）质量证明文件、数量、生产厂家等核查：M-00-00-00-02；成孔管道外观检验：M-02-01-03-06A
2）成孔管道抽样检验报告汇总：M-02-01-03-06B

1. 专业监理 / 监理员旁站取样；
2. 专业监理 / 监理员旁站检验、抽检；
3. 专业监理审核；
4. 总监理工程师（代表）抽查

B-3　预应力筋制作与安装：按 GB 50666—2011 第 6.3 节的规定施工
1. 预应力筋制作与安装施工记录：M-02-01-03-11
2. 钢丝镦头强度抽样检验报告汇总：M-02-01-03-10，按《混凝土结构工程施工质量检验规范》GB 50204—2015 第 6.3.3 条每 6 个镦头试件 / 批抽检送检验机构

1. 专业监理 / 监理员旁站检验、抽检；
2. 专业监理审核；
3. 总监理工程师（代表）抽查

C-3　预应力筋制作与安装质量检验：按《混凝土结构工程施工质量检验规范》GB 50204—2015 第 6.3 节检验
1. 钢丝镦头强度抽样检验报告汇总：M-02-01-03-10，审核专业检验机构提交的检验报告
2. 预应力筋品种、规格、数量检验：M-02-01-03-21
3. 预应力筋、成孔管道安装检验：M-02-01-03-22A
4. 锚垫板安装检验：M-02-01-03-22B
5. 预应力筋或孔道竖向位置检验：M-02-01-03-23

1. 专业监理 / 监理员旁站检验、抽检；
2. 专业监理审核；
3. 总监理工程师（代表）抽查

B-4　预应力筋张拉与放张：按 GB 50666—2011 第 6.4 节的规定施工
1. 预应力筋张拉机具设备及仪表定期维护和检验
2. 施工温度检验控制
3. 预应力筋张拉或放张前混凝土强度抽样检验报告汇总：M-02-01-03-30
4. 预应力筋张拉施工：M-02-01-03-31
5. 预应力筋单根张拉记录：M-02-01-03-32A，预应力筋整体张拉记录：M-02-01-03-32B
6. 锚固后张拉端预应力筋内缩量检验：M-02-01-03-33

1. 专业监理 / 监理员旁站检验、抽检；
2. 专业监理审核；
3. 总监理工程师（代表）抽查

C-4　预应力筋张拉与放张质量检验：按《混凝土结构工程施工质量检验规范》GB50204—2015 第 6.4 节检验
1. 张拉前混凝土强度控制：按 GB 50204—2015 第 6.4.1 条检验，审核混凝土强度试验报告与张拉施工记录 M-02-01-03-30、M-02-01-03-31
2. 先张法预应力筋张拉锚固后实际建立的预应力值与工程设计规定检验值偏差检验：按 GB 50204—2015 第 6.4.3 条检验，审核张拉施工记录 M-02-01-03-31、M-02-01-03-32A、M-02-01-03-32B
3. 预应力筋张拉伸长值与最大张拉应力检验：按 GB 50204—2015 第 6.4.4 条检验，审核张拉施工记录 M-02-01-03-31、M-02-01-03-32A、M-02-01-03-32B
4. 锚固后张拉端预应力筋内缩量检验：M-02-01-03-33，按 GB 50204—2015 第 6.4.4 条检验
5. 先张法预应力筋位置检验：M-02-01-03-41
6. 后张法钢绞线断裂或滑脱数量检验：M-02-01-03-42，按 GB 50204—2015 第 6.4.2 条检验

1. 专业监理 / 监理员旁站检验、抽检；
2. 专业监理审核；
3. 总监理工程师（代表）抽查

图 6-1　预应力分项施工质量检验程序 P-02-01-03（二）

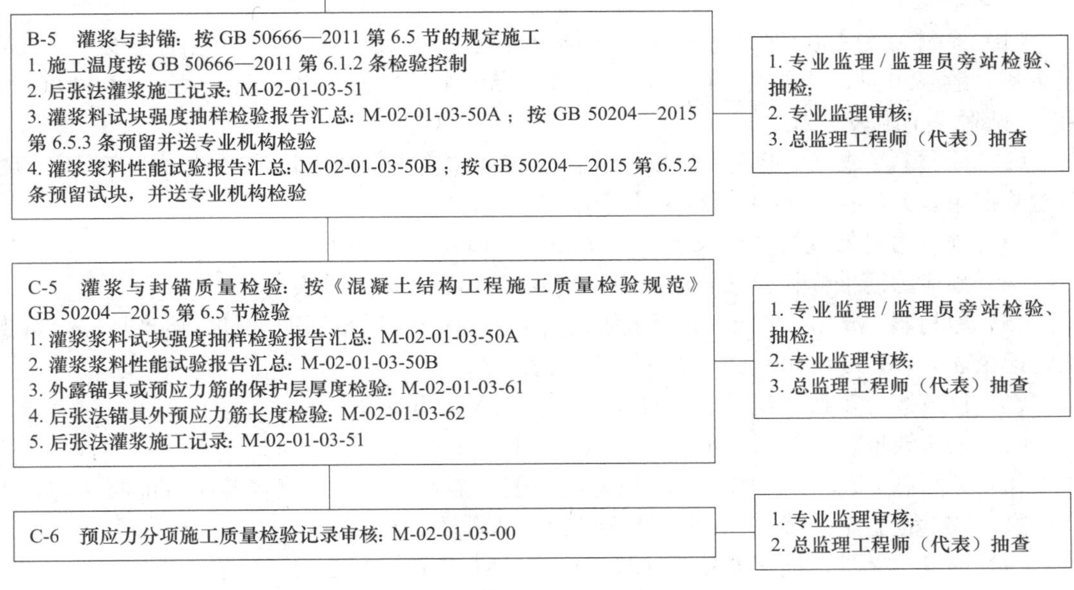

图 6-1　预应力分项施工质量检验程序 P-02-01-03（三）

6.2　预应力分项施工质量检验程序应用

6.2.1　施工方案、专项施工方案的编制与审批

施工方案、专项施工方案编制与审批按照相关施工规范和当地建设主管部门的规定办理，在本章中不作讨论。

6.2.2　预应力筋、钢绞线、锚具、夹具、连接器、成品灌浆料、灌浆水泥、外加剂、成孔管道型号选择、生产厂家的确定与进场质量检验

1. 规范条文

预应力筋、钢绞线、锚具、夹具、连接器、成品灌浆料、灌浆水泥、外加剂、成孔管道型号选择、生产厂家的确定与进场质量检验根据《混凝土结构工程施工质量验收规范》GB 50204—2015 第 6.2 节检验。

（1）预应力筋按 GB 50204—2015 第 6.2.1 条、无粘结预应力钢绞线按 GB 50204—2015 第 6.2.2 条规定检验质量证明文件和现场抽检；外观按 GB 50204—2015 第 6.2.6 条检验。

（2）预应力筋用锚具应和锚垫板、局部加强钢筋配套使用，锚具、夹具和连接器按 GB 50204—2015 第 6.2.3 条、第 6.2.4 条规定检验质量证明文件和现场抽检；外观按 GB 50204—2015 第 6.2.7 条检验。

（3）孔道灌浆用水泥应采用硅酸盐水泥或普通硅酸盐水泥，水泥、外加剂按 GB 50204—2015 第 6.2.5 条检验质量证明文件和现场抽检。

（4）预应力成孔管道按 GB 50204—2015 第 6.2.8 条规定检验质量证明文件。

2. 表格设计

（1）原材料 / 成品 / 半成品选用表（预应力筋、钢绞线、锚具、夹具、连接器、成品灌浆料、灌浆水泥、外加剂、成孔管道型号选择、生产厂家的确定记录表）（M-00-00-00-01），见附录 1 附表 1-2。

（2）原材料 / 成品 / 半成品进场检验记录表（预应力筋质量证明文件、生产厂家、数量检验记录表）（M-00-00-00-02），见附录 1 附表 1-3。

（3）预应力筋外观检验记录表（M-02-01-03-01A），见表 6-1。

（4）预应力筋抽样检验报告汇总表（M-02-01-03-01B），见表 6-2。

（5）原材料 / 成品 / 半成品进场检验记录表（钢绞线质量证明文件、生产厂家、数量检验记录表）（M-00-00-00-02），见附录 1 附表 1-3。

（6）钢绞线外观检验记录表（M-02-01-03-02A），见表 6-3。

（7）钢绞线抽样检验报告汇总表（M-02-01-03-02B），见表 6-4。

（8）原材料 / 成品 / 半成品进场检验记录表（锚具、夹具、连接器质量证明文件、生产厂家、数量检验记录表）（M-00-00-00-02），见附录 1 附表 1-3。

（9）锚具、夹具、连接器外观检验记录表（M-02-01-03-03A），见表 6-5。

（10）锚具、夹具、连接器性能抽样检验报告汇总表（M-02-01-03-03B），见表 6-6。

（11）原材料 / 成品 / 半成品进场检验记录表（成品灌浆料质量证明文件、生产厂家、数量检验记录表）（M-00-00-00-02），见附录 1 附表 1-3。

（12）成品灌浆料外观检验记录表（M-02-01-03-04A），见表 6-7。

（13）成品灌浆料抽样检验报告汇总表（M-02-01-03-04B），见表 6-8。

（14）原材料 / 成品 / 半成品进场检验记录表（灌浆水泥、外加剂质量证明文件、生产厂家、数量检验记录表）（M-00-00-00-02），见附录 1 附表 1-3。

（15）水泥、外加剂外观检验记录表（M-02-01-03-05A），见表 6-9。

（16）水泥、外加剂抽样检验报告汇总表（M-02-01-03-05B），见表 6-10。

（17）原材料 / 成品 / 半成品进场检验记录表（成孔管道质量证明文件、生产厂家、数量检验记录表）（M-00-00-00-02），见附录 1 附表 1-3。

（18）成孔管道外观检验记录表（M-02-01-03-06A），见表 6-11。

（19）成孔管道抽样检验报告汇总表（M-02-01-03-06B），见表 6-12。

6.2.3 预应力筋的制作与安装质量检验

1. 规范条文

预应力筋的制作与安装质量按《混凝土结构工程施工质量验收规范》GB 50204—2015 第 6.3 节的规定检验。

（1）预应力筋安装后的品种、规格、级别和数量按 GB 50204—2015 第 6.3.1 条规定检验。

（2）预应力筋的安装位置按 GB 50204—2015 第 6.3.2 条检验。

（3）预应力筋端部锚具的制作质量按 GB 50204—2015 第 6.3.3 条检验。

（4）预应力筋或成孔管道的安装质量按 GB 50204—2015 第 6.3.4 条检验。

（5）预应力筋或成孔管道定位控制点的竖向位置偏差按 GB 50204—2015 第 6.3.5 条检验。

2. 表格设计

（1）钢丝镦头强度抽样检验报告汇总表（M-02-01-03-10），见表 6-13。

（2）预应力筋制作与安装施工记录表（M-02-01-03-11），见表 6-14。

（3）预应力筋端部锚具制作检验记录表（M-02-01-03-12），见表 6-15。

（4）预应力筋品种、规格、数量检验记录表（M-02-01-03-21），见表 6-16。

（5）预应力筋、成孔管道安装检验记录表（M-02-01-03-22A），见表 6-17。

（6）锚垫板安装检验记录表（M-02-01-03-22B），见表 6-18。

（7）预应力筋或孔道竖向位置检验记录表（M-02-01-03-23），见表 6-19。

6.2.4 预应力筋张拉、放张与质量检验

1. 规范条文

预应力筋张拉、放张质量根据《混凝土结构工程施工质量验收规范》GB 50204—2015 第 6.4 节的规定检验。

（1）预应力筋张拉或放张前，构件混凝土强度按 GB 50204—2015 第 6.4.1 条检验。

预应力筋张拉或放张前混凝土强度的控制，应该放在张拉前控制，张拉后再审核报告，起不到控制混凝土强度的作用。所以，此条文的执行放在张拉施工阶段。应在张拉前审核混凝土同条件养护试块的强度检验报告，而不能在张拉完成以后再审核混凝土强度试验报告。

（2）后张法预应力结构构件，钢绞线出现断裂或滑脱的数量按 GB 50204—2015 第 6.4.2 条检验。

（3）先张法预应力筋张拉锚固后，实际建立的预应力值与工程设计规定检验值的相对允许偏差按 GB 50204—2015 第 6.4.3 条检验。

（4）采用应力控制方法张拉时，张拉力下预应力筋的实测伸长值与计算伸长值的相对允许偏差、最大张拉应力按 GB 50204—2015 第 6.4.4 条规定检验。

（5）先张法预应力构件，预应力筋张拉后的位置偏差按 GB 50204—2015 第 6.4.5 条规定检验。

2. 表格设计

（1）预应力筋张拉或放张前混凝土强度抽样检验报告汇总表（M-02-01-03-30），见表 6-20。

（2）预应力筋张拉施工记录表（M-02-01-03-31），见表 6-21。

（3）预应力筋单根张拉记录表（M-02-01-03-32A），见表 6-22。

（4）预应力筋整体张拉记录表（M-02-01-03-32B），见表 6-23。

（5）锚固后张拉端预应力筋内缩量检验记录表（M-02-01-03-33），见表 6-24。

（6）先张法预应力筋位置检验记录表（M-02-01-03-41），见表 6-25。

（7）后张法钢绞线断裂或滑脱数量检验记录表（M-02-01-03-42），见表 6-26。

6.2.5 预应力筋灌浆、封锚与质量检验

1. 规范条文

预应力筋灌浆、封锚质量根据《混凝土结构工程施工质量验收规范》GB 50204—2015

第 6.5 节的规定检验。

（1）预留孔道水泥浆饱满、密实度按 GB 50204—2015 第 6.5.1 条规定检验。

（2）现场搅拌的灌浆用水泥浆的性能按 GB 50204—2015 第 6.5.2 条规定检验。

（3）现场留置的孔道灌浆料试件的抗压强度按 GB 50204—2015 第 6.5.3 条规定检验。

（4）锚具的封闭保护措施按 GB 50204—2015 第 6.5.4 条规定检验。

（5）后张法预应力筋锚固后的锚具外的外露长度按 GB 50204—2015 第 6.5.5 条规定检验。

2. 表格设计

（1）灌浆浆料试块强度抽样检验报告汇总表（M-02-01-03-50A），见表 6-27。

（2）灌浆浆料性能试验报告汇总表（M-02-01-03-50B），见表 6-28。

（3）后张法灌浆施工记录表（M-02-01-03-51），见表 6-29。

（4）外露锚具或预应力筋的保护层厚度检验记录表（M-02-01-03-61），见表 6-30。

（5）后张法锚具外预应力筋长度检验记录表（M-02-01-03-62），见表 6-31。

6.2.6 预应力分项施工质量检验记录审核

预应力分项施工质量检验记录目录（M-02-01-03-00），见表 6-32。

按照表 6-32 的顺序汇总检验记录，审核检验记录的完整性与检验数据是否符合规范要求。

预应力筋外观检验记录表（M–02–01–03–01A） **表 6–1**

建设项目： 单位工程： 第 页共 页

序号	进场日期	规格型号	数量（t）	生产厂家	表面标记	无裂纹	无小刺	无机械损伤	无氧化铁皮	无油污	无弯折

执行标准：《混凝土结构工程施工质量验收规范》GB 50204—2015 第 6.2.6 条。检验频率：全数。

检验： 日期： 审核：

预应力筋抽样检验报告汇总表（M–02–01–03–01B）　　表 6–2

建设项目：　　单位工程：　　第　页 共　页

序号	进场日期	品种规格	进场批量（t）	生产厂家	送检试件组数	试验报告编号	试验报告结论

附件：预应力筋抽样检验报告。

执行标准：《混凝土结构工程施工质量验收规范》GB 50204—2015 第 6.2.1 条。检验频率：按进场批次和产品的抽样检验方案。

填报：　　日期：　　审核：　　监理：

钢绞线外观检验记录表（M–02–01–03–02A）　　表 6–3

建设项目：　　单位工程：　　第　页 共　页

序号	进场日期	规格型号	数量（t）	生产厂家	表面标记	无裂纹	光滑	无明显褶皱	无严重破损	轻微破损有修补

执行标准：《混凝土结构工程施工质量验收规范》GB 50204—2015 第 6.2.6 条。检验频率：全数。

检验：　　日期：　　审核：

钢绞线抽样检验报告汇总表（M-02-01-03-02B） 表 6-4

建设项目： 单位工程： 第 页 共 页

序号	进场日期	品种规格	进场批量（t）	生产厂家	送检试件组数	试验报告编号	试验报告结论

附件：钢绞线抽样检验报告。

执行标准：《混凝土结构工程施工质量验收规范》GB 50204—2015 第 6.2.2 条。检验频率：按《无粘结预应力钢绞线》JG/T 161—2016 的规定。

填报： 日期： 审核： 监理：

锚具、夹具、连接器外观检验记录表（M-02-01-03-03A） 表 6-5

建设项目： 单位工程： 第 页 共 页

序号	进场日期	规格型号	数量	生产厂家	表面标记	无污物	无机械损伤	无裂纹

执行标准：《混凝土结构工程施工质量验收规范》GB 50204—2015 第 6.2.7 条。检验频率：全数。

检验： 日期： 审核：

锚具、夹具、连接器性能抽样检验报告汇总表（M–02–01–03–03B）　　表 6–6

建设项目：　　单位工程：　　第　页 共　页

序号	进场日期	品种规格	进场批量（t）	生产厂家	送检试件组数	试验报告编号	试验报告结论

附件：预应力筋锚具、夹具、连接器性能抽样检验报告。

执行标准：《混凝土结构工程施工质量验收规范》GB 50204—2015 第 6.2.3 条。检验频率：按《预应力筋用锚具、夹具、连接器应用技术规程》JGJ 85—2010 的规定执行。

填报：　　日期：　　审核：　　监理：

成品灌浆料外观检验记录表（M–02–01–03–04A）　　表 6–7

建设项目：　　单位工程：　　第　页 共　页

序号	进场日期	规格型号	数量（t）	生产厂家	表面标记	质量等级	生产日期	有效期	无结团

执行标准:《混凝土结构工程施工质量验收规范》GB 50204—2015 第 6.2.5 条。检验频率: 按进场批次和产品的抽样方案确定。

检验：　　日期：　　审核：

成品灌浆料抽样检验报告汇总表（M–02–01–03–04B） **表 6–8**

建设项目： 单位工程： 第 页共 页

序号	进场日期	品种规格	进场数量（t）	生产厂家	送检试件组数	试验报告编号	试验报告结论

附件：成品灌浆料抽样检验报告。

执行标准：《混凝土结构工程施工质量验收规范》GB 50204—2015 第 6.2.5 条。检验频率：按进场批次和产品的抽样检验方案。

填报： 日期： 审核： 监理：

水泥、外加剂外观检验记录表（M–02–01–03–05A） **表 6–9**

建设项目： 单位工程： 第 页共 页

序号	进场日期	规格型号	数量（t）	生产厂家	表面标记	质量等级	生产日期	有效期	无结团

执行标准：《混凝土结构工程施工质量验收规范》GB 50204—2015 第 7.2.1 条～第 7.2.3 条。检验频率：水泥：同一厂家、同一品种、同一强度等级、同一批号且连续进场的水泥，袋装不超过 200t 为一批、散装不超过 500t 为一批，每批抽样数量不应少于一次；外加剂：同一厂家、同一品种、同一性能、同一批号且连续进场的，超过 50t 为一批，每批抽样数量不应少于一次。

检验： 日期： 审核：

水泥、外加剂抽样检验报告汇总表（M–02–01–03–05B）　　表 6–10

建设项目：　　单位工程：

分部 / 子分部工程：　　分项工程：　　第　页 共　页

序号	进场日期	名称、品种规格	进场数量（t）	生产厂家	送检试件组数	试验报告编号	试验报告结论

附件：水泥、外加剂抽样检验报告。

执行标准：《混凝土结构工程施工质量验收规范》GB 50204—2015 第 7.2.1 条～第 7.2.3 条。检验频率：水泥：同一厂家、同一品种、同一强度等级、同一批号且连续进场的水泥，袋装不超过 200t 为一批、散装不超过 500t 为一批，每批抽样数量不应少于一次；外加剂：同一厂家、同一品种、同一性能、同一批号且连续进场的，超过 50t 为一批，每批抽样数量不应少于一次。

填报：　　日期：　　审核：　　监理：

成孔管道外观检验记录表（M–02–01–03–06A）　　表 6–11

建设项目：　　单位工程：　　第　页 共　页

序号	进场日期	规格型号	数量	生产厂家	表面标记	金属管	清洁	无锈蚀、油污、附着物	孔洞	不规则褶皱	咬口无开裂、脱扣	焊缝连续
						塑料管	气泡	光滑、色泽均匀	孔洞	裂口、硬块	油污、附着物	划伤

执行标准：《混凝土结构工程施工质量验收规范》GB 50204—2015 第 6.2.8 条。检验频率：全数。

检验：　　日期：　　审核：

成孔管道抽样检验报告汇总表（M-02-01-03-06B）　　表 6-12

建设项目：　　单位工程：　　第　页共　页

序号	进场日期	品种规格	进场数量	生产厂家	送检试件组数	试验报告编号	试验报告结论

附件：成孔管道抽样检验报告。

执行标准：《混凝土结构工程施工质量验收规范》GB 50204—2015 第 6.2.8 条。检验频率：按进场批次和产品的抽样检验方案。

填报：　　日期：　　审核：　　监理：

钢丝镦头强度抽样检验报告汇总表（M-02-01-03-10）　　表 6-13

建设项目：　　单位工程：　　第　页共　页

序号	抽样日期	品种规格	加工数量（个）	送检试件个数	试验报告编号	试验报告结论

附件：钢丝镦头强度抽样检验报告。

执行标准：《混凝土结构工程施工质量验收规范》GB 50204—2015 第 6.3.3 条。检验频率：每批钢丝检验 6 个镦头试件。

填报：　　日期：　　审核：　　监理：

预应力筋制作与安装施工记录表（M–02–01–03–11）　　　　**表 6–14**

建设项目：

单位工程：　　　　　　　　　　　　　　　　　　　　第　页共　页

施工日期：

气候：晴 / 阴 / 小雨 / 大雨 / 暴雨 / 雪　　　　　　风力：

施工负责人：　　　　　　　　　　　　　　　　　　　气温：

施工内容及施工范围（层号 / 构件名称 / 轴线区域）：

施工人员考试、培训及交底：

雨天、雪天施工措施：

施工间断情况记录与其他情况记录：

执行标准：《混凝土结构工程施工规范》GB 50666—2011 第 6 章。

记录：　　　　　　　　　　　　　审核：

预应力筋端部锚具制作检验记录表（M–02–01–03–12）

表 6–15

建设项目： 单位工程： 第 页 共 页

层号 / 构件名称 / 编号	轴线位置	预应力筋编号	预应力筋外端露出挤压套筒长度	梨花头直径（mm）		梨花头长度（mm）		直线锚固段长度（mm）	
			≥ 1mm	≥设计值		≥设计值		≥设计值	
			实测	设计	实测	设计	实测	设计	实测

执行标准：《混凝土结构工程施工质量验收规范》GB 50204—2015 第 6.3.3 条。检验频率：挤压锚，5%/ 工作班，且＞ 5 件；压花锚，3 件 / 工作班。

检验： 日期： 审核：

预应力筋品种、规格、数量检验记录表（M–02–01–03–21）　　　　表 6–16

建设项目：

单位工程：　　　　　　　　　　　　　　　　　　　　　　　　第　　页 共　　页

层号 / 构件名称 / 编号	轴线位置	品种，级别	排数（全截面）	规格	数量

执行标准：《混凝土结构工程施工质量验收规范》GB 50204—2015 第 6.3.1 条。检验频率：全数。

检验：　　　　　　　　　　　　日期：　　　　　　　　　　　　审核：

预应力筋、成孔管道安装检验记录表（M–02–01–03–22A）　　　　表 6–17

建设项目：　　　　　　　　　　　　单位工程：　　　　　　　　　　　　第　　页 共　　页

层号 / 构件名称 / 编号	轴线位置	成孔管道应密封	预应力筋或成孔管道应平顺，并应与定位支撑钢筋绑扎牢固	当后张有粘结预应力筋曲线孔道波峰和波谷的高差大于 300mm，且采用普通灌浆工艺时，应在孔道波峰设置排气孔

执行标准：《混凝土结构工程施工质量验收规范》GB 50204—2015 第 6.3.4 条。检验频率：全数。

检验：　　　　　　　　　　　　日期：　　　　　　　　　　　　审核：

锚垫板安装检验记录表（M–02–01–03–22B）　　　　表 6–18

建设项目：　　　　单位工程：　　　　第　页共　页

<table>
<tr><td rowspan="3">层号 / 构件名称 / 编号</td><td rowspan="3">轴线位置</td><td rowspan="3">预应力束编号</td><td rowspan="3">锚垫板的承压面与预应力筋或孔道末端垂直</td><td colspan="3">预应力筋或孔道曲线末端直线段长度（mm），张拉控制力 N（kN）</td></tr>
<tr><td>$N \leqslant 1500$kN，$\geqslant 400$mm</td><td>1500kN $< N \leqslant 6000$kN，$\geqslant 500$mm</td><td>$N > 6000$kN，$\geqslant 600$mm</td></tr>
<tr><td colspan="2">设　计</td><td>实　测</td></tr>
<tr><td></td><td></td><td></td><td></td><td colspan="2"></td><td></td></tr>
<tr><td></td><td></td><td></td><td></td><td colspan="2"></td><td></td></tr>
<tr><td></td><td></td><td></td><td></td><td colspan="2"></td><td></td></tr>
<tr><td></td><td></td><td></td><td></td><td colspan="2"></td><td></td></tr>
<tr><td></td><td></td><td></td><td></td><td colspan="2"></td><td></td></tr>
<tr><td></td><td></td><td></td><td></td><td colspan="2"></td><td></td></tr>
<tr><td></td><td></td><td></td><td></td><td colspan="2"></td><td></td></tr>
<tr><td></td><td></td><td></td><td></td><td colspan="2"></td><td></td></tr>
<tr><td></td><td></td><td></td><td></td><td colspan="2"></td><td></td></tr>
<tr><td></td><td></td><td></td><td></td><td colspan="2"></td><td></td></tr>
<tr><td></td><td></td><td></td><td></td><td colspan="2"></td><td></td></tr>
</table>

执行标准：《混凝土结构工程施工质量验收规范》GB 50204—2015 第 6.3.4 条。检验频率：预应力束总数的 10%，且不少于 5 束。

检验：　　　　日期：　　　　审核：

预应力筋或孔道竖向位置检验记录表（M-02-01-03-23）　　表 6-19

建设项目：

单位工程：　　第　页 共　页

层号 / 构件名称 / 编号：　　构件轴线位置：

控制截面位置	预应力竖编号	预应力筋或成孔管道定位控制点偏差（mm），h：构件截面（mm），合格率≥ 90%，且不得超过表中数值 1.5 倍的偏差		
		$h \leq 300$mm，±5mm	300mm $< h \leq$ 1500mm，±10mm	$h > 1500$mm，±15mm
		设　计	实　测	差　值

执行标准：《混凝土结构工程施工质量验收规范》GB 50204—2015 第 6.3.5 条。检验频率：在同一检验批内，应抽查各类构件总数的 10%，且不少于 3 个构件，每个构件且不少于 5 处。

检验：　　日期：　　审核：

预应力筋张拉或放张前混凝土强度抽样检验报告汇总表（M–02–01–03–30）　表 6–20

建设项目：　　　　　　　　　　单位工程：

分部 / 子分部工程：　　　　　　分项工程：　　　　　　第　页共　页

序号	抽样日期	抽样部位（层 / 构件名称 / 构件编号 / 轴线位置）	品种规格	送检试件组数	每组试件数	试验日期	试验报告编号	试验报告结论

附件：预应力筋张拉或放张前混凝土强度抽样检验报告。

执行标准：《混凝土结构工程施工质量验收规范》GB 50204—2015 第 6.4.1 条。检验频率：全数。

填报：　　　　　　日期：　　　　　　审核：　　　　　　监理：

预应力筋张拉施工记录表（M-02-01-03-31）　　　　表 6-21

建设项目：	
单位工程：	第　页 共　页
施工日期：	
气候：晴 / 阴 / 小雨 / 大雨 / 暴雨 / 雪	风力：
施工负责人：	气温：
施工内容及施工范围（层号 / 构件名称 / 轴线区域）：	
施工人员考试、培训及交底：	
雨天、雪天施工措施：	
施工间断情况记录与其他情况记录：	
执行标准：《混凝土结构工程施工规范》GB 50666—2011 第 6 章。	

记录：　　　　　　　　　　审核：

表 6-22

预应力筋单根张拉记录表（M-02-01-03-32A）

建设项目：　　　　单位工程：　　　　第　页共　页

构件名称编号		张拉混凝土强度（MPa）		千斤顶编号		油压机编号	
预应力筋长度（mm）		预应力筋弹性模量（GPa）		预应力筋截面面积（mm^2）		允许伸长范围（mm）	
设计控制应力(MPa)		设计计算伸长值（mm）		设计千斤顶张拉力（kN）		设计张拉油表读数	
第一次控制应力（MPa）		第一次计算伸长值 Δ_1（mm）		第一次计算张拉力（kN）		第一次张拉油表读数	
第二次控制应力（MPa）		第二次计算伸长值 Δ_2（mm）		第二次计算张拉力（kN）		第二次张拉油表读数	
第三次控制应力（MPa）		第三次计算伸长值 Δ_3（mm）		第三次计算张拉力（kN）		第三次张拉油表读数	

预应力筋编号	预应力筋伸出长度 L_0	第一次张拉			第二次张拉				第三次张拉				安装回缩		
		油表读数	L_1 伸出长度	持压时间	油表读数	L_2 伸出长度	持压时间	$\Delta_2=L_2-L_1+\Delta_1$	油表读数	L_3 伸出长度	持压时间	$\Delta_3=L_3-L_1+\Delta_1$	油表读数	L_4 伸出长度	$\Delta_4=L_4-L_1+\Delta_1$

执行标准：《混凝土结构工程施工规范》GB 50666—2011 第 6 章，《混凝土结构工程施工质量验收规范》GB 50204—2015 第 6.4.4 条。

检验：　　　　日期：　　　　审核：

表 6-23

预应力筋整体张拉记录表（M-02-01-03-32B）

建设项目：　　　　单位工程：　　　　第　　页 共　　页

构件名称编号		张拉混凝土强度（MPa）		千斤顶编号		油压机编号	
预应力筋长度（mm）		预应力筋弹性模量(GPa）		预应力筋截面面积（mm^2）		允许伸长范围（mm）	
设计控制应力(MPa)		设计计算伸长值（mm）		设计千斤顶张拉力（kN）		设计张拉油表读数	
第一次控制应力（MPa）		第一次计算伸长值 Δ_1（mm）		第一次计算张拉力（kN）		第一次张拉油表读数	
第二次控制应力（MPa）		第二次计算伸长值 Δ_2（mm）		第二次计算张拉力（kN）		第二次张拉油表读数	
第三次控制应力（MPa）		第三次计算伸长值 Δ_3（mm）		第三次计算张拉力（kN）		第三次张拉油表读数	

第一次张拉			第二次张拉				第三次张拉				安装回缩		
油表读数	L_1 伸出长度	持压时间	油表读数	L_2 伸出长度	持压时间	$\Delta_2 = L_2 - L_1 + \Delta_1$	油表读数	L_3 伸出长度	持压时间	$\Delta_3 = L_3 - L_1 + \Delta_1$	油表读数	L_4 伸出长度	$\Delta_4 = L_4 - L_1 + \Delta_1$

执行标准：《混凝土结构工程施工规范》GB 50666—2011 第 6 章，《混凝土结构工程施工质量验收规范》GB 50204—2015 第 6.4.4 条。

检验：　　　　日期：　　　　审核：

锚固后张拉端预应力筋内缩量检验记录表（M–02–01–03–33） **表 6–24**

建设项目：

单位工程： 第 页 共 页

支承式锚具		锥塞式锚具	夹片式锚具	
螺帽缝隙	每块后加垫板的缝隙		有顶压	无顶压
1mm	1mm	5mm	5mm	6 ～ 8mm
层号 / 构件名称 / 编号	轴线位置	预应力筋编号	允许内缩（mm）	实测内缩（mm）

附件：构件预应力筋布置编号图。

执行标准：《混凝土结构工程施工质量验收规范》GB 50204—2015 第 6.4.6 条。检验频率：每工作班抽查预应力筋总数的 3%，且不应少于 3 束。

检验： 日期： 审核：

先张法预应力筋位置检验记录表（M-02-01-03-41）　　表 6-25

建设项目：

单位工程：　　　　第　　页 共　　页

层号 / 构件名称 / 编号	轴线位置	预应力筋实际位置与设计位置的偏差不得大于 5mm，且不得大于构件截面短边边长的 4%。			
		预应力筋编号	设计	实测	差值

附件：构件预应力筋布置编号图。

执行标准：《混凝土结构工程施工质量验收规范》GB 50204—2015 第 6.4.5 条。检验频率：每工作班抽查预应力筋总数的 3%，且不应少于 3 束。

检验：　　　　日期：　　　　审核：

后张法钢绞线断裂或滑脱数量检验记录表（M-02-01-03-42）　　表 6-26

建设项目：

单位工程：　　　　第　　页 共　　页

层号 / 构件名称 / 编号	轴线位置	同一截面断裂或滑脱的数量与预应力筋总根数比≤ 3%，对多跨双向连续板，其同一截面应按每跨计算；且每根断裂的钢绞线断丝≤ 1				
		钢绞线编号	总根数	断裂根数	断裂比	断丝数

附件：构件截面钢绞线编号图。

执行标准：《混凝土结构工程施工质量验收规范》GB 50204—2015 第 6.4.2 条。检验频率：全数。

检验：　　　　日期：　　　　审核：

灌浆浆料试块强度抽样检验报告汇总表（M–02–01–03–50A）　　表 6–27

建设项目：　　　　单位工程：　　　　第　　页 共　　页

序号	抽样日期	抽样部位（层 / 构件名称 / 构件编号 / 轴线位置）	品种规格	送检试件组数	试验报告编号	试验报告结论

附件：灌浆料试块强度抽样检验报告。

执行标准：《混凝土结构工程施工质量验收规范》GB 50204—2015 第 6.5.3 条。检验频率：每工作班留置一组。

填报：　　　　日期：　　　　审核：　　　　监理：

灌浆浆料性能试验报告汇总表（M–02–01–03–50B）　　表 6–28

建设项目：　　　　单位工程：　　　　第　　页 共　　页

序号	抽样日期	抽样部位（层 / 构件名称 / 构件编号 / 轴线位置）	灌浆料规格型号	灌浆料配合比编号	送检试件组数	每组试件数	试验报告编号	试验报告结论

附件：灌浆料性能检验报告。

执行标准：《混凝土结构工程施工质量验收规范》GB 50204—2015 第 6.5.2 条。检验频率：同一配合比检验一次。

填报：　　　　日期：　　　　审核：　　　　监理：

后张法灌浆施工记录表（M–02–01–03–51）

表 6–29

建设项目： 单位工程： 第 页共 页

层号 / 构件名称 / 轴线区域： 施工日期： 气候：晴 / 阴 / 小雨 / 大雨 / 暴雨 / 雪 风力：

施工负责人： 施工人员培训考试：是 / 否 压浆水泥总用量（kg）：

水泥名称及标号		水灰比		水泥浆稠度		掺塑化剂量	
空气温度		水温		压浆温度		泌水率	

孔道编号	第一次压浆					停留时间（分）	第二次压浆					处理				
	压浆方向	时间起止	压力（MPa）	通过	冒浆情况		压浆方向	时间起止	压力（MPa）	通过	冒浆情况	压浆方向	时间起止	压力（MPa）	通过	冒浆情况

附件：压浆孔道编号图。

执行标准：《混凝土结构工程施工规范》GB 50666—2011 第 6 章，《混凝土结构工程施工质量验收规范》GB 50204—2015 第 6.5.1 条。检验频率：全数。

检验： 日期： 审核：

外露锚具或预应力筋的保护层厚度检验记录表（M–02–01–03–61）　　表 6–30

建设项目：

单位工程：　　第　页 共　页

层号 / 构件名称 / 编号	轴线位置	一类环境：≥ 20mm		二 a、二 b 类环境：≥ 50mm		三 a、三 b 类环境：≥ 80mm	
		实测 1	实测 2	实测 3	实测 4	实测 5	实测 6

执行标准：《混凝土结构工程施工质量验收规范》GB 50204—2015 第 6.5.4 条。检验频率：在同一检验批内，抽查预应力筋总数的 5%，且不应少于 5 处。

检验：　　日期：　　审核：

后张法锚具外预应力筋长度检验记录表（M–02–01–03–62）　　表 6–31

建设项目：

单位工程：　　第　页 共　页

层号 / 构件名称 / 编号	轴线位置	≥预应力筋直径的 1.5 倍，≥ 30mm					
		实测 1	实测 2	实测 3	实测 4	实测 5	实测 6

执行标准：《混凝土结构工程施工质量验收规范》GB 50204—2015 第 6.5.5 条。检验频率：抽查预应力筋总数的 3%，且不少于 5 束。

检验：　　日期：　　审核：

预应力分项施工质量检验记录目录（M–02–01–03–00） 表 6–32

建设项目：

单位工程： 第 页 共 页

工　　序	表格编号	表格名称	份　　数
1. 施工方案、专项施工方案的编制与审批		施工方案、专项施工方案与审批意见	
2. 预应力筋、钢绞线、锚具、夹具、连接器、成品灌浆料、灌浆水泥、外加剂、成孔管道型号选择、生产厂家的确定与进场质量检验	M-00-00-00-01	原材料 / 成品 / 半成品选用表（预应力筋、钢绞线、锚具、夹具、连接器、成品灌浆料、灌浆水泥、外加剂、成孔管道型号选择、生产厂家的确定记录表）	
	M-00-00-00-02	原材料 / 成品 / 半成品进场检验记录表（预应力筋质量证明文件、生产厂家、数量检验记录表）	
	M-02-01-03-01A	预应力筋外观检验记录表	
	M-02-01-03-01B	预应力筋抽样检验报告汇总表	
	M-00-00-00-02	原材料 / 成品 / 半成品进场检验记录表（钢绞线质量证明文件、生产厂家、数量检验记录表）	
	M-02-01-03-02A	钢绞线外观检验记录表	
	M-02-01-03-02B	钢绞线抽样检验报告汇总表	
	M-00-00-00-02	原材料 / 成品 / 半成品进场检验记录表（锚具、夹具、连接器质量证明文件、生产厂家、数量检验记录表）	
	M-02-01-03-03A	锚具、夹具、连接器外观检验记录表	
	M-02-01-03-03B	锚具、夹具、连接器性能抽样检验报告汇总表	
	M-00-00-00-02	原材料 / 成品 / 半成品进场检验记录表（成品灌浆料质量证明文件、生产厂家、数量检验记录表）	
	M-02-01-03-04A	成品灌浆料外观检验记录表	
	M-02-01-03-04B	成品灌浆料抽样检验报告汇总表	
	M-00-00-00-02	原材料 / 成品 / 半成品进场检验记录表（灌浆水泥、外加剂质量证明文件、生产厂家、数量检验记录表）	
	M-02-01-03-05A	水泥、外加剂外观检验记录表	
	M-02-01-03-05B	水泥、外加剂抽样检验报告汇总表	
	M-00-00-00-02	原材料 / 成品 / 半成品进场检验记录表（成孔管道质量证明文件、生产厂家、数量检验记录表）	
	M-02-01-03-06A	成孔管道外观检验记录表	
	M-02-01-03-06B	成孔管道抽样检验报告汇总表	
	M-02-01-03-07 ～ M-02-01-03-09	预留	

施工技术负责人： 日期： 专业监理：

续表

建设项目：

单位工程：　　　　　　　　　　　　　　　　　　　　　　第　页共　页

工　序	表格编号	表格名称	份　数
3. 预应力筋的制作安装与质量检验	M-02-01-03-10	钢丝镦头强度抽样检验报告汇总表	
	M-02-01-03-11	预应力筋制作与安装施工记录表	
	M-02-01-03-12	预应力筋端部锚具制作检验记录表	
	M-02-01-03-13 ～ M-02-01-03-20	预留	
	M-02-01-03-21	预应力筋品种、规格、数量检验记录表	
	M-02-01-03-22A	预应力筋、成孔管道安装检验记录表	
	M-02-01-03-22B	锚垫板安装检验记录表	
	M-02-01-03-23	预应力筋或孔道竖向位置检验记录表	
	M-02-01-03-24 ～ M-02-01-03-29	预留	
4. 预应力筋张拉、放张与质量检验	M-02-01-03-30	预应力筋张拉或放张前混凝土强度抽样检验报告汇总表	
	M-02-01-03-31	预应力筋张拉施工记录表	
	M-02-01-03-32A	预应力筋单根张拉记录表	
	M-02-01-03-32B	预应力筋整体张拉记录表	
	M-02-01-03-33	锚固后张拉端预应力筋内缩量检验记录表	
	M-02-01-03-34 ～ M-02-01-03-40	预留	
	M-02-01-03-41	先张法预应力筋位置检验记录表	
	M-02-01-03-42	后张法钢绞线断裂或滑脱数量检验记录表	
	M-02-01-03-43 ～ M-02-01-03-49	预留	
5. 预应力筋灌浆、封锚与质量检验	M-02-01-03-50A	灌浆浆料试块强度抽样检验报告汇总表	
	M-02-01-03-50B	灌浆浆料性能试验报告汇总表	
	M-02-01-03-51	后张法灌浆施工记录表	
	M-02-01-03-52 ～ M-02-01-03-60	预留	
	M-02-01-03-61	外露锚具或预应力筋的保护层厚度检验记录表	
	M-02-01-03-62	后张法锚具外预应力筋长度检验记录表	
	M-02-01-03-63 ～ M-02-01-03-69	预留	

施工技术负责人：　　　　　　　　日期：　　　　　　　　专业监理：

第 7 章　混凝土分项施工质量检验程序设计及应用

7.1　混凝土分项施工质量检验程序设计

混凝土分项在主体分部混凝土结构子分部中的编号为“04”，故主体分部混凝土结构子分部混凝土分项施工质量检验程序编号为“P-02-01-04”。

混凝土分项分 4 个工序：① 施工方案、专项施工方案的编制与审批；② 混凝土的拌制与质量检验，见图 13-1；③ 混凝土的浇捣与质量检验，见图 13-2；④ 混凝土分项施工质量检验记录审核。

混凝土分项施工质量检验程序 P-02-01-04 如图 7-1 所示。

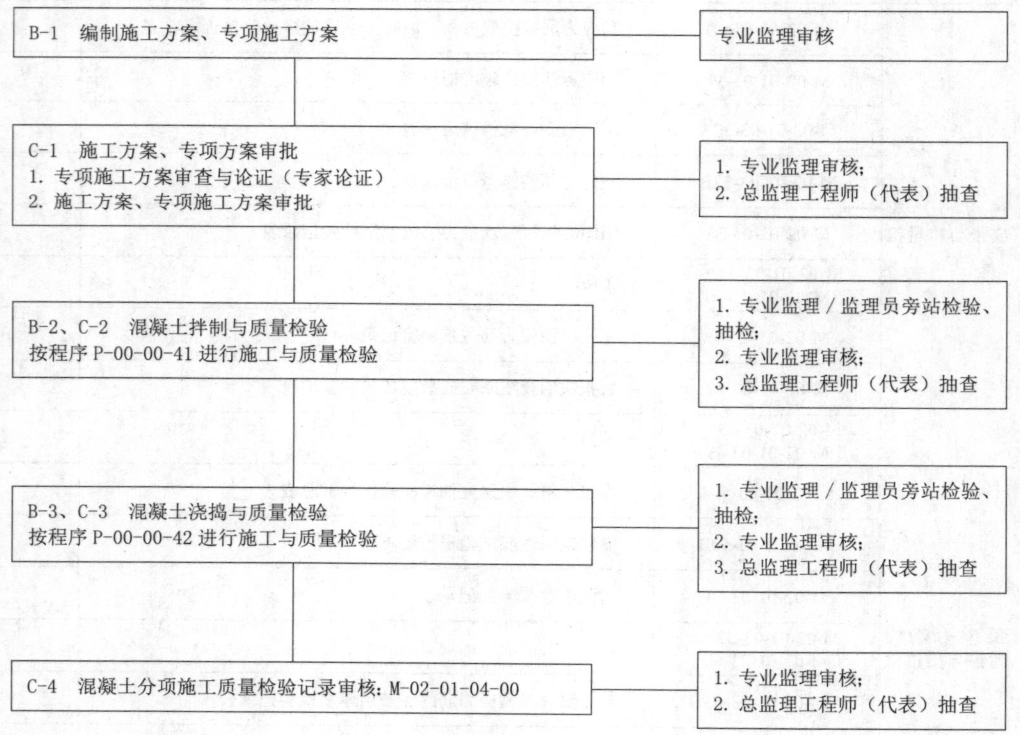

图 7-1　混凝土分项施工质量检验程序 P-02-01-04

7.2　混凝土分项施工质量检验程序应用

7.2.1　施工方案、专项施工方案的编制与审批

施工方案、专项施工方案的编制与审批按照相关施工规范和当地建设主管部门的规定办理，在本章中不作讨论。

7.2.2　混凝土拌制与施工质量检验

混凝土的拌制与施工质量检验按图 13-1 的程序检验。

1. 混凝土的拌制与质量检验应用的规范条文

见第 13 章 13.1.1 节。

2. 混凝土的拌制与质量检验用表格设计

见第 13 章 13.1.2 节。

7.2.3　混凝土浇捣与施工质量检验

混凝土浇捣施工质量检验按图 13-2 的程序检验。

1. 混凝土浇捣质量检验应用的规范条文

见第 13 章 13.2.1 节。

2. 混凝土浇捣质量检验用表格设计

见第 13 章 13.2.2 节。

7.2.4　混凝土分项施工质量检验记录审核

混凝土分项施工质量检验记录目录（M-02-01-04-00），见表 7-1。

按照表 7-1 的顺序汇总检验记录，审核检验记录的完整性与检验数据是否符合规范要求。

混凝土分项施工质量检验记录目录（M-02-01-04-00） **表 7-1**

建设项目：

单位工程： 第　页共　页

工　序	表格编号	表格名称	份数
1. 施工方案、专项施工方案的编制与审批		施工方案、专项施工方案与审批意见	
2. 混凝土的拌制与质量检验	M-00-00-41-00	混凝土拌制施工质量检验记录目录	
3. 混凝土的浇捣与质量检验	M-00-00-42-00	混凝土浇捣施工质量检验记录目录	

施工技术负责人： 日期： 专业监理：

第8章 现浇结构分项施工质量检验程序设计及应用

8.1 现浇结构分项施工质量检验程序设计

现浇结构分项在主体分部混凝土结构子分部中编号为“05”，故主体分部混凝土结构子分部现浇结构分项施工质量检验程序编号为“P-02-01-05”。

现浇结构分项施工质量检验程序分3个步骤：① 构件外观、缺陷的检验与缺陷处理检验；② 构件、设备基础、预埋件的允许偏差项目的检验；③ 现浇结构分项施工质量检验记录审核。

现浇结构分项施工质量检验程序 P-02-01-05 如图 8-1 所示。

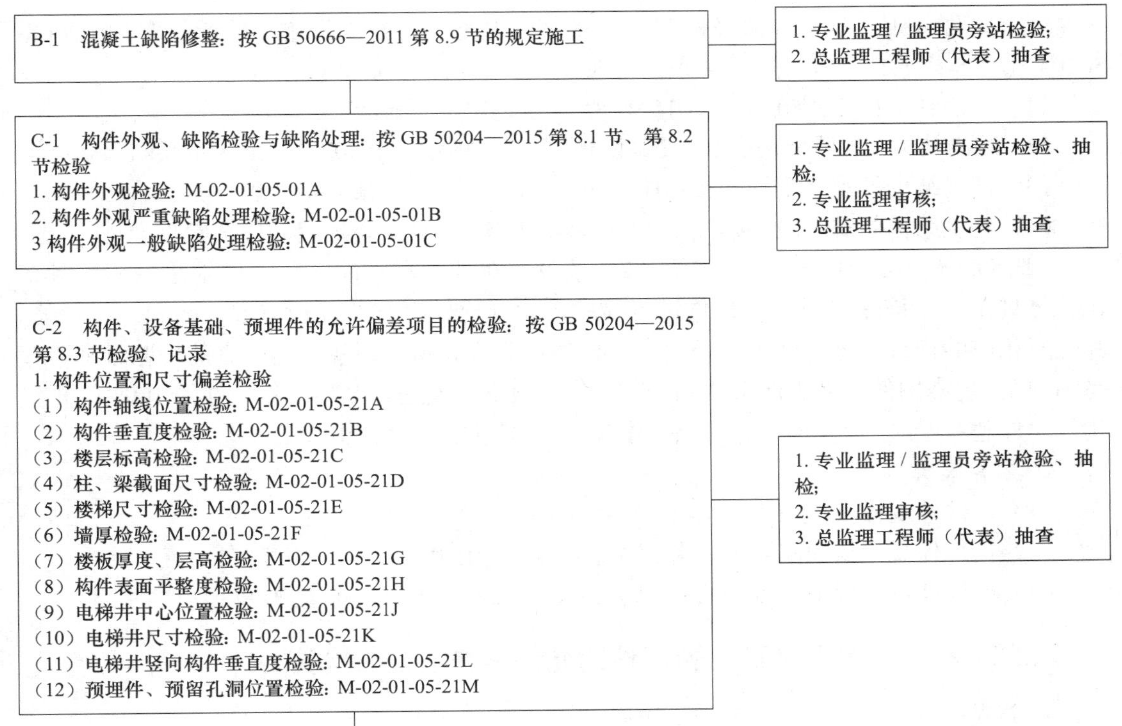

图 8-1　现浇结构分项施工质量检验程序 P-02-01-05（一）

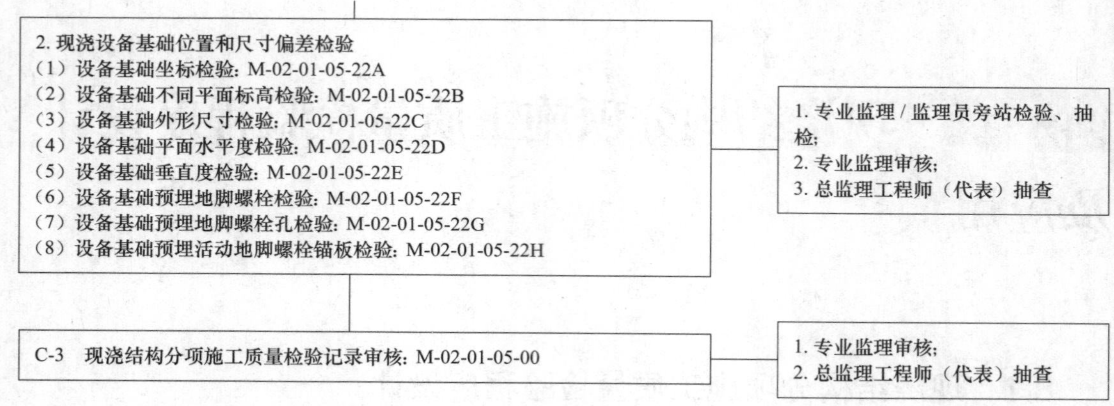

图 8-1　现浇结构分项施工质量检验程序 P-02-01-05（二）

8.2　现浇结构分项施工质量检验程序应用

8.2.1　现浇构件外观、缺陷检验与缺陷处理检验

1. 规范条文

现浇构件外观、缺陷检验及缺陷处理根据《混凝土结构工程施工质量检验规范》GB 50204—2015 第 8.1.1 条、第 8.1.2 条、第 8.2.1 条、第 8.2.2 条检验。

（1）现浇结构按 GB 50204—2015 第 8.1.1 条规定进行验收。

（2）现浇结构外观质量缺陷为严重缺陷还是一般缺陷按 GB 50204—2015 第 8.1.1 条判定。

（3）现浇结构外观严重缺陷按 GB 50204—2015 第 8.2.1 条规定处理，验收。

（4）现浇结构外观一般缺陷按 GB 50204—2015 第 8.2.2 条规定处理，验收。

GB 50204—2015 第 8.2.1 条、第 8.2.2 条没有对外观严重缺陷和一般缺陷的检验频率作具体规定。应该逐一对所有构件进行检验，发现构件存在的外观严重缺陷和一般缺陷，并做好相应的记录，逐一处理，处理完后再逐一验收。建议现浇结构外观的检验频率应该是 100%。现浇构件“外观严重缺陷处理”检验频率应该是有严重缺陷构件的 100%，现浇构件“外观一般缺陷处理”检验频率应该是有一般缺陷构件的 100%。

2. 表格设计

（1）构件外观检验记录表（M-02-01-05-01A），见表 8-1。

（2）构件外观严重缺陷处理检验记录表（M-02-01-05-01B），见表 8-2。

（3）构件外观一般缺陷处理检验记录表（M-02-01-05-01C），见表 8-3。

8.2.2　构件、设备基础、预埋件的允许偏差项目的检验

1. 规范条文

现浇结构位置和尺寸根据《混凝土结构工程施工质量检验规范》GB 50204—2015 第 8.3.1 条～第 8.3.3 条的规定检验。

（1）对影响结构性能或使用功能尺寸偏差的部位按 GB 50204—2015 第 8.3.1 条规定处理。

（2）现浇结构的位置、尺寸按 GB 50204—2015 第 8.3.2 条规定检验。

（3）现浇设备基础的位置、尺寸按 GB 50204—2015 第 8.3.3 条规定检验。

2. 表格设计

（1）现浇构件位置和尺寸偏差检验

1）构件轴线位置检验记录表（M-02-01-05-21A），见表 8-4。

2）构件垂直度检验记录表（M-02-01-05-21B），见表 8-5。

3）楼层标高检验记录表（M-02-01-05-21C），见表 8-6。

4）柱、梁截面尺寸检验记录表（M-02-01-05-21D），见表 8-7。

5）楼梯尺寸检验记录表（M-02-01-05-21E），见表 8-8。

6）墙厚检验记录表（M-02-01-05-21F），见表 8-9。

7）楼板厚度、层高检验记录表（M-02-01-05-21G），见表 8-10。

8）构件表面平整度检验记录表（M-02-01-05-21H），见表 8-11。

9）电梯井中心位置检验记录表（M-02-01-05-21J），见表 8-12。

10）电梯井尺寸检验记录表（M-02-01-05-21K），见表 8-13。

11）电梯井竖向构件垂直度检验记录表（M-02-01-05-21L），见表 8-14。

12）预埋件、预留孔洞位置检验记录表（M-02-01-05-21M），见表 8-15。

（2）现浇设备基础位置和尺寸偏差检验

1）设备基础坐标检验记录表（M-02-01-05-22A），见表 8-16。

2）设备基础不同平面标高检验记录表（M-02-01-05-22B），见表 8-17。

3）设备基础外形尺寸检验记录表（M-02-01-05-22C），见表 8-18。

4）设备基础平面水平度检验记录表（M-02-01-05-22D），见表 8-19。

5）设备基础垂直度检验记录表（M-02-01-05-22E），见表 8-20。

6）设备基础预埋地脚螺栓检验记录表（M-02-01-05-22F），见表 8-21。

7）设备基础预埋地脚螺栓孔检验记录表（M-02-01-05-22G），见表 8-22。

8）设备基础预埋活动地脚螺栓锚板检验记录表（M-02-01-05-22H），见表 8-23。

8.2.3　现浇结构分项施工质量检验记录审核

现浇结构分项施工质量检验记录目录（M-02-01-05-00），见表 8-24。

按照表 8-24 的顺序汇总检验记录，审核检验记录的完整性与检验数据是否符合规范要求。

构件外观检验记录表（M–02–01–05–01A）　　表 8–1

建设项目：　　单位工程：　　第　页共　页

层号	构件名称与编号	轴线位置	漏筋	蜂窝	孔洞	夹渣	疏松	裂缝	连接部位缺陷	外形缺陷	外表缺陷

注：表中数据填写“无”、“严重”、“一般”。

执行标准：《混凝土结构工程施工质量验收规范》GB 50204—2015 第 8.1.1 条、第 8.1.2 条、第 8.2.1 条、第 8.2.2 条。检验频率：全数。

检验：　　日期：　　审核：

构件外观严重缺陷处理检验记录表（M–02–01–05–01B）　　表 8–2

建设项目：　　单位工程：　　第　页共　页

层号	构件名称与编号	轴线位置	缺陷类型与处理方案								
			漏筋	蜂窝	孔洞	夹渣	疏松	裂缝	连接部位缺陷	外形缺陷	外表缺陷

执行标准：《混凝土结构工程施工质量验收规范》GB 50204—2015 第 8.1.1 条、第 8.1.2 条、第 8.2.1 条、第 8.2.2 条。检验频率：有严重缺陷的全部构件。

检验：　　日期：　　审核：

构件外观一般缺陷处理检验记录表（M-02-01-05-01C）　　表 8-3

建设项目：　　　　单位工程：　　　　第　　页 共　　页

层号	构件名称与编号	轴线位置	缺陷类型与处理方案								
			漏筋	蜂窝	孔洞	夹渣	疏松	裂缝	连接部位缺陷	外形缺陷	外表缺陷

执行标准：《混凝土结构工程施工质量验收规范》GB 50204—2015 第 8.1.1 条、第 8.1.2 条。检验频率：有一般缺陷的全部构件。

检验：　　　　日期：　　　　审核：

构件轴线位置检验记录表（M-02-01-05-21A）　　表 8-4

建设项目：

单位工程：　　　　第　　页 共　　页

整体基础：15mm			独立基础：15mm			柱、墙、梁：8mm		
层号	构件名称与编号	构件控制点轴线位置	距控制点 X 距离			距控制点 Y 距离		
			设计	实测	差值	设计	实测	差值

执行标准：《混凝土结构工程施工质量验收规范》GB 50204—2015 第 8.3.1 条、第 8.3.2 条。检验频率：按楼层、结构缝或施工段划分检验批。在同一检验批内，对梁、柱和独立基础，应抽查构件数量的 10%，且不少于 3 件；对墙和板，应按有代表性的自然间抽查 10%，且不少于 3 间；对大空间结构，墙可按相邻轴线间高度 5m 左右划分检查面，板可按纵、横轴线划分检查面，抽查 10%，且均不少于 3 面。

检验：　　　　日期：　　　　审核：

构件垂直度检验记录表（M-02-01-05-21B）　　表 8-5

建设项目：

单位工程：　　第　页共　页

柱、墙：层高≤ 6m，≤ 10mm；层高＞ 6m，≤ 12mm			全高（H）：H ≤ 300m，≤ H/30000+20mm；H ＞ 300m，≤ H/10000 且≤ 80mm			
层号	构件名称与编号	测点轴线交点	检测高度（m）	检测方向	下测点偏距数（mm）	垂直度（左偏负，右偏正）
				X		
				Y		
				X		
				Y		
				X		
				Y		
				X		
				Y		
				X		
				Y		
				X		
				Y		
				X		
				Y		
				X		
				Y		

设备名称：　　设备型号：　　设备编号：

执行标准：《混凝土结构工程施工质量验收规范》GB 50204—2015 第 8.3.1 条、第 8.3.2 条。检验频率：按楼层、结构缝或施工段划分检验批。在同一检验批内，对梁、柱和独立基础，应抽查构件数量的 10%，且不少于 3 件；对墙和板，应按有代表性的自然间抽查 10%，且不少于 3 间；对大空间结构，墙可按相邻轴线间高度 5m 左右划分检查面，板可按纵、横轴线划分检查面，抽查 10%，且均不少于 3 面。

检验：　　日期：　　审核：

楼层标高检验记录表（M-02-01-05-21C） 表 8-6

建设项目：　　　　单位工程：　　　　第　页 共　页

允许偏差	层高：±10mm				全高：±30mm				
层号	轴线位置	后视点号	（1）后视高程（m）	（2）后视读数（m）	（3）前视读数（m）	（4）高差（m）（2）－（3）	（5）前视高程（m）（1）＋（4）	（6）设计高程（m）	（7）差值（m）[（5）－（6）]×1000

设备名称：　　　　设备型号：　　　　设备编号：

执行标准：《混凝土结构工程施工质量验收规范》GB 50204—2015 第 8.3.1 条、第 8.3.2 条。检验频率：按楼层、结构缝或施工段划分检验批。对墙和板，应按有代表性的自然间抽查 10%，且不少于 3 间；对大空间结构，墙可按相邻轴线间高度 5m 左右划分检查面，板可按纵、横轴线划分检查面，抽查 10%，且均不少于 3 面。

检验：　　　　日期：　　　　审核：

柱、梁截面尺寸检验记录表（M-02-01-05-21D）

表 8-7

建设项目：			单位工程：				第　页共　页		
柱、梁：＋10，－5mm		柱：选取柱的一边量测柱中间、下部及其他部位，取3点平均值；梁：选取梁的一侧边中间及距两端各0.1m处，取3点平均值。							
层号	构件名称与编号	轴线位置	截面 b（mm）				截面 h（mm）		
			设计	实测	平均值	差值	设计	实测	平均值	差值

执行标准：《混凝土结构工程施工质量验收规范》GB 50204—2015 第 8.3.1 条、第 8.3.2 条。检验频率：按楼层、结构缝或施工段划分检验批。在同一检验批内，对梁、柱和独立基础，应抽查构件数量的 10%，且不少于 3 件。

检验：　　　　日期：　　　　审核：

楼梯尺寸检验记录表（M-02-01-05-21E）　　**表 8-8**

建设项目：				单位工程：				第　页 共　页	
楼梯编号：				轴线位置：					
允许偏差	梯宽 b（mm）：＋10，－5mm			梯级高度 h（mm）：＋10，－5mm			楼梯相邻踏步高差（mm）：+6mm		
层号	设计			设计			—		
	实测	平均值	差值	实测	平均值	差值	实测	平均值	差值
执行标准：《混凝土结构工程施工质量验收规范》GB 50204—2015 第 8.3.1 条、第 8.3.2 条。检验频率：按楼层划分检验批；在同一检验批内，抽查 3 级。									

检验：　　　　日期：　　　　审核：

墙厚检验记录表（M-02-01-05-21F）　　表 8-9

建设项目：

单位工程：　　第　页共　页

<table>
<tr><td colspan="2">墙：＋10，－5mm</td><td colspan="5">墙身中部量测 3 点，取 3 点平均值，量测间距不应小于 1m。</td></tr>
<tr><td rowspan="2">层号</td><td rowspan="2">构件名称与编号</td><td rowspan="2">轴线位置</td><td colspan="4">墙厚 H（mm）</td></tr>
<tr><td>设计</td><td>实测</td><td>平均值</td><td>差值</td></tr>
<tr><td rowspan="3"></td><td rowspan="3"></td><td rowspan="3"></td><td rowspan="3"></td><td></td><td rowspan="3"></td><td rowspan="3"></td></tr>
<tr><td></td></tr>
<tr><td></td></tr>
<tr><td rowspan="3"></td><td rowspan="3"></td><td rowspan="3"></td><td rowspan="3"></td><td></td><td rowspan="3"></td><td rowspan="3"></td></tr>
<tr><td></td></tr>
<tr><td></td></tr>
</table>

设备名称：　　设备型号：　　设备编号：

执行标准：《混凝土结构工程施工质量验收规范》GB 50204—2015 第 8.3.1 条、第 8.3.2 条。检验频率：按楼层、结构缝或施工段划分检验批。在同一检验批内，对墙和板，应按有代表性的自然间抽查 10%，且不少于 3 间；对大空间结构，墙可按相邻轴线间高度 5m 左右划分检查面，板可按纵、横轴线划分检查面，抽查 10%，且均不少于 3 面。

检验：　　日期：　　审核：

楼板厚度、层高检验记录表（M-02-01-05-21G）　　表 8-10

建设项目：　　单位工程：　　第　页共　页

<table>
<tr><td colspan="7">板厚：＋10，－5mm，悬挑板取距离支座 0.1m 处，沿宽度方向取包括中心点位置在内的随机 3 点；其他楼板，在同一对角线量测中间及距两端各 0.1m 处；取 3 点平均值。</td><td colspan="5">层高：±10mm，与板厚测点相同，量测板底至下层板顶之净高，层高量测值为净高与板厚之和，取 3 点平均值。</td></tr>
<tr><td rowspan="2">层号</td><td rowspan="2">构件名称与编号</td><td rowspan="2">轴线位置</td><td colspan="4">板厚 h（mm）</td><td colspan="5">层高（mm）</td></tr>
<tr><td>设计</td><td>实测</td><td>平均值</td><td>差值</td><td>设计</td><td>净高实测</td><td>层高</td><td>平均值</td><td>差值</td></tr>
<tr><td rowspan="3"></td><td rowspan="3"></td><td rowspan="3"></td><td rowspan="3"></td><td></td><td rowspan="3"></td><td rowspan="3"></td><td rowspan="3"></td><td></td><td></td><td rowspan="3"></td><td rowspan="3"></td></tr>
<tr><td></td><td></td><td></td></tr>
<tr><td></td><td></td><td></td></tr>
<tr><td rowspan="3"></td><td rowspan="3"></td><td rowspan="3"></td><td rowspan="3"></td><td></td><td rowspan="3"></td><td rowspan="3"></td><td rowspan="3"></td><td></td><td></td><td rowspan="3"></td><td rowspan="3"></td></tr>
<tr><td></td><td></td><td></td></tr>
<tr><td></td><td></td><td></td></tr>
</table>

设备名称：　　设备型号：　　设备编号：

执行标准：《混凝土结构工程施工质量验收规范》GB 50204—2015 第 8.3.1 条、第 8.3.2 条。检验频率：按楼层、结构缝或施工段划分检验批。在同一检验批内，对墙和板，应按有代表性的自然间抽查 10%，且不少于 3 间；对大空间结构，墙可按相邻轴线间高度 5m 左右划分检查面，板可按纵、横轴线划分检查面，抽查 10%，且均不少于 3 面。

检验：　　日期：　　审核：

构件表面平整度检验记录表（M–02–01–05–21H）　　表 8–11

建设项目：

单位工程：　　　　第　　页 共　　页

层号	构件名称与编号	轴线区域	平整度（mm）：8mm，2m 靠尺和塞尺测量					

执行标准：《混凝土结构工程施工质量验收规范》GB 50204—2015 第 8.3.1 条、第 8.3.2 条。检验频率：按楼层、结构缝或施工段划分检验批。在同一检验批内，对梁、柱和独立基础，应抽查构件数量的 10%，且不少于 3 件；对墙和板，应按有代表性的自然间抽查 10%，且不少于 3 间；对大空间结构，墙可按相邻轴线间高度 5m 左右划分检查面，板可按纵、横轴线划分检查面，抽查 10%，且均不少于 3 面。

检验：　　　　日期：　　　　审核：

电梯井中心位置检验记录表（M–02–01–05–21J）　　表 8–12

建设项目：

单位工程：　　　　第　　页 共　　页

电梯井编号：　　　　控制点轴线位置：

层号	中心位置：±10mm					
	X 设计	X 实测	X 差值	Y 设计	Y 实测	Y 差值

执行标准：《混凝土结构工程施工质量验收规范》GB 50204—2015 第 8.3.1 条、第 8.3.2 条。检验频率：全数。

检验：　　　　日期：　　　　审核：

电梯井尺寸检验记录表（M–02–01–05–21K） **表 8–13**

建设项目：　　　　单位工程：　　　　第　页 共　页

层号	电梯井编号	平面长、宽尺寸：　高度：								
		宽 *BX*：＋25mm			长 *BY*：＋25mm			圈梁间距 *H*：±10mm		
		设计	实测	差值	设计	实测	差值	设计	实测	差值

执行标准：《混凝土结构工程施工质量验收规范》GB 50204—2015 第 8.3.1 条、第 8.3.2 条。检验频率：全数。

检验：　　　　日期：　　　　审核：

电梯井竖向构件垂直度检验记录表（M–02–01–05–21L） **表 8–14**

建设项目：

单位工程：　　　　第　页 共　页

电梯编号：

层高≤ 6m，≤ 10mm；层高＞ 6m，≤ 12mm			全高（*H*）：*H* ≤ 300m，≤ *H*/30000+20mm；*H* ＞ 300m，≤ *H*/10000 且 ≤ 80mm			
层号	构件名称与编号	测点轴线交点	检测高度（m）	检测方向	下测点偏距数（mm）	垂直度（左偏负，右偏正）
				X		
				Y		
				X		
				Y		

设备名称：　　　　设备型号：　　　　设备编号：

执行标准：《混凝土结构工程施工质量验收规范》GB 50204—2015 第 8.3.1 条、第 8.3.2 条。检验频率：对全部电梯井，逐层对柱、墙竖向构件检验垂直度。

检验：　　　　日期：　　　　审核：

预埋件、预留孔洞位置检验记录表（M–02–01–05–21M）　　　　表 8–15

建设项目：　　　　　　　　单位工程：　　　　　　　　第　　页 共　　页

预埋件类型			预埋板	预埋螺栓	预埋管		预留孔、洞	其他	
中线位置允许偏差（mm）			10	5	5		15	10	
层号	构件名称与编号	预埋件类型与编号	控制点轴线位置	中心点位置距控制点 X 距离（mm）			中心点位置距控制点 Y 距离（mm）		
				设计	实测	差值	设计	实测	差值

执行标准：《混凝土结构工程施工质量验收规范》GB 50204—2015 第 8.3.1 条、第 8.3.2 条。检验频率：全数。

检验：　　　　　　　　日期：　　　　　　　　审核：

设备基础坐标检验记录表（M–02–01–05–22A） 表 8–16

建设项目： 单位工程： 第 页 共 页

层号	设备基础名称与编号	参考定位轴线交点	参考定位轴线交点坐标（m）		设备基础定位点坐标 X（m）：20mm			设备基础定位点坐标 Y（m）：20mm		
			X	Y	设计	实测	差值	设计	实测	差值

执行标准：《混凝土结构工程施工质量验收规范》GB 50204—2015 第 8.3.3 条。检验频率：全数。

检验： 日期： 审核：

表 8-17

设备基础不同平面标高检验记录表（M-02-01-05-22B）

建设项目：　　　　单位工程：　　　　第　　页 共　　页

允许偏差：0，－20mm

层号	设备基础名称与编号	轴线位置	后视点号	（1）后视高程（m）	（2）后视读数（m）	（3）前视读数（m）	（4）高差（m）（2）－（3）	（5）前视高程（m）（1）+（4）	（6）设计高程（m）	（7）差值（mm）[（5）－（6）]×1000

设备名称：　　　　设备型号：　　　　设备编号：

执行标准：《混凝土结构工程施工质量验收规范》GB 50204—2015 第 8.3.3 条。检验频率：全数。

检验：　　　　日期：　　　　审核：

设备基础外形尺寸检验记录表（M-02-01-05-22C）

表 8-18

建设项目：　　　　　　　　　　　　单位工程：　　　　　　　　　　　　第　　页 共　　页

平面外形尺寸：±20mm	凸台上平面外形尺寸：0，−20mm	凹槽尺寸：+20，0mm

层号	设备基础名称与编号	轴线区域位置	平面标高（m）	（mm）			（mm）			（mm）		
				设计	实测	差值	设计	实测	差值	设计	实测	差值

执行标准：《混凝土结构工程施工质量验收规范》GB 50204—2015 第 8.3.3 条。检验频率：全数。

检验：　　　　　　　　　　　日期：　　　　　　　　　　　审核：

表 8-19

设备基础平面水平度检验记录表（M-02-01-05-22D）

建设项目：					单位工程：						第　页 共　页	
每米高差：5mm/m							全长高差：10mm					
层号	设备基础名称与编号	轴线区域位置	水平面标高（m）	方向 1：			方向 2：			方向 3：		
				长度（mm）	全长高差（mm）	每米高差（mm/m）	长度（mm）	全长高差（mm）	每米高差（mm/m）	长度（mm）	全长高差（mm）	每米高差（mm/m）

执行标准：《混凝土结构工程施工质量验收规范》GB 50204—2015 第 8.3.3 条。检验频率：全数。

检验：　　　　　　日期：　　　　　　审核：

设备基础垂直度检验记录表（M-02-01-05-22E）　　表 8-20

建设项目：

单位工程：　　　　第　页共　页

允许偏差	每米：5mm		全高：10mm			
层号	设备基础名称与编号	轴线区域位置	垂直面编号	高度（mm）	垂直偏差	偏差（mm/m）

执行标准：《混凝土结构工程施工质量验收规范》GB 50204—2015 第 8.3.3 条。检验频率：全数。

检验：　　日期：　　审核：

设备基础预埋地脚螺栓检验记录表（M-02-01-05-22F）

表 8-21

建设项目：　　　　　　单位工程：　　　　　　第　　页 共　　页

层号	支座、节点轴线位置	螺栓中心线位置（mm）							螺栓长度（mm）			螺栓中心间距（mm）			垂直度（mm）
		控制点	距控制点 X 距离：±2mm			距控制点 Y 距离：±2mm			0，＋ 20mm			±2mm			5mm
			设计	实测	差值	设计	实测	差值	设计	实测	差值	设计	实测	差值	实测

执行标准：《混凝土结构工程施工质量验收规范》GB 50204—2015 第 8.3.3 条。检验频率：全数。

检验：　　　　　　日期：　　　　　　审核：

设备基础预埋地脚螺栓孔检验记录表（M-02-01-05-22G）

表 8-22

建设项目：　　　　单位工程：　　　　第　页　共　页

层号	基础名称编号 / 预埋件名称编号	控制轴线交点	孔中心线位置（mm）						孔径			孔深			孔中心间距			孔垂直度
			距控制点 X 距离：10mm			距控制点 Y 距离：10mm			0，＋20mm			0，＋20mm			±2mm			h/100，≤ 10mm
			设计	实测	差值	设计	实测	差值	设计	实测	差值	设计	实测	差值	设计	实测	差值	实测

执行标准：《混凝土结构工程施工质量验收规范》GB 50204—2015 第 8.3.3 条。检验频率：全数。

检验：　　　　日期：　　　　审核：

设备基础预埋活动地脚螺栓锚板检验记录表（M-02-01-05-22H）　　表 8-23

建设项目：　　　　单位工程：　　　　第　　页 共　　页

层号	基础名称编号 / 预埋件名称编号	锚板中心线位置（mm）							带槽锚板平整度：5mm
		控制点轴线位置	距控制点 X 距离：10mm			距控制点 Y 距离：10mm			带螺纹孔锚板平整度：2mm
			设计	实测	差值	设计	实测	差值	实测

执行标准：《混凝土结构工程施工质量验收规范》GB 50204—2015 第 8.3.3 条。检验频率：全数。

检验：　　　　日期：　　　　审核：

现浇结构分项施工质量检验记录目录（M–02–01–05–00） **表 8–24**

建设项目：

单位工程： 第 页 共 页

工序	表格编号	表格名称	份数
1. 构件外观、缺陷的检验与缺陷处理检验	M-02-01-05-01A	构件外观检验记录表	
	M-02-01-05-01B	构件外观严重缺陷处理检验记录表	
	M-02-01-05-01C	构件外观一般缺陷处理检验记录表	
	M-02-01-05-02 ～ M-02-01-05-09	预留	
2. 构件、设备基础、预埋件的允许偏差项目的检验	M-02-01-05-10	预留	
	M-02-01-05-11 ～ M-02-01-05-19	预留	
	M-02-01-05-20	预留	
	M-02-01-05-21A	构件轴线位置检验记录表	
	M-02-01-05-21B	构件垂直度检验记录表	
	M-02-01-05-21C	楼层标高检验记录表	
	M-02-01-05-21D	柱、梁截面尺寸检验记录表	
	M-02-01-05-21E	楼梯尺寸检验记录表	
	M-02-01-05-21F	墙厚检验记录表	
	M-02-01-05-21G	楼板厚度、层高检验记录表	
	M-02-01-05-21H	构件表面平整度检验记录表	
	M-02-01-05-21J	电梯井中心位置检验记录表	
	M-02-01-05-21K	电梯井尺寸检验记录表	
	M-02-01-05-21L	电梯井竖向构件垂直度检验记录表	
	M-02-01-05-21M	预埋件、预留孔洞位置检验记录表	
	M-02-01-05-22A	设备基础坐标检验记录表	
	M-02-01-05-22B	设备基础不同平面标高检验记录表	
	M-02-01-05-22C	设备基础外形尺寸检验记录表	
	M-02-01-05-22D	设备基础平面水平度检验记录表	
	M-02-01-05-22E	设备基础垂直度检验记录表	
	M-02-01-05-22F	设备基础预埋地脚螺栓检验记录表	
	M-02-01-05-22G	设备基础预埋地脚螺栓孔检验记录表	
	M-02-01-05-22H	设备基础预埋活动地脚螺栓锚板检验记录表	
	M-02-01-05-23 ～ M-02-01-05-29	预留	

施工技术负责人： 日期： 专业监理：

第 9 章 装配结构分项施工质量检验程序设计及应用

9.1 装配结构分项施工质量检验程序设计

装配结构分项在主体分部混凝土子分部中的编号为“06”，所以装配结构分项施工质量检验程序编号为“P-02-01-06”。

装配结构分项施工质量检验程序共 8 个工序。

（1）施工方案、专项施工方案的编制与审批。

（2）预制构件型号选择、生产厂家的确定与进场质量检验。

（3）预制构件运输、堆放、临时安装与质量检验。

（4）钢筋连接与质量检验，见图 11-1 ～图 11-3。

（5）连接件连接与质量检验，见图 12-1、图 12-2。

（6）混凝土连接与质量检验，见图 13-1、图 13-2。

（7）预制构件安装与质量检验。

（8）装配结构分项施工质量检验记录审核。

装配结构分项施工质量检验程序 P-02-01-06 如图 9-1 所示。

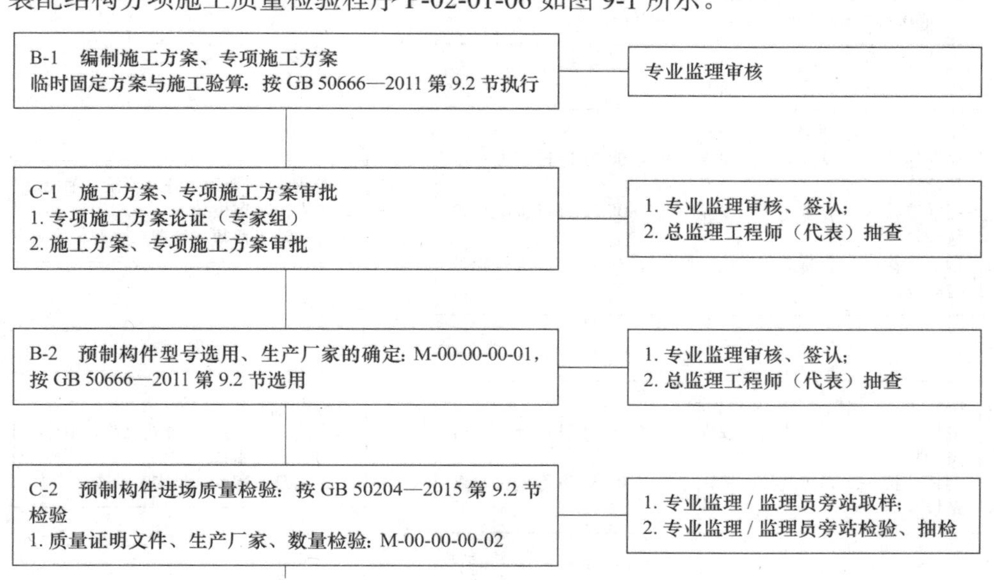

图 9-1 装配结构分项施工质量检验程序 P-02-01-06（一）

2. 预制构件尺寸、预埋件外观检验与缺陷处理
1）预制构件尺寸检验：M-02-01-06-01A
2）预制构件表面平整度检验：M-02-01-06-01B
3）预埋件、预留孔、洞、键槽中心位置检验：M-02-01-06-01C
4）预埋件、预留孔、洞、键槽尺寸检验：M-02-01-06-01D
5）预制构件外观检验：M-02-01-06-01E
6）预制构件严重缺陷处理检验：M-02-01-06-01F
7）预制构件外观一般缺陷处理检验：M-02-01-06-01G
3. 预制构件结构性能抽样检验报告汇总：M-02-01-06-01H，按 GB 50204—2015 第 9.2.2 条检验，审核结构性能检验报告或实体检验报告

3. 专业监理审核；
4. 总监理工程师（代表）抽查

B-3　预制构件运输、堆放与临时安装：按 GB 50666—2011 第 9.4 节～第 9.6 节的规定施工
1. 预制构件安装施工：M-02-01-06-11
2. 支座节点预埋件、预留孔洞检验
1）支座预埋地脚螺栓检验：M-02-01-06-12A
2）支座预埋套筒螺母检验：M-02-01-06-12B
3）支座预埋活动地脚螺栓锚板检验：M-02-01-06-12C

1. 专业监理/监理员旁站检验、抽检；
2. 专业监理审核；
3. 总监理工程师（代表）抽查

C-3　预制构件运输、堆放与临时安装质量检验：按 GB 50204—2015 第 9.3.9 条进行、质量检验
1）构件轴线位置检验：M-02-01-06-42A
2）构件标高检验：M-02-01-06-42B
3）构件垂直度检验：M-02-01-06-42C
4）构件倾斜度检验：M-02-01-06-42D
5）构件相邻表面平整度检验：M-02-01-06-42E
6）梁板支座搁置长度、垫板位置检验：M-02-01-06-42F
7）墙板接缝宽度检验：M-02-01-06-42G

1. 专业监理/监理员旁站检验、抽检；
2. 专业监理审核；
3. 总监理工程师（代表）抽查

B-4、C-4　钢筋连接与质量检验
钢筋连接——焊接连接：按程序 P-00-00-21 进行施工与质量检验
钢筋连接——套筒连接：按程序 P-00-00-22 进行施工与质量检验
钢筋连接——套筒灌浆连接：按程序 P-00-00-23 进行施工与质量检验

1. 专业监理/监理员旁站检验、抽检；
2. 专业监理审核；
3. 总监理工程师（代表）抽查

B-5、C-5　钢板连接与质量检验
钢板连接——螺栓连接：按程序 P-00-00-31 进行施工与质量检验
钢板连接——焊接连接：按程序 P-00-00-32 进行施工与质量检验

1. 专业监理/监理员旁站检验、抽检；
2. 专业监理审核；
3. 总监理工程师（代表）抽查

图 9-1　装配结构分项施工质量检验程序 P-02-01-06（二）

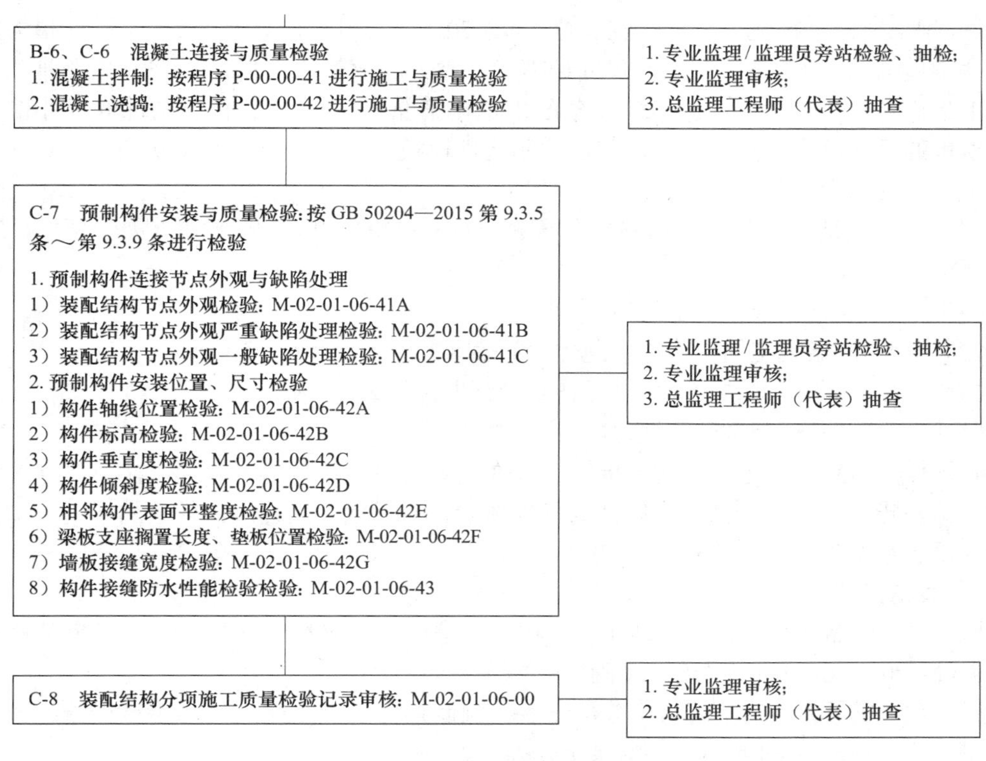

图 9-1　装配结构分项施工质量检验程序 P-02-01-06（三）

9.2　装配结构分项施工质量检验程序应用

9.2.1　施工方案、专项施工方案的编制与审批

施工方案、专项施工方案的编制与审批按相关施工规范和当地建设主管部门的要求执行。

9.2.2　预制构件型号选择、生产厂家确定与进场质量检验

1．规范条文

预制构件型号选择、生产厂家确定与进场质量检验根据 GB 50204—2015 第 9.2.1 条～第 9.2.8 条规定进行。

（1）预制构件质量证明文件按 GB 50204—2015 第 9.2.1 条规定检验。

（2）预制构件结构性能按 GB 50204—2015 第 9.2.2 条规定检验。

（3）预制构件外观按 GB 50204—2015 第 9.2.3 条、第 9.2.5 条、第 9.2.6 条、第 9.2.8 条规定检验。

（4）预制构件上预埋件、预留插筋、预埋管线按 GB 50204—2015 第 9.2.4 条规定检验。

（5）预制构件尺寸按 GB 50204—2015 第 9.2.7 条规定检验。

（6）预制构件粗糙面质量与键槽数量按 GB 50204—2015 第 9.2.8 条规定检验。

《混凝土结构工程施工质量验收规范》GB 50204—2015 第 4.2.11 条规定的预制构件模板尺寸偏差与第 9.2.7 条预制构件尺寸偏差不一致，它们是否可以建立一定的规律关系？比较上述两条，大部分指标第 4.2.11 条的规定比第 9.2.7 条严格。预制构件的尺寸偏差应该与模板的尺寸偏差是有关系的，建议预制构件模板尺寸偏差与构件尺寸偏差建立一定的数据关系，便于理解和操作。

在《混凝土结构工程施工质量验收规范》GB 50204—2015 中多处有关于预埋件检验的条文：

（1）第 4.2.9 条模板分项中的表 4.2.9。

（2）第 8.3.2 条现浇结构分项中预埋件的表 8.3.2。

（3）第 8.3.3 条现浇结构预埋件设备基础预埋件的表 8.3.3。

（4）第 9.2.7 条预制构件预埋件的表 9.2.7。

4 个条文中关于预埋件的检验指标、允许误差，检验数量都有差别，建议建立统一的预埋件检验指标、允许误差；预埋件的预埋遗漏常对后期安装造成比较大的影响，建议预埋件的检验数量为“全数检查”。

2. 表格设计

原材料 / 成品 / 半成品选用表（预制构件、螺栓、螺母型号选择、生产厂家的确定记录表）（M-00-00-00-01），见附录 1 附表 1-2。

原材料 / 成品 / 半成品进场检验记录表（预制构件质量证明文件、生产厂家、数量检验记录表）（M-00-00-00-02），见附录 1 附表 1-3。

预制构件尺寸检验记录表（M-02-01-06-01A），见表 9-1。

预制构件表面平整度检验记录表（M-02-01-06-01B），见表 9-2。

预埋件、预留孔、洞、键槽中心位置检验记录表（M-02-01-06-01C），见表 9-3。

预埋件、预留孔、洞、键槽尺寸检验记录表（M-02-01-06-01D），见表 9-4。

预制构件外观检验记录表（M-02-01-06-01E），见表 9-5。

预制构件外观严重缺陷处理检验记录表（M-02-01-06-01F），见表 9-6。

预制构件外观一般缺陷处理检验记录表（M-02-01-06-01G），见表 9-7。

预制构件结构性能检验报告汇总表（M-02-01-06-01H），见表 9-8。

9.2.3 预制构件运输、堆放、临时安装与质量检验

1. 规范条文

预制构件运输、堆放、临时安装与质量检验根据 GB 50204—2015 第 9.3.1 条的规定执行。GB 50204—2015 第 9.3.1 条在施工阶段控制更适用，建议将第 9.3.1 条纳入《混凝土结构工程施工规范》GB 50666—2011。

2. 表格设计

（1）预制构件安装施工记录表（M-02-01-06-11），见表 9-9。

（2）支座预埋地脚螺栓检验记录表（M-02-01-06-12A），见表 9-10。

（3）支座预埋套筒螺母检验记录表（M-02-01-06-12B），见表 9-11。

（4）支座预埋活动地脚螺锚板检验记录表（M-02-01-06-12C），见表 9-12。

支座的预埋件应该在支座的施工工序中检验，在本工序中，在预制构件临时安装之

前，对支座节点的预埋件复验一次，确保后续安装的顺利进行。

（5）构件轴线位置检验记录表（M-02-01-06-42A），见表 9-16。

（6）构件标高检验记录表（M-02-01-06-42B），见表 9-17。

（7）构件垂直度检验记录表（M-02-01-06-42C），见表 9-18。

（8）构件倾斜度检验记录表（M-02-01-06-42D），见表 9-19。

（9）构件相邻表面平整度检验记录表（M-02-01-06-42E），见表 9-20。

（10）梁板支座搁置长度、垫板位置检验记录表（M-02-01-06-42F），见表 9-21。

（11）墙板接缝宽度检验记录表（M-02-01-06-42G），见表 9-22。

预制构件临时安装后应对其安装质量进行检验，合格后才能进行节点连接施工。

9.2.4　钢筋连接与质量检验

钢筋焊接连接施工质量按图 11-1 检验。钢筋套筒连接施工质量按图 11-2 检验。钢筋套筒灌浆连接施工质量按图 11-3 检验。

1．规范条文

钢筋连接与质量检验根据 GB 50204—2015 第 9.3.2 条～第 9.3.4 条进行。

（1）钢筋套筒灌浆连接质量按 GB 50204—2015 第 9.3.2 条规定检验。

（2）钢筋焊接连接质量按 GB 50204—2015 第 9.3.3 条规定检验。

（3）钢筋机械连接质量按 GB 50204—2015 第 9.3.4 条规定检验。

2．表格设计

（1）钢筋焊接连接施工质量检验记录目录（M-00-00-21-00）（表 11-14）所列表格见第 11.1.2 节。

（2）钢筋套筒连接施工质量检验记录目录（M-00-00-22-00）（表 11-26）所列表格见第 11.2.2 节。

（3）钢筋套筒灌浆连接施工质量检验记录目录（M-00-00-23-00）（表 11-35）所列表格见第 11.3.2 节。

9.2.5　连接件连接与质量检验

连接件（钢板、型钢）螺栓连接施工质量按图 12-1 检验。连接件（钢板、型钢）焊接连接施工质量按图 12-2 检验。

1．规范条文

连接件连接施工质量根据 GB 50204—2015 第 9.3.5 条的规定检验。

2．表格设计

（1）连接件螺栓连接施工质量检验记录目录（M-00-00-31-00）（表 12-14）所列表格见第 12.1.2 节。

（2）连接件焊接连接施工质量检验记录目录（M-00-00-32-00）（表 12-27）所列表格见第 12.2.2 节。

9.2.6　混凝土连接与质量检验

装配结构的连接接头是装配结构的关键部位，应严格按照混凝土施工的质量检验程序进行控制。混凝土的拌制施工质量按图 13-1 检验。混凝土的浇捣施工质量按图 13-2 检验。

1．规范条文

混凝土连接接头施工质量按 GB 50204—2015 第 9.3.7 条的规定检验。

2．表格设计

（1）混凝土拌制施工质量检验记录目录（M-00-00-41-00）（表 13-13）所列表格见第 13.1.2 节。

（2）混凝土浇捣施工质量检验记录目录（M-00-00-42-00）（表 13-18）所列表格见第 13.2.2 节。

9.2.7 预制构件安装与质量检验

1．规范条文

预制构件安装质量根据 GB 50204—2015 第 9.3.8 条～第 9.3.10 条、第 9.1.2 条检验。

（1）预制构件安装后外观质量按 GB 50204—2015 第 9.3.8 条、第 9.3.9 条规定检验。

（2）预制构件安装位置偏差按 GB 50204—2015 第 9.3.10 条规定检验。

（3）接缝质量与防水性能按 GB 50204—2015 第 9.1.2 条规定检验。

装配结构构件接缝防水是非常重要的环节，建议将 GB 50204—2015 第 9.1.2 条列入第 9.2 节的“主控项目”。

2．表格设计

（1）装配结构节点外观检验记录表（M-02-01-06-41A），见表 9-13。

（2）装配结构节点外观严重缺陷处理检验记录表（M-02-01-06-41B），见表 9-14。

（3）装配结构节点外观一般缺陷处理检验记录表（M-02-01-06-41C），见表 9-15。

装配结构外观检验包含预制构件的外观检验与节点的外观检验。预制构件的外观检验在预制构件进场时已经完成，所以，在本工序中的外观检验是针对节点的外观检验。

（4）构件轴线位置检验记录表（M-02-01-06-42A），见表 9-16。

（5）构件标高检验记录表（M-02-01-06-42B），见表 9-17。

（6）构件垂直度检验记录表（M-02-01-06-42C），见表 9-18。

（7）构件倾斜度检验记录表（M-02-01-06-42D），见表 9-19。

（8）构件相邻表面平整度检验记录表（M-02-01-06-42E），见表 9-20。

（9）梁板支座搁置长度、垫板位置检验记录表（M-02-01-06-42F），见表 9-21。

（10）墙板接缝宽度检验记录表（M-02-01-06-42G），见表 9-22。

（11）构件接缝防水性能检验记录表（M-02-01-06-43），见表 9-23。

9.2.8 装配结构分项施工质量检验记录审核

装配结构分项施工质量检验记录目录（M-02-01-06-00），见表 9-24。

按照表 9-24 的顺序汇总检验记录，审核检验记录的完整性与检验数据是否符合规范要求。

预制构件尺寸检验记录表（M–02–01–06–01A）　　　　**表 9–1**

建设项目：　　　　单位工程：　　　　第　　页 共　　页

进场日期：　　　　生产厂家：

构件名称与编号	长度 L（mm）			对角线差 L_a（mm）			截面宽度 b（mm）			截面高（厚）度 h（mm）			侧向弯曲（mm）	翘曲（mm）	
	楼板、梁、柱、桁架：＜ 12m，±5；≥ 12 m，≤ 18m，±10；＞ 18 m，±20。墙板：±4			楼板：10；墙板：5			楼板、梁、柱、桁架：±5；墙板：±4			楼板、梁、柱、桁架：±5；墙板：±4			楼板、梁、柱：L/750 且≤ 20；墙板、桁架：L/1000 且≤ 20	楼板 L/750；墙板 L/1000	
	设计	实测	差值	设计	实测	差值	设计	实测	差值	设计	实测	差值	实测	端部 1	端部 2

执行标准：《混凝土结构工程施工质量验收规范》GB 50204—2015 第 9.2.7 条。检验频率：同一类型的构件，不超过 100 件为一批，每批应抽查构件的 5%，且不应少于 3 件。

检验：　　　　日期：　　　　审核：

预制构件表面平整度检验记录表（M–02–01–06–01B）　　　　**表 9–2**

建设项目：

单位工程：　　　　第　　页 共　　页

进场日期：　　　　生产厂家：

楼板、梁、柱、墙板内表面：5 mm			墙板外表面：3 mm				
序号	预制构件名称与编号	检验面	平整度（mm）				

执行标准：《混凝土结构工程施工质量验收规范》GB 50204—2015 第 9.2.7 条。检验频率：同一类型的构件，不超过 100 件为一批，每批应抽查构件的 5%，且不应少于 3 件。

检验：　　　　日期：　　　　审核：

预埋件、预留孔、洞、键槽中心位置检验记录表（M–02–01–06–01C）　　表 9–3

建设项目：　　　　　　　　　　　　单位工程：　　　　　　　　　　　　第　页 共　页

进场日期：　　　　　　　　　　　　生产厂家：

预埋件类型	预留孔	预留洞	预埋套筒、螺母	预留插筋	预埋板	预埋螺栓	键槽
中心点位置允许偏差（mm）	5	10	2	5	5	2	5

<table>
<tr><th rowspan="2">构件名称与编号</th><th rowspan="2">预埋件类型与编号</th><th rowspan="2">控制点位置</th><th colspan="3">距控制点 X 距离</th><th colspan="3">距控制点 Y 距离</th></tr>
<tr><th>设计</th><th>实测</th><th>差值</th><th>设计</th><th>实测</th><th>差值</th></tr>
<tr><td></td><td></td><td></td><td></td><td></td><td></td><td></td><td></td><td></td></tr>
<tr><td></td><td></td><td></td><td></td><td></td><td></td><td></td><td></td><td></td></tr>
<tr><td></td><td></td><td></td><td></td><td></td><td></td><td></td><td></td><td></td></tr>
<tr><td></td><td></td><td></td><td></td><td></td><td></td><td></td><td></td><td></td></tr>
</table>

执行标准：《混凝土结构工程施工质量验收规范》GB 50204—2015 第 9.2.7 条。检验频率：同一类型的构件，不超过 100 件为一批，每批应抽查构件的 5%，且不应少于 3 件。

检验：　　　　　　　　日期：　　　　　　　　审核：

预埋件、预留孔、洞、键槽尺寸检验记录表（M–02–01–06–01D）　　表 9–4

建设项目：　　　　　　　　　　　　单位工程：　　　　　　　　　　　　第　页 共　页

进场日期：　　　　　　　　　　　　生产厂家：

<table>
<tr><th rowspan="3">层号 / 构件名称与编号</th><th rowspan="3">预埋件类型与编号</th><th colspan="3">键槽长度（mm）：±5</th><th colspan="3">键槽宽度（mm）：±5</th><th colspan="3">键槽 / 洞深度（mm）：±10</th><th>套筒、螺母与混凝土平面高差（mm）：±5</th></tr>
<tr><th colspan="3">孔、洞直径（mm）：±5</th><th colspan="3">预留插筋外露长度（mm）：＋10，－5</th><th colspan="3">预埋螺栓外露长度（mm）：＋10，－5</th><th rowspan="2">预埋板与混凝土平面高差（mm）：0，－5</th></tr>
<tr><th>设计</th><th>实测</th><th>差值</th><th>设计</th><th>实测</th><th>差值</th><th>设计</th><th>实测</th><th>差值</th></tr>
<tr><td></td><td></td><td></td><td></td><td></td><td></td><td></td><td></td><td></td><td></td><td></td><td></td></tr>
<tr><td></td><td></td><td></td><td></td><td></td><td></td><td></td><td></td><td></td><td></td><td></td><td></td></tr>
<tr><td></td><td></td><td></td><td></td><td></td><td></td><td></td><td></td><td></td><td></td><td></td><td></td></tr>
<tr><td></td><td></td><td></td><td></td><td></td><td></td><td></td><td></td><td></td><td></td><td></td><td></td></tr>
</table>

执行标准：《混凝土结构工程施工质量验收规范》GB 50204—2015 第 9.2.7 条。检验频率：同一类型的构件，不超过 100 件为一批，每批应抽查构件的 5%，且不应少于 3 件。

检验：　　　　　　　　日期：　　　　　　　　审核：

预制构件外观检验记录表（M–02–01–06–01E）　　表 9–5

建设项目：　　单位工程：　　第　页 共　页

进场日期：　　生产厂家：

序号	构件名称、规格、型号与编号	数量	构件标识	漏筋	蜂窝	孔洞	夹渣	疏松	裂缝	连接部位缺陷	外形缺陷	外表缺陷

注：表中数据填写“无”、“严重”、“一般”。

执行标准：《混凝土结构工程施工质量验收规范》GB 50204—2015 第 8.1.1 条、第 8.1.2 条、第 9.2.3 条、第 9.2.5 条、第 9.2.6 条。检验频率：全数。

检验：　　日期：　　审核：

预制构件外观严重缺陷处理检验记录表（M–02–01–06–01F）　　表 9–6

建设项目：　　单位工程：　　第　页 共　页

进场日期：　　生产厂家：

序号	构件名称与编号	缺陷类型与处理方案								
		漏筋	蜂窝	孔洞	夹渣	疏松	裂缝	连接部位缺陷	外形缺陷	外表缺陷

执行标准：《混凝土结构工程施工质量验收规范》GB 50204—2015 第 8.1.1 条、第 8.1.2 条、第 9.2.3 条、第 9.2.6 条。检验频率：有严重缺陷的全部构件。

检验：　　日期：　　审核：

预制构件外观一般缺陷处理检验记录表（M-02-01-06-01G） **表 9-7**

建设项目：　　　　单位工程：　　　　第　页 共　页

进场日期：　　　　生产厂家：

序号	构件名称与编号	缺陷类型与处理方案								
		漏筋	蜂窝	孔洞	夹渣	疏松	裂缝	连接部位缺陷	外形缺陷	外表缺陷

执行标准：《混凝土结构工程施工质量验收规范》GB 50204—2015 第 8.1.1 条、第 8.1.2 条、第 9.2.3 条、第 9.2.6 条。检验频率：有一般缺陷的所有构件。

检验：　　　　日期：　　　　审核：

预制构件结构性能抽样检验报告汇总表（M-02-01-06-01H） **表 9-8**

建设项目：　　　　单位工程：　　　　第　页 共　页

序号	进场日期	预制构件名称、规格型号、编号	进场数量	安装层号、轴线位置	生产厂家	试验报告编号	试验报告结论

附件：预制构件结构性能抽样检验报告。

执行标准：《混凝土结构工程施工质量验收规范》GB 50204—2015 第 9.2.2 条。检验频率：同一类型预制构件不超过 1000 件为一批，每批随机抽取一个构件进行结构性能检验。“同类型”指同一钢种、同一混凝土强度等级、同一生产工艺、同一结构形式，宜从设计荷载最大、受力最不利或生产数量最多的预制构件中抽取。

填报：　　　　日期：　　　　审核：　　　　监理：

预制构件安装施工记录表（M-02-01-06-11）　　表 9-9

建设项目：

单位工程：　　第　页　共　页

施工日期：

气候：晴 / 阴 / 小雨 / 大雨 / 暴雨 / 雪　　风力：

施工负责人：　　气温：

施工内容及施工范围（层号 / 构件名称 / 轴线区域）：

施工人员培训及交底：

专项施工方案编制与批复：

预制构件的运输、堆放：

操作人员、指挥人员位于安全位置：

预制构件防污染与防损伤措施检查：

核对已施工完成结构的混凝土强度、外观质量、尺寸偏差：

预制构件标识、混凝土强度、型号、规格、数量和配件型号、规格、数量检查：

已完成结构及预制构件上测量放线，设置安装定位标志：

确认吊装设备与吊具处于安全操作状态：

核实现场环境、天气、道路状况满足吊装施工要求：

临时固定措施的设置与拆除：

构件搁置长度检查：

构件定位检查：

构件连接节点施工质量检查：

叠合式受弯构件后浇混凝土前结合面粗糙度与外露钢筋检查：

连接处防水施工质量检查（有防水要求时）：

施工间断情况记录与其他情况记录：

执行标准：《混凝土结构工程施工规范》GB 50666—2011 第 9 章。

记录：　　审核：

支座预埋地脚螺栓检验记录表（M–02–01–06–12A） **表 9–10**

建设项目： 单位工程： 第 页 共 页

层号	支座、节点轴线位置	控制点	螺栓中心线位置（mm）						螺栓长度（mm）			螺栓中心间距（mm）			垂直度（mm）
			距控制点 X 距离：±2			距控制点 Y 距离：±2			0，＋20			±2			5
			设计	实测	差值	设计	实测	差值	设计	实测	差值	设计	实测	差值	实测

执行标准：《混凝土结构工程施工质量验收规范》GB 50204—2015 第 8.3.3 条。检验频率：全数（要求同设备基础）。

检验： 日期： 审核：

支座预埋套筒螺母检验记录表（M–02–01–06–12B） **表 9–11**

建设项目： 单位工程： 第 页 共 页

层号	支座轴线位置	控制点	孔中心线位置（mm）						孔径（mm）			孔深（mm）			孔中心间距（mm）			平面高差	孔垂直度
			距控制点 X 距离：±2			距控制点 Y 距离：±2			0，＋20			0，＋20			±2mm			±5	$h/100$，≤ 10mm
			设计	实测	差值	设计	实测	差值	设计	实测	差值	设计	实测	差值	设计	实测	差值	实测	实测

执行标准：《混凝土结构工程施工质量验收规范》GB 50204—2015 第 8.3.3 条。检验频率：全数（要求同设备基础）。

检验： 日期： 审核：

支座预埋活动地脚螺栓锚板检验记录表（M–02–01–06–12C）　　表 9–12

建设项目：　　单位工程：　　第　页 共　页

层号	基础名称编号 / 预埋件名称编号	锚板中心线位置（mm）							带槽锚板平整度：5mm
		控制点轴线位置	距控制点 X 距离：10mm			距控制点 Y 距离：10mm			带螺纹孔锚板平整度：2mm
			设计	实测	差值	设计	实测	差值	实测

执行标准：《混凝土结构工程施工质量验收规范》GB 50204—2015 第 8.3.3 条。检验频率：全数（要求同设备基础）。

检验：　　日期：　　审核：

装配结构节点外观检验记录表（M–02–01–06–41A）　　表 9–13

建设项目：　　单位工程：　　第　页 共　页

层号	构件名称与编号	轴线位置	漏筋	蜂窝	孔洞	夹渣	疏松	裂缝	连接部位缺陷	外形缺陷	外表缺陷

注：表中数据填写“无”、“严重”、“一般”。

执行标准：《混凝土结构工程施工质量验收规范》GB 50204—2015 第 8.1.1 条、第 8.1.2 条、第 9.3.7 条、第 9.3.8 条。检验频率：全部节点。

检验：　　日期：　　审核：

装配结构节点外观严重缺陷处理检验记录表（M-02-01-06-41B） **表 9-14**

建设项目： 单位工程： 第 页共 页

层号	构件名称与编号	轴线位置	缺陷类型与处理方案								
			漏筋	蜂窝	孔洞	夹渣	疏松	裂缝	连接部位缺陷	外形缺陷	外表缺陷

执行标准：《混凝土结构工程施工质量验收规范》GB 50204—2015 第 8.1.1 条、第 8.1.2 条、第 9.3.7 条、第 9.3.8 条。检验频率：有严重缺陷的全部节点。

检验： 日期： 审核：

装配结构节点外观一般缺陷处理检验记录表（M-02-01-06-41C） **表 9-15**

建设项目： 单位工程： 第 页共 页

层号	构件名称与编号	轴线位置	缺陷类型与处理方案								
			漏筋	蜂窝	孔洞	夹渣	疏松	裂缝	连接部位缺陷	外形缺陷	外表缺陷

执行标准：《混凝土结构工程施工质量验收规范》GB 50204—2015 第 8.1.1 条、第 8.1.2 条、第 9.3.7 条、第 9.3.8 条。检验频率：有一般缺陷的全部节点。

检验： 日期： 审核：

构件轴线位置检验记录表（M-02-01-06-42A） **表 9-16**

建设项目：

单位工程：　　　　　　　　　　　　　　　　　　　　　　　第　　页 共　　页

竖向构件（柱、墙板、桁架）：8 mm			水平构件（梁、楼板）：5 mm					
层号	构件名称与编号	控制点轴线位置	距控制点 X 距离			距控制点 Y 距离		
			设计	实测	差值	设计	实测	差值

执行标准：《混凝土结构工程施工质量验收规范》GB 50204—2015 第 9.3.9 条。检验频率：按楼层、结构缝或施工段划分检验批。在同一检验批内，对梁、柱和独立基础，应抽查构件数量的 10%，且不少于 3 件；对墙和板，应按有代表性的自然间抽查 10%，且不少于 3 间；对大空间结构，墙可按相邻轴线间高度 5 m 左右划分检查面，板可按纵、横轴线划分检查面，抽查 10%，且均不少于 3 面。

检验：　　　　　　　　　　　　日期：　　　　　　　　　　　　审核：

构件标高检验记录表（M-02-01-06-42B） **表 9-17**

建设项目：　　　　　　　　　　　　　　单位工程：　　　　　　　　　　　　第　　页 共　　页

梁、柱、墙板：±5 mm					楼板底面或顶面：±5 mm				
层号 / 构件名称与编号	轴线位置	后视点号	（1）后视高程（m）	（2）后视读数（m）	（3）前视读数（m）	（4）高差（m）（2）－（3）	（5）前视高程（m）（1）＋（4）	（6）设计高程（m）	（7）差值（mm）[（5）－（6）]×1000

设备名称：　　　　　　　　　　　设备型号：　　　　　　　　　　　设备编号：

执行标准：《混凝土结构工程施工质量验收规范》GB 50204—2015 第 9.3.9 条。检验频率：按楼层、结构缝或施工段划分检验批。在同一检验批内，对梁、柱和独立基础，应抽查构件数量的 10%，且不少于 3 件；对墙和板，应按有代表性的自然间抽查 10%，且不少于 3 间；对大空间结构，墙可按相邻轴线间高度 5 m 左右划分检查面，板可按纵、横轴线划分检查面，抽查 10%，且均不少于 3 面。

检验：　　　　　　　　　　　　日期：　　　　　　　　　　　　审核：

构件垂直度检验记录表（M-02-01-06-42C） 表 9-18

建设项目：

单位工程： 第 页共 页

柱、墙板安装后的高度≤ 6m：5mm			柱、墙板安装后的高度＞ 6m：10mm			
层号	构件名称与编号	测点轴线交点	检测高度（m）	检测方向	下测点偏距数（mm）	垂直度（左偏负，右偏正）
				X		
				Y		
				X		
				Y		
				X		
				Y		

设备名称： 设备型号： 设备编号：

执行标准：《混凝土结构工程施工质量验收规范》GB 50204—2015 第 9.3.9 条。检验频率：按楼层、结构缝或施工段划分检验批。在同一检验批内，对梁、柱和独立基础，应抽查构件数量的 10%，且不少于 3 件；对墙和板，应按有代表性的自然间抽查 10%，且不少于 3 间；对大空间结构，墙可按相邻轴线间高度 5 m 左右划分检查面，板可按纵、横轴线划分检查面，抽查 10%，且均不少于 3 面。

检验： 日期： 审核：

构件倾斜度检验记录表（M-02-01-06-42D） 表 9-19

建设项目：

单位工程： 第 页共 页

梁、桁架：5 mm					
层号	构件名称与编号	检验方向（轴线方向）	测点轴线区域	测点水平距离（mm）	两测点垂直高差（mm）

设备名称： 设备型号： 设备编号：

执行标准：《混凝土结构工程施工质量验收规范》GB 50204—2015 第 9.3.9 条。检验频率：按楼层、结构缝或施工段划分检验批。在同一检验批内，对梁、柱和独立基础，应抽查构件数量的 10%，且不少于 3 件；对墙和板，应按有代表性的自然间抽查 10%，且不少于 3 间；对大空间结构，墙可按相邻轴线间高度 5 m 左右划分检查面，板可按纵、横轴线划分检查面，抽查 10%，且均不少于 3 面。

检验： 日期： 审核：

构件相邻表面平整度检验记录表（M-02-01-06-42E）　　表 9-20

建设项目：

单位工程：　　　　第　　页 共　　页

<table>
<tr><td colspan="3">梁、楼板底面：外露 5 mm，不外露 3mm</td><td colspan="6">柱、墙板：外露 5 mm，不外露 8 mm</td></tr>
<tr><td>层号</td><td>构件名称与编号</td><td>轴线区域</td><td colspan="6">平整度（mm）</td></tr>
<tr><td></td><td></td><td></td><td></td><td></td><td></td><td></td><td></td><td></td></tr>
<tr><td></td><td></td><td></td><td></td><td></td><td></td><td></td><td></td><td></td></tr>
<tr><td></td><td></td><td></td><td></td><td></td><td></td><td></td><td></td><td></td></tr>
<tr><td></td><td></td><td></td><td></td><td></td><td></td><td></td><td></td><td></td></tr>
</table>

设备名称：　　　　设备型号：　　　　设备编号：

执行标准：《混凝土结构工程施工质量验收规范》GB 50204—2015 第 9.3.9 条。检验频率：按楼层、结构缝或施工段划分检验批。在同一检验批内，对梁、柱和独立基础，应抽查构件数量的 10%，且不少于 3 件；对墙和板，应按有代表性的自然间抽查 10%，且不少于 3 间；对大空间结构，墙可按相邻轴线间高度 5 m 左右划分检查面，板可按纵、横轴线划分检查面，抽查 10%，且均不少于 3 面。

检验：　　　　日期：　　　　审核：

梁板支座搁置长度、垫板位置检验记录表（M-02-01-06-42F）　　表 9-21

建设项目：

单位工程：　　　　第　　页 共　　页

梁、楼板搁置长度允许偏差：±10mm；垫板中心线与支座中心线允许偏差：10mm

<table>
<tr><td rowspan="2">层号</td><td rowspan="2">构件名称与编号</td><td rowspan="2">轴线位置</td><td colspan="4">支座 1（mm）</td><td colspan="4">支座 2（mm）</td></tr>
<tr><td>搁置长度设计</td><td>搁置长度实测</td><td>搁置长度差值</td><td>垫板中心线偏移</td><td>搁置长度设计</td><td>搁置长度实测</td><td>搁置长度差值</td><td>垫板中心线偏移</td></tr>
<tr><td></td><td></td><td></td><td></td><td></td><td></td><td></td><td></td><td></td><td></td><td></td></tr>
<tr><td></td><td></td><td></td><td></td><td></td><td></td><td></td><td></td><td></td><td></td><td></td></tr>
<tr><td></td><td></td><td></td><td></td><td></td><td></td><td></td><td></td><td></td><td></td><td></td></tr>
<tr><td></td><td></td><td></td><td></td><td></td><td></td><td></td><td></td><td></td><td></td><td></td></tr>
</table>

执行标准：《混凝土结构工程施工质量验收规范》GB 50204—2015 第 9.3.9 条。检验频率：按楼层、结构缝或施工段划分检验批。在同一检验批内，对梁，应抽查构件数量的 10%，且不少于 3 件；对板，应按有代表性的自然间抽查 10%，且不少于 3 间；对大空间结构，板可按纵、横轴线划分检查面，抽查 10%，且均不少于 3 面。

检验：　　　　日期：　　　　审核：

墙板接缝宽度检验记录表（M–02–01–06–42G）　　表 9–22

建设项目：

单位工程：　　第　页共　页

设计接缝宽度（mm）：　　允许偏差：±5 mm

层号	构件名称与编号	轴线位置	实测 1（mm）	差值 1（mm）	实测 2（mm）	差值 2（mm）

执行标准：《混凝土结构工程施工质量验收规范》GB 50204—2015 第 9.3.9 条。检验频率：按楼层、结构缝或施工段划分检验批。在同一检验批内，对墙和板，应按有代表性的自然间抽查 10%，且不少于 3 间；对大空间结构，墙可按相邻轴线间高度 5 m 左右划分检查面，板可按纵、横轴线划分检查面，抽查 10%，且均不少于 3 面。

检验：　　日期：　　审核：

构件接缝防水性能检验记录表（M–02–01–06–43）　　表 9–23

建设项目：

单位工程：　　第　页共　页

层号	接缝轴线位置	接缝相邻构件名称与编号	检验结论

执行标准：《混凝土结构工程施工质量验收规范》GB 50204—2015 第 9.1.2 条。检验频率：全数。

检验：　　日期：　　审核：

装配结构分项施工质量检验记录目录（M-02-01-06-00）　　表 9-24

建设项目：

单位工程：　　第　页 共　页

工序	表格编号	表格名称	份数
1. 施工方案、专项施工方案的编制与审批		施工方案、专项施工方案与审批意见	
2. 预制构件型号选择、生产厂家的确定与进场质量检验	M-00-00-00-01	原材料 / 成品 / 半成品选用表（预制构件、螺栓、螺母型号选择、生产厂家的确定记录表）	
	M-00-00-00-02	原材料 / 成品 / 半成品进场检验记录表（预制构件质量证明文件、生产厂家、数量检验记录表）	
	M-02-01-06-01A	预制构件尺寸检验记录表	
	M-02-01-06-01B	预制构件表面平整度检验记录表	
	M-02-01-06-01C	预埋件、预留孔、洞、键槽中心位置检验记录表	
	M-02-01-06-01D	预埋件、预留孔、洞、键槽尺寸检验记录表	
	M-02-01-06-01E	预制构件外观检验记录表	
	M-02-01-06-01F	预制构件外观严重缺陷处理检验记录表	
	M-02-01-06-01G	预制构件外观一般缺陷处理检验记录表	
	M-02-01-06-01H	预制构件结构性能检验报告汇总表	
	M-02-01-06-02 ～ M-02-01-06-09	预留	
3. 预制构件运输、堆放、临时安装与质量检验	M-02-01-06-10	预留	
	M-02-01-06-11	预制构件安装施工记录表	
	M-02-01-06-12A	支座预埋地脚螺栓检验记录表	
	M-02-01-06-12B	支座预埋套筒螺母检验记录表	
	M-02-01-06-12C	支座预埋活动地脚螺锚板检验记录表	
	M-02-01-06-13 ～ M-02-01-06-19	预留	
	M-02-01-06-20 ～ M-02-01-06-29	预留	
4. 钢筋连接与质量检验	M-00-00-21-00	钢筋焊接连接施工质量检验记录目录	
	M-00-00-22-00	钢筋套筒连接施工质量检验记录目录	
	M-00-00-23-00	钢筋套筒灌浆连接施工质量检验记录目录	
5. 连接件连接与质量检验	M-00-00-31-00	连接件螺栓连接施工质量检验记录目录	
	M-00-00-32-00	连接件焊接连接施工质量检验记录目录	
6. 混凝土连接与质量检验	M-00-00-41-00	混凝土拌制施工质量检验记录目录	
	M-00-00-42-00	混凝土浇捣施工质量检验记录目录	

施工技术负责人：　　日期：　　专业监理：

续表

建设项目：

单位工程：　　　　第　　页共　　页

工序	表格编号	表格名称	份数
7. 预制构件安装与质量检验	M-02-01-06-30	预留	
	M-02-01-06-31 ～ M-02-01-06-39	预留	
	M-02-01-06-40	预留	
	M-02-01-06-41A	装配结构节点外观检验记录表	
	M-02-01-06-41B	装配结构节点外观严重缺陷处理检验记录表	
	M-02-01-06-41C	装配结构节点外观一般缺陷处理检验记录表	
	M-02-01-06-42A	构件轴线位置检验记录表	
	M-02-01-06-42B	构件标高检验记录表	
	M-02-01-06-42C	构件垂直度检验记录表	
	M-02-01-06-42D	构件倾斜度检验记录表	
	M-02-01-06-42E	构件相邻表面平整度检验记录表	
	M-02-01-06-42F	梁板支座搁置长度、垫板位置检验记录表	
	M-02-01-06-42G	墙板接缝宽度检验记录表	
	M-02-01-06-43	构件接缝防水性能检验记录表	
	M-02-01-06-44 ～ M-02-01-06-49	预留	

施工技术负责人：　　　　日期：　　　　专业监理：

第 10 章 通用工序——脚手架施工质量检验程序设计及应用

脚手架施工独立于各个分部、分项工程，为各个分部、分项工程的施工服务，也是模板分项工程的一部分。脚手架施工质量问题已经造成不少的工程事故，为加强脚手架施工质量检验，将其设计为通用工序，供脚手架安全检查、模板分项工程施工质量检验使用。

脚手架施工有多种方式，搭接方式不同，其相应的控制内容与标准也不同，涉及多本技术规范。使用的材料与搭设方式不同，应设计不同的施工质量检验程序。考虑脚手架施工方法的多样性，脚手架施工工序编号预留为 11 ～ 19，本章中包含 2 种施工方法：扣件式钢管脚手架与门式钢管脚手架。

10.1 通用工序——扣件式钢管脚手架施工质量检验程序设计及应用

10.1.1 通用工序——扣件式钢管脚手架施工质量检验程序设计

本工序检验程序分 4 个子工序：① 构配件型号选用、生产厂家的确定与进场质量检验；② 脚手架搭设与施工质量检验；③ 脚手架拆除与质量检验；④ 扣件式钢管脚手架施工质量检验记录审核。

扣件式钢管脚手架施工质量检验程序 P-00-00-11 如图 10-1 所示。专项施工方案的编制与审批在模板分项的施工质量检验程序中控制。

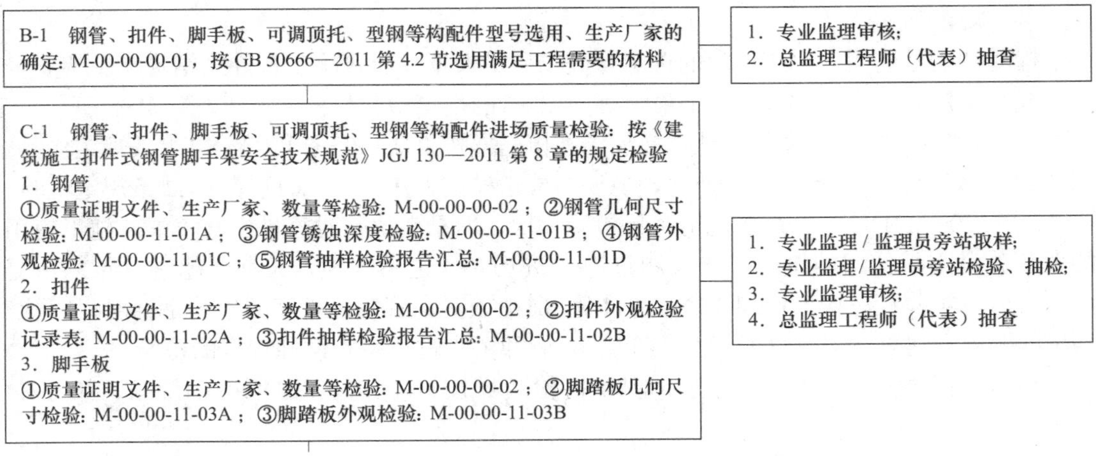

B-1 钢管、扣件、脚手板、可调顶托、型钢等构配件型号选用、生产厂家的确定：M-00-00-00-01，按 GB 50666—2011 第 4.2 节选用满足工程需要的材料

1．专业监理审核；
2．总监理工程师（代表）抽查

C-1 钢管、扣件、脚手板、可调顶托、型钢等构配件进场质量检验：按《建筑施工扣件式钢管脚手架安全技术规范》JGJ 130—2011 第 8 章的规定检验
1．钢管
①质量证明文件、生产厂家、数量等检验：M-00-00-00-02；②钢管几何尺寸检验：M-00-00-11-01A；③钢管锈蚀深度检验：M-00-00-11-01B；④钢管外观检验：M-00-00-11-01C；⑤钢管抽样检验报告汇总：M-00-00-11-01D
2．扣件
①质量证明文件、生产厂家、数量等检验：M-00-00-00-02；②扣件外观检验记录表：M-00-00-11-02A；③扣件抽样检验报告汇总：M-00-00-11-02B
3．脚手板
①质量证明文件、生产厂家、数量等检验：M-00-00-00-02；②脚踏板几何尺寸检验：M-00-00-11-03A；③脚踏板外观检验：M-00-00-11-03B

1．专业监理 / 监理员旁站取样；
2．专业监理 / 监理员旁站检验、抽检；
3．专业监理审核；
4．总监理工程师（代表）抽查

图 10-1 扣件式钢管脚手架施工质量检验程序 P-00-00-11（一）

检验内容	监理工作
4．可调顶托 ①质量证明文件、生产厂家、数量等检验：M-00-00-00-02；②可调顶托几何尺寸检验：M-00-00-11-04A；③可调顶托外观检验：M-00-00-11-04B 5．型钢 ①质量证明文件、生产厂家、数量等检验：M-00-00-00-02；②型钢几何尺寸检验：M-00-00-11-05A；③型钢外观检验：M-00-00-11-05B	1．专业监理/监理员旁站取样； 2．专业监理/监理员旁站检验、抽检； 3．专业监理审核； 4．总监理工程师（代表）抽查
B-2 扣件式钢管脚手架安装：按《建筑施工扣件式钢管脚手架安全技术规范》JGJ 130—2011 的规定施工 1．地基承载力检验：M-00-00-11-12 2．脚手架搭设施工：M-00-00-11-11 3．扣件式钢管脚手架搭设安全检验：M-00-00-11-13	1．专业监理/监理员旁站检验、抽检； 2．专业监理审核； 3．总监理工程师（代表）抽查
C-2 扣件式钢管脚手架安装质量检验：按《建筑施工扣件式钢管脚手架安全技术规范》JGJ 130—2011 的规定检验 1．悬挑支撑结构检验：M-00-00-11-23 2．地基质量检验：M-00-00-11-21A 3．立杆垂直度检验：M-00-00-11-21B 4．杆件间距检验：M-00-00-11-21C 5．剪刀撑检验：M-00-00-11-21D 6．脚手板挑出长度检验：M-00-00-11-21E 7．扣件间距检验：M-00-00-11-21F 8．扣件扭矩检验：M-00-00-11-21G 9．连墙件间距检验：M-00-00-11-22	1．专业监理/监理员旁站检验、抽检； 2．专业监理审核； 3．总监理工程师（代表）抽查
B-3 扣件式钢管脚手架拆除：按《建筑施工扣件式钢管脚手架安全技术规范》JGJ 130—2011 的规定施工 脚手架拆除施工记录：M-00-00-11-31	1．专业监理/监理员旁站检验、抽检； 2．专业监理审核； 3．总监理工程师（代表）抽查
C-4 扣件式钢管脚手架施工质量检验记录审核：M-00-00-11-00	1．专业监理审核； 2．总监理工程师（代表）抽查

图 10-1 扣件式钢管脚手架施工质量检验程序 P-00-00-11（二）

10.1.2 通用工序——扣件式钢管脚手架施工质量检验程序应用

1．构配件型号选用、生产厂家确定与进场质量检验

（1）规范条文

构配件型号选用、生产厂家的选定与进场质量根据《建筑施工扣件式钢管脚手架安全技术规范》JGJ 130—2011 第 8.1.1 条～第 8.1.8 条的规定检验。

1）新钢管质量证明文件、外观、现场抽检送样按 JGJ 130—2011 第 8.1.1 条规定检验。

2）旧钢管质量证明文件、外观、现场抽检送样按 JGJ 130—2011 第 8.1.2 条规定检验。

JGJ 130—2011 第 8.1.2 条规定每年检验一次，但是在执行时容易引起争议。施工使用的大部分是重复使用的钢管，建议调整为："进场时应进行检验，长期（超过一年）重复使用，应每年检验一次"。JGJ 130—2011 第 8.1.2 条对钢管锈蚀程度的检验是针对"旧管"提出的要求，建议不区分"旧管"、"新管"，一律要求进行钢管锈蚀程度的检验。

3）扣件质量证明文件、外观、现场抽检送样按 JGJ 130—2011 第 8.1.3 条、第 8.1.4 条规定检验。

扣件生产厂家按《钢管脚手架扣件》GB 15831—2016 规定的检验频率进行检验。但是在施工现场复验，按 GB 15831—2016 的检验频率进行复验，要求明显过高。建议规范对扣件

进场后复验规定切实可行的检验频率，最好是一个百分比。

4）脚手板质量证明文件、外观、现场抽检送样按 JGJ 130—2011 第 8.1.5 条规定检验。

在 JGJ 130—2011 附录 D 中，规定检验频率为 100%，在现场执行难度大，建议“施工方和监理共同检验”，采用一个百分比。

5）悬挑脚手架用型钢证明文件、外观、尺寸按 JGJ 130—2011 第 8.1.6 条规定检验。

6）可调顶托证明文件、外观、尺寸按 JGJ 130—2011 第 8.1.7 条规定检验。

（2）表格设计

1）构配件型号选用、生产厂家确定：原材料 / 成品 / 半成品选用表（钢管、扣件、脚手板、型钢型号选用、生产厂家的确定记录表）（M-00-00-00-01），见附录 1 附表 1-3。

2）钢管

① 原材料 / 成品 / 半成品进场检验记录表（钢管质量证明文件、生产厂家、数量检验记录表）（M-00-00-00-02），见附录 1 附表 1-3。

② 钢管几何尺寸检验记录表（M-00-00-11-01A），见表 10-1。

③ 钢管锈蚀深度检验记录表（M-00-00-11-01B），见表 10-2。

④ 钢管外观检验记录表（M-00-00-11-01C），见表 10-3。

⑤ 钢管抽样检验报告汇总表（M-00-00-11-01D），见表 10-4。

3）扣件

① 原材料 / 成品 / 半成品进场检验记录表（扣件质量证明文件、生产厂家、数量检验记录表）（M-00-00-00-02），见附录 1 附表 1-3。

② 扣件外观检验记录表（M-00-00-11-02A），见表 10-5。

③ 扣件抽样检验报告汇总表（M-00-00-11-02B），见表 10-6。

4）脚手板

① 原材料 / 成品 / 半成品进场检验记录表（脚手板质量证明文件、生产厂家、数量检验记录表）（M-00-00-00-02），见附录 1 附表 1-3。

② 脚踏板几何尺寸检验记录表（M-00-00-11-03A），见表 10-7。

③ 脚踏板外观检验记录表（M-00-00-11-03B），见表 10-8。

5）可调顶托

① 原材料 / 成品 / 半成品进场检验记录表（可调顶托质量证明文件、生产厂家、数量检验记录表）（M-00-00-00-02），附录 1 附表 1-3。

② 可调顶托几何尺寸检验记录表（M-00-00-11-04A），见表 10-9。

③ 可调顶托外观检验记录表（M-00-00-11-04B），见表 10-10。

6）型钢

① 原材料 / 成品 / 半成品进场检验记录表（型钢质量证明文件、生产厂家、数量检验记录表）（M-00-00-00-02），见附录 1 附表 1-3。

② 型钢几何尺寸检验记录表（M-00-00-11-05A），见表 10-11。

③ 型钢外观检验记录表（M-00-00-11-05B），见表 10-12。

2．脚手架搭设施工质量检验

（1）规范条文

脚手架搭设施工质量根据《建筑施工扣件式钢管脚手架安全技术规范》JGJ 130—2011

第 7.2.1 条～第 7.2.4 条、第 8.2.1 条～第 8.2.5 条规定检验。

1）脚手架地基与基础按 JGJ 130—2011 第 7.2.1 条～第 7.2.4 条、第 8.2.1 条规定检验。

在 JGJ 130—2011 第 7.2.1 条、第 7.2.2 条中都提到脚手架地基基础要满足《建筑地基基础工程施工质量验收规范》GB 50202 的要求，脚手架是临时建筑，GB 50202 是针对主体建筑的，在《建筑地基基础工程施工质量验收规范》GB 50202 中地基基础的地基承载力的认定是需要地勘部门来配合的，脚手架的地基基础要地勘部门配合难以实现，所以脚手架的地基基础的承载力控制实际上完全靠施工单位的经验控制，一旦出现高大脚手架，地基基础的承载力容易出现问题。建议在 JGJ 130—2011 中对脚手架的地基基础承载力的检测和认定，做出明确的规定。

2）脚手架安装施工质量按 JGJ 130—2011 第 8.2.2 条～第 8.2.4 条规定检验。

《建筑施工门式钢管脚手架安全技术规范》JGJ 128—2010 和《建筑施工扣件式钢管脚手架安全技术规范》JGJ 130—2011 对脚手板的要求不一致。但无论什么脚手架，对脚手板的要求应该是一致的。

3）安装后的扣件螺栓拧紧扭力矩按 JGJ 130—2011 第 8.2.5 条规定检验。

第 8.2.5 条规定的检验频率抽样方法按随机分布原则进行，在施工中较难操作，建议采取较为简单的取样方法和合格评定方法，更有利于规范的执行和质量的控制。

（2）表格设计

1）搭设阶段检验用表

① 脚手架搭设施工记录表（M-00-00-11-11），见表 10-13。

② 地基承载力检验记录表（M-00-00-11-12），见表 10-14。

③ 扣件式钢管脚手架搭设安全检验记录表（M-00-00-11-13），见表 10-15。

2）搭设完毕检验用表

① 地基质量检验记录表（M-00-00-11-21A），见表 10-16。

② 立杆垂直度检验记录表（M-00-00-11-21B），见表 10-17。

③ 杆件间距检验记录表（M-00-00-11-21C），见表 10-18。

④ 剪刀撑检验记录表（M-00-00-11-22D），见表 10-19。

⑤ 脚手板挑出长度检验记录表（M-00-00-11-21E），见表 10-20。

⑥ 扣件间距检验记录表（M-00-00-11-21F），见表 10-21。

⑦ 扣件扭矩检验记录表（M-00-00-11-21G），见表 10-22。

⑧ 连墙件间距检验记录表（M-00-00-11-22），见表 10-23。

⑨ 悬挑支撑结构检验记录表（M-00-00-11-23），见表 10-24。

3．脚手架拆除施工质量检验

（1）规范条文

脚手架拆除施工质量根据《建筑施工扣件式钢管脚手架安全技术规范》JGJ 130—2011 第 7.4.1 条～第 7.4.6 条检验。

（2）表格设计

脚手架拆除施工记录表（M-00-00-11-31），见表 10-25。

4．扣件式钢管脚手架施工质量检验记录审核

扣件式钢管脚手架施工质量检验记录目录（M-00-00-11-00），见表 10-26。

按照表 10-26 的顺序汇总检验数据，审核检验数据的完整性与检验数据是否符合规范要求。

10.2 通用工序——门式钢管脚手架施工质量检验程序设计及应用

10.2.1 通用工序——门式钢管脚手架施工质量检验程序设计

本工序检验程序分 4 个子工序：①构配件型号选用、生产厂家的确定与进场质量检验；② 脚手架搭设与质量检验；③ 脚手架拆除与质量检验；④ 门式钢管脚手架施工质量检验记录审核。

门式钢管脚手架的施工质量检验程序 P-00-00-12 如图 10-2 所示。

检验内容	监理工作
B-1 门架、扣件、脚手板、可调顶托、交叉支撑、连接棒、型钢等构配件型号选用、生产厂家的确定：M-00-00-00-01，按 GB 50666—2011 第 4.2 节选用满足工程需要的材料	1. 专业监理审核； 2. 总监理工程师（代表）抽查
C-1 门架、扣件、脚手板、可调顶托、交叉支撑、连接棒、型钢等构配件进场质量检验：按《建筑施工门式钢管脚手架安全技术规范》JGJ 128—2010 的第 8.1 节检验 1. 门架 ①质量证明文件、生产厂家、数量、几何尺寸、外观等检验：M-00-00-00-02；②门架立杆外观检验：M-00-00-12-01A；③门架横杆、加强杆外观检验：M-00-00-12-01B；④ C 类门架抽样检验报告汇总：M-00-00-12-01C 2. 扣件 ①质量证明文件、生产厂家、数量等检验：M-00-00-00-02；②扣件外观检验：M-00-00-12-02A；③扣件抽样检验报告汇总：M-00-00-12-02B 3. 脚手板 ①质量证明文件、生产厂家、数量等检验：M-00-00-00-02；②脚手板外观检验：M-00-00-12-03A；③ C 类脚手板抽样检验报告汇总：M-00-00-12-03B 4. 可调顶托 ①质量证明文件、生产厂家、数量等检验：M-00-00-00-02；②可调底座、托座外观检验：M-00-00-12-04A；③ C 类可调底座、托座抽样检验报告汇总：M-00-00-12-04B 5. 交叉支撑 ①质量证明文件、生产厂家、数量等检验：M-00-00-00-02；②交叉支撑外观检验：M-00-00-12-05A；③ C 类交叉支撑抽样检验报告汇总：M-00-00-12-05B 6. 连接棒 ①质量证明文件、生产厂家、数量等检验：M-00-00-00-02；②连接棒外观检验：M-00-00-12-06A；③ C 类连接棒抽样检验报告汇总：M-00-00-12-06B 7. 型钢 ①质量证明文件、生产厂家、数量等检验：M-00-00-00-02；②型钢几何尺寸检验：M-00-00-12-07A；③型钢外观检验：M-00-00-12-07B	1. 专业监理 / 监理员旁站取样； 2. 专业监理/监理员旁站检验、抽检； 3. 专业监理审核； 4. 总监理工程师（代表）抽查
B-2 门式钢管脚手架安装：按《建筑施工门式钢管脚手架安全技术规范》JGJ 128—2010 的规定施工 1. 地基承载力检验：M-00-00-12-12 2. 脚手架搭设施工：M-00-00-12-11 3. 门式钢管脚手架搭设安全检验：M-00-00-12-13	1. 专业监理/监理员旁站检验、抽检； 2. 专业监理审核； 3. 总监理工程师（代表）抽查

图 10-2 门式钢管脚手架施工质量检验程序 P-00-00-12（一）

C-2 门式钢管脚手架安装质量检验：按《建筑施工门式钢管脚手架安全技术规范》JGJ 128—2010 的规定执行
1. 悬挑支撑结构检验：M-00-00-12-22
2. 地基质量检验：M-00-00-12-21A
3. 门架基础轴线位置检验：M-00-00-12-21B
4. 门架立杆轴线位置检验：M-00-00-12-21C
5. 门架立杆垂直度检验：M-00-00-12-21D
6. 门架水平度检验：M-00-00-12-21E
7. 连墙件间距检验：M-00-00-12-21F
8. 门架跨距、间距检验：M-00-00-12-21G
9. 剪刀撑检验：M-00-00-12-21H
10. 水平加固杆检验：M-00-00-12-21K
11. 转角处门架连接检验：M-00-00-12-21L
12. 脚手板检验：M-00-00-12-21M
13. 施工层防护栏杆、挡脚板检验：M-00-00-12-21N
14. 扣件扭矩检验：M-00-00-12-21P

1. 专业监理/监理员旁站检验、抽检；
2. 专业监理审核；
3. 总监理工程师（代表）抽查

B-3 门式钢管脚手架拆除：按《建筑施工门式钢管脚手架安全技术规范》JGJ 128—2010 的规定施工
脚手架拆除施工：M-00-00-12-31

1. 专业监理/监理员旁站检验、抽检；
2. 专业监理审核；
3. 总监理工程师（代表）抽查

C-4 门式钢管脚手架施工质量检验记录审核：M-00-00-12-00

1. 专业监理审核；
2. 总监理工程师（代表）抽查

图 10-2 门式钢管脚手架施工质量检验程序 P-00-00-12（二）

10.2.2 通用工序——门式钢管脚手架施工质量检验程序应用

1．构配件型号选用、生产厂家的确定与进场质量检验

（1）规范条文

构配件型号选用、生产厂家的确定与进场质量检验根据《建筑施工门式钢管脚手架安全技术规范》JGJ 128—2010 第 8.1.1 条～第 8.1.7 条检验。

1）门架与配件的基本尺寸、质量和性能按 JGJ 128—2010 第 8.1.1 条规定检验。

2）门架与配件质量证明文件、外观、标识按 JGJ 128—2010 第 8.1.2 条规定检验。

3）门架与配件按 JGJ 128—2010 第 8.1.3 条规定分类，分别分为 A、B、C 类。

4）门架与配件锈蚀深度按 JGJ 128—2010 第 8.1.4 条规定检验。

5）加固杆、连接杆等所用钢管和扣件按 JGJ 128—2010 第 8.1.5 条规定检验。

6）底座和托座按 JGJ 128—2010 第 8.1.6 条规定检验。

7）连墙件、型钢悬挑梁、U 形钢筋拉环或锚固螺栓质量按 JGJ 128—2010 第 8.1.7 条规定检验。

（2）表格设计

1）原材料 / 成品 / 半成品选用表（门架立杆、横杆、加强杆、扣件、型钢、脚手板、连接棒、可调底座、托座、交叉支撑型号选用、生产厂家的确定记录表）（M-00-00-01-01），见附录 1 附表 1-2。

2）门架进场质量检验

① 原材料 / 成品 / 半成品进场检验记录表（门架立杆、横杆、加强杆质量证明文件、生产厂家、数量检验记录表）（M-00-00-00-02），见附录 1 附表 1-3。

② 门架立杆外观检验记录表（M-00-00-12-01A），见表 10-27。

③ 门架横杆、加强杆外观检验记录表（M-00-00-12-01B），见表 10-28。

④ C 类门架抽样检验报告汇总表（M-00-00-12-01C），见表 10-29。

3）扣件进场质量检验

① 原材料 / 成品 / 半成品进场检验记录表（扣件质量证明文件、生产厂家、数量检验记录表）（M-00-00-00-02），见附录 1 附表 1-3。

② 扣件外观检验记录表（M-00-00-12-02A），见表 10-30。

③ 扣件抽样检验报告汇总表（M-00-00-12-02B），见表 10-31。

4）脚手板进场质量检验

① 原材料 / 成品 / 半成品进场检验记录表（脚手板质量证明文件、生产厂家、数量检验记录表）（M-00-00-00-02），见附录 1 附表 1-3。

② 脚手板外观检验记录表（M-00-00-12-03A），见表 10-32。

③ C 类脚手板抽样检验报告汇总表（M-00-00-12-03B），见表 10-33。

5）可调底座、托座进场质量检验

① 原材料 / 成品 / 半成品进场检验记录表（可调底座、托座质量证明文件、生产厂家、数量检验记录表）（M-00-00-00-02），见附录 1 附表 1-3。

② 可调底座、托座外观检验记录表（M-00-00-12-04A），见表 10-34。

③ C 类可调底座、托座抽样检验报告汇总表（M-00-00-12-04B），见表 10-35。

6）交叉支撑进场质量检验

原材料 / 成品 / 半成品进场检验记录表（交叉支撑质量证明文件、生产厂家、数量检验记录表）（M-00-00-00-02），见附录 1 附表 1-3。

交叉支撑外观检验记录表（M-00-00-12-05A），见表 10-36。

C 类交叉支撑抽样检验报告汇总表（M-00-00-12-05B），见表 10-37。

7）连接棒进场质量检验

原材料 / 成品 / 半成品进场检验记录表（连接棒质量证明文件、生产厂家、数量检验记录表）（M-00-00-00-02），见附录 1 附表 1-3。

连接棒外观检验记录表（M-00-00-12-06A），见表 10-38。

C 类连接棒抽样检验报告汇总表（M-00-00-12-06B），见表 10-39。

8）型钢进场质量检验

原材料 / 成品 / 半成品进场检验记录表（型钢质量证明文件、生产厂家、数量检验记录表）（M-00-00-00-02），见附录 1 附表 1-3。

型钢几何尺寸检验记录表（M-00-00-12-07A），见表 10-40。

型钢外观检验记录表（M-00-00-12-07B），见表 10-41。

2．脚手架搭设与质量检验

（1）规范条文

脚手架搭设施工质量根据《建筑施工门式钢管脚手架安全技术规范》JGJ 128—2010 第 8.2.1 条～第 8.2.6 条和第 8.3.1 条～第 8.3.3 条的规定检验。

1）门式脚手架或模板支架的地基与基础按 JGJ 128—2010 第 8.2.1 条检验。

2）门式脚手架或模板支架搭设质量按 JGJ 128—2010 第 8.2.2 条～第 8.2.6 条和第 8.3.1

条～第 8.3.3 条的规定检验。

（2）表格设计

1）搭设阶段检验用表

① 脚手架搭设施工记录表（M-00-00-12-11），见表 10-42。

② 地基承载力检验记录表（M-00-00-12-12），见表 10-43。

地基承载力检验应在脚手架搭设之前完成，故表 10-43 作为脚手脚搭设阶段检验用表。

③ 门式钢管脚手架搭设安全检验记录表（M-00-00-12-13），见表 10-44。

2）搭设完毕检验用表

① 地基质量检验记录表（M-00-00-12-21A），见表 10-45。

② 门架基础轴线位置检验记录表（M-00-00-12-21B），见表 10-46。

③ 门架立杆轴线位置检验记录表（M-00-00-12-21C），见表 10-47。

④ 门架立杆垂直度检验记录表（M-00-00-12-21D），见表 10-48。

⑤ 门架水平度检验记录表（M-00-00-12-21E），见表 10-49。

⑥ 连墙件间距检验记录表（M-00-00-12-21F），见表 10-50。

⑦ 门架跨距、间距检验记录表（M-00-00-12-21G），见表 10-51。

⑧ 剪刀撑检验记录表（M-00-00-12-21H），见表 10-52。

⑨ 水平加固杆检验记录表（M-00-00-12-21K），见表 10-53。

⑩ 转角处门架连接检验记录表（M-00-00-12-21L），见表 10-54。

⑪ 脚手板检验记录表（M-00-00-12-21M），见表 10-55。

⑫ 施工层防护栏杆、挡脚板检验记录表（M-00-00-12-21N），见表 10-56。

⑬ 扣件扭矩检验记录表（M-00-00-12-21P），见表 10-57。

⑭ 悬挑支撑结构检验记录表（M-00-00-12-22），见表 10-58。

3. 脚手架拆除与质量检验

（1）规范条文

脚手架拆除与质量检验根据《建筑施工门式钢管脚手架安全技术规范》JGJ 128—2010 第 8.4.1 条～第 8.4.3 条检验。

（2）表格设计

脚手架拆除施工记录表（M-00-00-12-31），见表 10-59。

4. 门式钢管脚手架施工质量检验记录审核

门式钢管脚手架施工质量检验记录目录（M-00-00-12-00），见表 10-60。

按照表 10-60 的顺序汇总检验数据，审核检验数据的完整性与检验数据是否符合规范要求。

钢管几何尺寸检验记录表（M–00–00–11–01A）　　表 10–1

建设项目：

单位工程：　　第　页 共　页

进场日期：　　生产厂家 / 供货商：

序号	重量（kg）/ 根	外径 48.3	壁厚 3.6	钢管弯曲（mm）		
				所有管	立管	水平管、斜管
	≤ 25.8	±0.5mm	±0.36mm	$L \leqslant 1.5$m，弯折高度≤ 5	$3\text{m} < L \leqslant 4$m，弯折高度≤ 12；$4\text{m} < L \leqslant 6.5$m，弯折高度≤ 20	$L \leqslant 6.5$m，弯折高度≤ 30

执行标准：《建筑施工扣件式钢管脚手架安全技术规范》JGJ 130—2011 第 3.1.1 条、第 3.1.2 条、第 8.1.1 条、第 8.1.2 条、附录 D。检验频率：3%。

检验：　　日期：　　审核：

钢管锈蚀深度检验记录表（M–00–00–11–01B）　　表 10–2

建设项目：

单位工程：　　第　页 共　页

进场日期：　　生产厂家 / 供货商：

序号	钢管锈蚀深度≤ 0.18mm					

执行标准：《建筑施工扣件式钢管脚手架安全技术规范》JGJ 130—2011 第 8.1.2 条。检验频率：应在锈蚀严重的钢管中抽取三根，在每根锈蚀严重的部位横向截断取样检查，当锈蚀深度超过规定值时不得使用，进场时应进行检验，长期（超过一年）重复使用，应每年检验一次。

检验：　　日期：　　审核：

钢管外观检验记录表（M–00–00–11–01C）

表 10–3

建设项目：　　　　单位工程：　　　　第　　页共　　页

进场日期：　　　　进场数量：　　　　生产厂家 / 供货商：

序号	防锈漆	平直光滑	无裂缝	无结疤	无分层	无错位	无硬弯	无毛刺	无压痕	无深划痕	无打孔

执行标准：《建筑施工扣件式钢管脚手架安全技术规范》JGJ 130—2011 第 8.1.1 条、附录 D。检验频率：全数。

检验：　　　　日期：　　　　审核：

钢管抽样检验报告汇总表（M-00-00-11-01D）　　表 10-4

建设项目：　　单位工程：

分部 / 子分部工程：　　分项工程：　　第　页 共　页

序号	进场日期	规格型号	数量（根数）	生产厂家 / 供货商	送检试件数	试验报告编号	试验报告结论

附件：钢管抽样检验报告。

执行标准：《建筑施工扣件式钢管脚手架安全技术规范》JGJ 130—2011 第 8.1.1 条、附录 D。检验频率：750 根为一批，一次送检一根。第 8.1.1 条是针对新管提出的要求。在工地使用中，对“旧管”应该比“新管”要求更严格，所以本表中未区分“新管”和“旧管”，一律要求按 750 根送检一根。

填报：　　日期：　　审核：　　监理：

扣件外观检验记录表（M-00-00-11-02A）　　表 10-5

建设项目：　　单位工程：　　第　页 共　页

进场日期：　　进场数量：　　生产厂家 / 供货商：

序号	防锈处理	无裂缝	无变形	无螺栓滑丝	与钢管接触部分无氧化皮	活动部位灵活	旋转面间隙 ≤ 1mm

执行标准：《建筑施工扣件式钢管脚手架安全技术规范》JGJ 130—2011 第 8.1.3 条、第 8.1.4 条、附录 D。检验频率：100%。

检验：　　日期：　　审核：

扣件抽样检验报告汇总表（M-00-00-11-02B）

表 10-6

建设项目：　　　　　　单位工程：

分部 / 子分部工程：　　　　　　分项工程：　　　　　　第　页 共　页

序号	进场日期	进场数量（个）	生产厂家 / 供货商	送检试件组数	每组个数	试验报告编号	试验报告结论

附件：扣件抽样检验报告。

执行标准：《建筑施工扣件式钢管脚手架安全技术规范》JGJ 130—2011 第 8.1.3 条、第 8.1.4 条、附录 D。检验频率：按 GB 15831 的规定执行。

填报：　　　　日期：　　　　审核：　　　　监理：

脚踏板几何尺寸检验记录表（M-00-00-11-03A）　　**表 10-7**

建设项目：

单位工程：　　　　第　　页 共　　页

进场日期：　　　　生产厂家 / 供货商：

序号	钢脚踏板	宽度	厚度	板面翘曲：$L \leq 4$mm，≤ 12mm；$L > 4$mm，≤ 16mm	板面扭曲：任一角翘起≤ 5mm
	木脚踏板	宽度：≥ 200mm	厚度：≥ 50mm		
	竹脚踏板	板宽：200 ～ 250mm	板长：2m、2.5m、3m	螺栓间距：500 ～ 600mm	螺栓离板端距离：200 ～ 250mm

执行标准：《建筑施工扣件式钢管脚手架安全技术规范》JGJ 130—2011 第 8.1.5 条、附录 D。检验频率：3%。

检验：　　　　日期：　　　　审核：

脚踏板外观检验记录表（M-00-00-11-03B）

表 10-8

建设项目：　　　　单位工程：　　　　第　　页共　　页

序号	进场日期	规格型号	数量	生产厂家 / 供货商	钢脚踏板	防滑措施	防锈漆	裂纹	开焊	硬弯
					木脚踏板	防滑措施	扭曲变形	劈裂	腐朽	
					竹脚踏板	防滑措施	扭曲变形	劈裂	腐朽	

执行标准：《建筑施工扣件式钢管脚手架安全技术规范》JGJ 130—2011 第 8.1.5 条、附录 D。检验频率：全数。

检验：　　　　日期：　　　　审核：

可调顶托几何尺寸检验记录表（M-00-00-11-04A）　　**表 10-9**

建设项目：　　单位工程：　　第　页 共　页

进场日期：　　生产厂家 / 供货商：

序号	托撑螺杆外径	托撑螺杆与螺母旋合长度	螺母厚度	插入立杆长度	支托厚度	支托变形	螺杆与支托板焊接，焊缝高度
	≥ 36mm	≥ 5 扣	≥ 30mm	≥ 150mm	≥ 5mm	≤ 1mm	≥ 6mm

执行标准：《建筑施工扣件式钢管脚手架安全技术规范》JGJ 130—2011 第 8.1.7 条、第 8.1.8 条、附录 D。检验频率：3%。

检验：　　日期：　　审核：

可调顶托外观检验记录表（M-00-00-11-04B）　　**表 10-10**

建设项目：　　单位工程：　　第　页 共　页

序号	进场日期	规格型号	数量	生产厂家 / 供货商	表面标记	防锈漆	支托板、螺母严禁裂缝

执行标准：《建筑施工扣件式钢管脚手架安全技术规范》JGJ 130—2011 第 8.1.7 条、第 8.1.8 条、附录 D。检验频率：全数。

检验：　　日期：　　审核：

型钢几何尺寸检验记录表（M-00-00-11-05A） 表 10-11

建设项目：					单位工程：						第 页共 页				
进场日期：					生产厂家 / 供货商：										
规格型号	截面宽度（mm）			截面高度（mm）			截面厚度（mm）			长度（m）					
	允许误差：			允许误差：			允许误差：			允许误差：			允许误差：		
	设计	实测	误差	设计	实测	误差	设计	实测	误差	设计	实测	误差	设计	实测	误差

执行标准：《建筑施工扣件式钢管脚手架安全技术规范》JGJ 130—2011 第 8.1.6 条、第 3.5.1 条；《钢结构工程施工质量验收规范》GB 50205—2001 第 4.2.4 条。检验频率：每一品种、规格的型钢抽查 5 处。

检验： 日期： 审核：

型钢外观检验记录表（M-00-00-11-05B） 表 10-12

建设项目： 单位工程： 第 页共 页

序号	进场日期	规格型号	数量	生产厂家	表面标记	钢材厚度负允许偏差	锈蚀、麻点或划痕等缺陷深度不得大于该钢材厚度负允许偏差的 1/2	锈蚀等级应符合现行国家标准《涂装前钢材表面锈蚀等级和除锈等级》GB 8923 规定的 C 级及 C 级以上	钢材端边或断口处不应有分层、夹渣

执行标准：《建筑施工扣件式钢管脚手架安全技术规范》JGJ 130—2011、《热轧型钢》GB /T 706—2008；《钢结构工程施工质量验收规范》GB 50205—2001 第 4.2.5 条。检验频率：全数。

检验： 日期： 审核：

脚手架搭设施工记录表（M-00-00-11-11）　　**表 10-13**

建设项目：	
单位工程：	第　页 共　页
施工日期：	
气候：晴 / 阴 / 小雨 / 大雨 / 暴雨 / 雪	风力：
施工负责人：	气温：
施工内容及施工范围（层号 / 构件名称 / 轴线区域）：	
施工人员培训及交底：	
施工间断情况记录与其他情况记录：	
执行标准：《建筑施工扣件式钢管脚手架安全技术规范》JGJ 130—2011。	

记录：　　　　　　　　　　审核：

表 10-14

地基承载力检验记录表（M-00-00-11-12）

建设项目：　　　　单位工程：　　　　第　　页 共　　页

标高	轴线范围	地基土质（天然或回填）	地基承载力设计值（N/mm^2）	搭设高度（m）	地基承载力检测值（N/mm^2）	立杆垫板或底座底面标高宜高于自然地面标高 50 ～ 100mm（是 / 否）	搭设场地必须平整坚实，并应符合下列规定：①回填土应分层回填，逐层夯实；②场地排水应顺畅，不应有积水（是 / 否）

执行标准：《建筑施工扣件式钢管脚手架安全技术规范》JGJ 130—2011 第 7.2.1 条～第 7.2.4 条。检验频率：在搭设脚手架之前。

检验：　　　　日期：　　　　审核：

扣件式钢管脚手架搭设安全检验记录表（M-00-00-11-13）　　　　**表 10-15**

建设项目：　　　　单位工程：　　　　第　页 共　页

检查内容	检验结论	检查内容	检验结论
9.0.1　安装与拆除人员必须是经考核合格的专业架子工。架子工应持证上岗。		9.0.11　脚手板铺设牢靠、严密，并应用安全网双层兜底，施工层以下每隔 10 m 安全网封闭。	
9.0.2　必须戴安全帽、系安全带、穿防滑鞋。		9.0.12　单、双排脚手架、悬挑式脚手架外围应用密目式安全网封闭，密目式安全网宜设置在脚手架外立杆的内侧，并应与架体绑扎牢固。	
9.0.3　构配件质量与搭设质量，按第 8 章规定进行检查验收，并应确认合格后使用。		9.0.13　严禁拆除杆件：主节点处的纵、横向水平杆，纵、横向扫地杆；连墙件。	
9.0.4　钢管上严禁打孔。		9.0.14　当在脚手架使用过程中开挖基础下的设备基础或管沟时，必须对脚手架采取加固措施。	
9.0.5　作业层上的施工荷载应符合设计要求，不得超载。不得将模板支架、缆风绳、泵送混凝土或砂浆的输送管固定在架体上；严禁悬挂起重设备，严禁拆除或移动架体上的安全防护设施。		9.0.15　满堂脚手架与满堂支撑架在安装过程中，应采取防倾覆的临时固定措施。	
9.0.6　满堂支撑架在使用过程中，应设有专人监护施工，当出现异常情况时，应立即停止施工，并应迅速撤离作业面上人员。		9.0.16　临街搭设脚手架时，应有防止坠物伤人的防护措施。	
9.0.7　满堂支撑顶部的实际荷载不得超过设计规定。		9.0.17　在脚手架上进行电、气焊作业时，必须有防火措施和专人看守。	
9.0.8　六级及以上强风、浓雾、雨或雪天应停止脚手架搭设与拆除作业。雨、雪、霜后上架作业应有防滑措施，并应扫除积雪。		9.0.18　临时用电线路的架设及脚手架接地、避雷措施等，应按现行行业标准《施工现场临时用电安全技术规范》JGJ 46—2005 的有关规定执行。	
9.0.9　夜间不宜进行脚手架的搭设与拆除作业。		9.0.19　搭、拆脚手架时，地面应设围栏和警戒标志，并派专人看守，严禁非操作人员入内。	
9.0.10　脚手架的安全检查与维护，按本规范第 8.2 节的规定进行。			

执行标准：《建筑施工扣件式钢管脚手架安全技术规范》JGJ 130—2011 第 9 章。

检验：　　　　日期：　　　　审核：

地基质量检验记录表（M–00–00–11–21A）　　　　表 10–16

建设项目：　　　　　　　　单位工程：　　　　　　　　第　页共　页

标高 / 层号	轴线范围	表面	排水	垫板（底座）	底座		扫脚杆离地（楼面）高度
		坚实平整	不积水	不晃动	不滑动	沉降≤ 10mm	

执行标准：《建筑施工扣件式钢管脚手架安全技术规范》JGJ 130—2011 第 8.2.1 条～第 8.2.4 条。检验频率：①基础完工后及脚手架搭设前；②作业层上施加荷载前；③每搭设完 6 ～ 8m 高度后；④达到设计高度后；⑤遇有六级及以上强风和大雨后，冻结地区解冻后；⑥停用超过 1 个月。

检验：　　　　　　日期：　　　　　　审核：

立杆垂直度检验记录表（M–00–00–11–21B）　　　　表 10–17

建设项目：

单位工程：　　　　　　　　第　页共　页

脚手架类型	单双排 / 满堂		脚手架总高度（m）			
层号 / 标高	轴线区域 1	轴线区域 2	检测高度（m）	允许偏差（mm）	检测方向	偏距（mm）
					X	
					Y	
					X	
					Y	
					X	
					Y	
					X	
					Y	
					X	
					Y	
					X	
					Y	
					X	
					Y	
					X	
					Y	

设备名称：　　　　　　设备型号：　　　　　　设备编号：

执行标准：《建筑施工扣件式钢管脚手架安全技术规范》JGJ 130—2011 第 8.2.1 条～第 8.2.4 条。检验频率：①基础完工后及脚手架搭设前；②作业层上施加荷载前；③每搭设完 6 ～ 8m 高度后；④达到设计高度后；⑤遇有六级及以上强风和大雨后，冻结地区解冻后；⑥停用超过 1 个月。

检验：　　　　　　日期：　　　　　　审核：

杆件间距检验记录表（M-00-00-11-21C）

表 10-18

建设项目：　　　　单位工程：　　　　第　　页 共　　页

层号 / 标高	轴线区间	步距 ±20mm		满堂架立杆间距 ±30mm		单双排纵向水平杆间距 ±50mm		单双排横向水平杆间距 ±20mm		立杆连接（mm）		水平杆连接	
		设计值		设计值		设计值		设计值		连接点离主节点的距离≤ $h/3$	非相邻立杆连接点间距≥ 500mm	纵向杆高差 ±20mm	横向杆高差 ±10mm
		实测	误差	实测	误差	实测	误差	实测	误差			实测	实测

执行标准：《建筑施工扣件式钢管脚手架安全技术规范》JGJ 130—2011 第 8.2.1 条～第 8.2.4 条。检验频率：①基础完工后及脚手架搭设前；②作业层上施加荷载前；③每搭设完 6 ～ 8m 高度后；④达到设计高度后；⑤遇有六级及以上强风和大雨后，冻结地区解冻后；⑥停用超过 1 个月。

检验：　　　　日期：　　　　审核：

剪刀撑检验记录表（M-00-00-11-21D）

表 10-19

建设项目： 单位工程： 第 页 共 页

层号 / 标高	轴线区间	斜杆跨越立杆的根数	斜杆连接（mm）		剪刀撑的设置（JGJ 130—2011 第 6.6.3 条）	双排脚手架斜撑
		45° 7 根 50° 6 根 60° 5 根	连接点离主节点的距离≤ $h/3$	非相邻立杆连接点间距≥ 500mm	高度在 24m 及以上的双排脚手架应在外侧全立面连续设置剪刀撑	高度在 24m 及以上的封闭脚手架除拐角应设置横向斜撑外，中间每隔 6 跨设置一道
					高度在 24m 以下的单、双排脚手架均须在外侧两端、转角及中间间隔不超过 15m 的立面上，各设置一道剪刀撑，并由底至顶连续设置	开口型双排脚手架的两端均必须设置横向斜撑

执行标准：《建筑施工扣件式钢管脚手架安全技术规范》JGJ 130—2011 第 6.6 节、第 8.2.1 条～第 8.2.4 条。检验频率：①基础完工后及脚手架搭设前；②作业层上施加荷载前；③每搭设完 6 ～ 8m 高度后；④达到设计高度后；⑤遇有六级及以上强风和大雨后，冻结地区解冻后；⑥停用超过 1 个月。

检验： 日期： 审核：

脚手板挑出长度检验记录表（M–00–00–11–21E）　　表 10–20

建设项目：

单位工程：　　　　第　　页 共　　页

层号 / 标高	轴线区域	脚手板外伸长度（mm）		孔洞
		对接：挑出总长度 $L \leqslant 300$mm，单边伸出长度 $a = 130 \sim 150$mm 搭接：总长度 $L \geqslant 200$mm，单边伸出长度 $a \geqslant 100$mm		$\leqslant 25$mm
		L	a	a

执行标准：《建筑施工扣件式钢管脚手架安全技术规范》JGJ 130—2011 第 8.2.1 条～第 8.2.4 条。检验频率：①基础完工后及脚手架搭设前；②作业层上施加荷载前；③每搭设完 6 ～ 8m 高度后；④达到设计高度后；⑤遇有六级及以上强风和大雨后，冻结地区解冻后；⑥停用超过 1 个月。

检验：　　　　日期：　　　　审核：

扣件间距检验记录表（M–00–00–11–21F）　　表 10–21

建设项目：

单位工程：　　　　第　　页 共　　页

层号 / 标高	轴线区间	主节点处各扣件中心点间 $\leqslant 150$mm	同步立杆上两个相隔对接扣件的高差 $\geqslant 500$mm	立杆上相隔对接扣件至主节点的距离 $\leqslant h/3$		纵向水平杆对接扣件相隔对接扣件至主节点的距离 $\leqslant l_a/3$	
				步高 h		立杆间距 l_a	

执行标准：《建筑施工扣件式钢管脚手架安全技术规范》JGJ 130—2011 第 8.2.1 条～第 8.2.4 条。检验频率：①基础完工后及脚手架搭设前；②作业层上施加荷载前；③每搭设完 6 ～ 8m 高度后；④达到设计高度后；⑤遇有六级及以上强风和大雨后，冻结地区解冻后；⑥停用超过 1 个月。

检验：　　　　日期：　　　　审核：

扣件扭矩检验记录表（M-00-00-11-21G）　　表 10-22

建设项目：

单位工程：　　第　页共　页

<table>
<tr><td>层号 / 标高</td><td>轴线区域</td><td colspan="4">扭矩（40 ~ 65N•m）（检查数量及合格判定见 JGJ 130—2011 第 8.2.5 条）</td></tr>
<tr><td rowspan="2"></td><td rowspan="4"></td><td></td><td></td><td></td><td></td></tr>
<tr><td></td><td></td><td></td><td></td></tr>
<tr><td rowspan="2"></td><td></td><td></td><td></td><td></td></tr>
<tr><td></td><td></td><td></td><td></td></tr>
</table>

设备名称：　　设备型号：　　设备编号：

执行标准：《建筑施工扣件式钢管脚手架安全技术规范》JGJ 130—2011 第 8.2.5 条。检验频率：见第 8.2.5 条。

检验：　　日期：　　审核：

连墙件间距检验记录表（M-00-00-11-22）　　表 10-23

建设项目：　　单位工程：　　第　页共　页

<table>
<tr><td>步距 h（m）</td><td colspan="3"></td><td>纵距 l_a（m）</td><td></td></tr>
<tr><td rowspan="4">层号 / 标高</td><td rowspan="4">轴线区间</td><td colspan="2">水平间距（m）</td><td colspan="2">竖向间距（m）</td></tr>
<tr><td colspan="2">≤ $3l_a$</td><td colspan="2">（1）< 4m；（2）<层高；（3）双排落地 ≤ 50m，≤ $3h$；（4）双排悬挑 > 50m，$2H$；（5）单排 ≤ 24m，$3H$</td></tr>
<tr><td>设计值（m）</td><td></td><td>设计值（m）</td><td></td></tr>
<tr><td colspan="2">实测值</td><td colspan="2">实测值</td></tr>
<tr><td></td><td></td><td colspan="2"></td><td colspan="2"></td></tr>
<tr><td></td><td></td><td colspan="2"></td><td colspan="2"></td></tr>
<tr><td></td><td></td><td colspan="2"></td><td colspan="2"></td></tr>
<tr><td></td><td></td><td colspan="2"></td><td colspan="2"></td></tr>
</table>

执行标准：《建筑施工扣件式钢管脚手架安全技术规范》JGJ 130—2011 第 6.4 节。

检验：　　日期：　　审核：

表 10-24

悬挑支撑结构检验记录表（M-00-00-11-23）

建设项目：　　　　单位工程：　　　　第　页 共　页

层号 / 标高	轴线区域	型钢长度（mm）		型钢截面形式	型钢截面尺寸 $B \times H \times T$（mm）		预埋固定钢筋直径（mm）		型钢固定位置 1（mm）		型钢固定位置 2（mm）	
		设计值	实测值	设计值	设计值	实测值	设计值	实测值	设计值	实测值	设计值	实测值

执行标准：《建筑施工门式钢管脚手架安全技术规范》JGJ 128—2010 第 8.2 节。检验频率：悬挑支撑搭设完毕。

检验：　　　　日期：　　　　审核：

脚手架拆除施工记录表（M–00–00–11–31） 表 10–25

建设项目：

单位工程： 第 页 共 页

施工日期：

气候：晴 / 阴 / 小雨 / 大雨 / 暴雨 / 雪 风力：

施工负责人： 气温：

施工内容及施工范围（层号 / 构件名称 / 轴线区域）：

施工人员培训及交底：

施工间断情况记录与其他情况记录：

拆除方案制定与批复：

第 7.4.1 条执行情况：

第 7.4.2 条执行情况：

第 7.4.3 条执行情况：

第 7.4.4 条执行情况：

执行标准：《建筑施工扣件式钢管脚手架安全技术规范》JGJ 130—2011 第 7.4.1 条～第 7.4.4 条。

记录： 审核：

扣件式钢管脚手架施工质量检验记录目录（M–00–00–11–00）　　表 10–26

建设项目：

单位工程：　　第　页共　页

工序	表格编号	表格名称	份数
1．构配件型号选用、生产厂家的确定与进场质量检验	M-00-00-00-01	原材料 / 成品 / 半成品选用表（钢管、扣件、脚手板、型钢型号选用、生产厂家的确定记录表）	
	M-00-00-00-02	原材料 / 成品 / 半成品进场检验记录表（钢管质量证明文件、生产厂家、数量检验记录表）	
	M-00-00-11-01A	钢管几何尺寸检验记录表	
	M-00-00-11-01B	钢管锈蚀深度检验记录表	
	M-00-00-11-01C	钢管外观检验记录表	
	M-00-00-11-01D	钢管抽样检验报告汇总表	
	M-00-00-00-02	原材料 / 成品 / 半成品进场检验记录表（扣件质量证明文件、生产厂家、数量检验记录表）	
	M-00-00-11-02A	扣件外观检验记录表	
	M-00-00-11-02B	扣件抽样检验报告汇总表	
	M-00-00-00-02	原材料 / 成品 / 半成品进场检验记录表（脚手板质量证明文件、生产厂家、数量检验记录表）	
	M-00-00-11-03A	脚踏板几何尺寸检验记录表	
	M-00-00-11-03B	脚踏板外观检验记录表	
	M-00-00-00-02	原材料 / 成品 / 半成品进场检验记录表（可调顶托质量证明文件、生产厂家、数量检验记录表）	
	M-00-00-11-04A	可调顶托几何尺寸检验记录表	
	M-00-00-11-04B	可调顶托外观检验记录表	
	M-00-00-00-02	原材料 / 成品 / 半成品进场检验记录表（型钢质量证明文件、生产厂家、数量检验记录表）	
	M-00-00-11-05A	型钢几何尺寸检验记录表	
	M-00-00-11-05B	型钢外观检验记录表	
	M-00-00-11-06 ～ M-00-00-11-09	预留	

施工技术负责人：　　日期：　　专业监理：

续表

建设项目：

单位工程： 第 页共 页

工序	表格编号	表格名称	份数
2. 脚手架搭设与施工质量检验	M-00-00-11-10	预留	
	M-00-00-11-11	脚手架搭设施工记录表	
	M-00-00-11-12	地基承载力检验记录表	
	M-00-00-11-13	扣件式钢管脚手架搭设安全检验记录表	
	M-00-00-11-14 ~ M-00-00-11-19	预留	
	M-00-00-11-20	预留	
	M-00-00-11-21A	地基质量检验记录表	
	M-00-00-11-21B	立杆垂直度检验记录表	
	M-00-00-11-21C	杆件间距检验记录表	
	M-00-00-11-21D	剪刀撑检验记录表	
	M-00-00-11-21E	脚手板挑出长度检验记录表	
	M-00-00-11-21F	扣件间距检验记录表	
	M-00-00-11-21G	扣件扭矩检验记录表	
	M-00-00-11-22	连墙件间距检验记录表	
	M-00-00-11-23	悬挑支撑结构检验记录表	
	M-00-00-11-24 ~ M-00-00-11-29	预留	
3. 脚手架拆除与质量检验	M-00-00-11-30	预留	
	M-00-00-11-31	脚手架拆除施工记录表	
	M-00-00-11-32 ~ M-00-00-11-39	预留	
	M-00-00-11-40 ~ M-00-00-11-49	预留	

施工技术负责人： 日期： 专业监理：

门架立杆外观检验记录表（M-00-00-12-01A）

表 10-27

建设项目：　　　　单位工程：　　　　第　　页 共　　页

进场日期：　　　　生产厂家 / 供货商：

序号	类别	弯曲（门架平面外）	裂纹	下凹	壁厚	端面不平整	锁销损坏	锁销间距	锈蚀	立杆尺寸变形（中 - 中）	下部堵塞	立杆下部长度
	A	≤ 4mm	无	无	≥ 2.2	≤ 0.3	无	±1.5mm	无或轻微	±5mm	无或轻微	≤ 400mm
	B	> 4mm	微小	轻微	—	—	损伤或脱落	> 1.5mm 或者 < − 1.5mm	有	> 5mm 或者 < − 5mm	较严重	> 400mm
	C	—	—	较严重	—	—	—	—	较严重	—	—	—
	D	—	有	≥ 4mm	< 2.2	> 0.3mm	—	—	深度 > 0.3mm	—	—	—

执行标准：《建筑施工门式钢管脚手架安全技术规范》JGJ 128—2010 附录 A。 检验频率：全数。

检验：　　　　日期：　　　　审核：

表 10–28

门架横杆、加强杆外观检验记录表（M–00–00–12–01B）

建设项目：　　　　单位工程：　　　　第　页共　页

进场日期：　　　　生产厂家 / 供货商：

序号	类别	横杆					加强杆				其他
	类别	弯曲	裂纹	下凹	锈蚀	壁厚	弯曲	裂纹	下凹	锈蚀	焊接脱落
	A	无或轻微	无	无或轻微	无或轻微	≥ 2mm	无或轻微	无	无或轻微	无或轻微	无
	B	严重	轻微	≤ 3mm	有	—	严重	有	有	有	轻微缺陷
	C	—	—	—	较严重	—	—	—	—	较严重	严重
	D	—	有	≥ 3mm	深度 > 0.3mm	< 2mm	—	—	—	深度 > 0.3mm	—

执行标准：《建筑施工门式钢管脚手架安全技术规范》JGJ 128—2010 附录 A。检验频率：100%。

检验：　　　　日期：　　　　审核：

C类门架抽样检验报告汇总表（M-00-00-12-01C）　　表10-29

建设项目：　　单位工程：

分部/子分部工程：　　分项工程：　　第　页共　页

序号	进场日期	规格型号	数量	生产厂家/供货商	C类门架总数	送检门架数	试验报告编号	试验报告结论

附件：C类门架抽样检验报告。

执行标准：《建筑施工门式钢管脚手架安全技术规范》JGJ 128—2010附录A。检验频率：门架数少于300件时，抽样数不少于3件；门架数大于300件时，抽样数不少于5件。

填报：　　日期：　　审核：　　监理：

扣件外观检验记录表（M-00-00-12-02A）　　表10-30

建设项目：　　单位工程：　　第　页共　页

进场日期：　　进场数量：　　供货商：

序号	防锈处理	无裂缝	无变形	无螺栓滑丝	与钢管接触部分无氧化皮	活动部位灵活	旋转面间隙≤1mm

执行标准：《建筑施工扣件式钢管脚手架安全技术规范》JGJ 130—2011第8.1.3条、第8.1.4条、附录D。检验频率：100%。

检验：　　日期：　　审核：

扣件抽样检验报告汇总表（M-00-00-12-02B）　　表 10-31

建设项目：　　　　　　　　　　　　单位工程：

分部 / 子分部工程：　　　　　　　　分项工程：　　　　　　　　第　页 共　页

序号	进场日期	数量（个）	生产厂家 / 供货商	送检试件组数	每组个数	试验报告编号	试验报告结论

附件：扣件抽样检验报告。

执行标准：《建筑施工扣件式钢管脚手架安全技术规范》JGJ 130—2011 第 8.1.3 条、第 8.1.4 条、附录 D。检验频率：执行《钢管脚手架扣件》GB 15831—2006 的规定。

填报：　　　　　　　日期：　　　　　　　审核：　　　　　　　监理：

脚手板外观检验记录表（M-00-00-12-03A）　　表 10-32

建设项目：　　　　　　　　　　　　单位工程：　　　　　　　　第　页 共　页

进场日期：　　　　　　　　　　　　生产厂家 / 供货商：

	类别	脚手板				搭钩零件						其他	
		裂纹	下凹	锈蚀	壁厚	裂纹	锈蚀	铆钉损坏	弯曲	下凹	锁扣损坏	脱焊	整体翘曲、变形
序号	A	无	无或轻微	无或轻微	≥ 1.0mm	无	无或轻微	无	无	无	无	无	无
	B	轻微	有	有	—	—	有	损伤、脱落	轻微	轻微	损伤、脱落	轻微	轻微
	C	较严重	较严重	较严重	—	—	较严重	—	—	—	—	—	—
	D	严重	—	深度＞0.2mm	＜ 1mm	有	深度＞0.2mm	—	严重	严重	—	严重	严重

执行标准：《建筑施工门式钢管脚手架安全技术规范》JGJ 128—2010 附录 A。检验频率：100%。

检验：　　　　　　　日期：　　　　　　　审核：

C 类脚手板抽样检验报告汇总表（M-00-00-12-03B）　　表 10-33

建设项目：　　单位工程：

分部 / 子分部工程：　　分项工程：　　第　页 共　页

序号	进场日期	规格型号	数量	生产厂家 / 供货商	C 类脚手板总数	送检脚手板数	试验报告编号	试验报告结论

附件：C 类脚手板抽样检验报告。

执行标准：《建筑施工门式钢管脚手架安全技术规范》JGJ 128—2010 附录 A。检验频率：C 类脚手板少于 300 件时，抽样数不少于 3 件，C 类脚手板大于 300 件时，抽样数不少于 5 件。

填报：　　日期：　　审核：　　监理：

可调底座、托座外观检验记录表（M-00-00-12-04A）　　表 10-34

建设项目：　　单位工程：　　第　页 共　页

进场日期：　　进场数量：　　生产单位 / 供货商：

序号	类别	螺杆			扳手、螺母			底板		
		螺牙缺损	弯曲	锈蚀	扳手断裂	螺母转动困难	锈蚀	翘曲	与螺杆不垂直	锈蚀
	A	无或轻微	无	无或轻微	无	无或轻微	无或轻微	无或轻微	无或轻微	无或轻微
	B	有	轻微	有	轻微	有	有	有	有	有
	C	—	—	较严重	—	—	较严重	—	—	较严重
	D	严重	严重	严重	—	严重	严重	—	—	严重

执行标准：《建筑施工门式钢管脚手架安全技术规范》JGJ 128—2010 附录 A。检验频率：100%。

检验：　　日期：　　审核：

C 类可调底座、托座抽样检验报告汇总表（M–00–00–12–04B） **表 10–35**

建设项目： 单位工程：

分部 / 子分部工程： 分项工程： 第 页 共 页

序号	进场日期	规格型号	数量	生产厂家 / 供货商	C 类可调底座、托座总数	送检可调底座、托座数	试验报告编号	试验报告结论

附件：C 类可调底座、托座抽样检验报告。

执行标准：《建筑施工门式钢管脚手架安全技术规范》JGJ 128—2010 附录 A。检验频率：C 类可调底座、托座少于 300 件时，抽样数不少于 3 件，C 类可调底座、托座大于 300 件时，抽样数不少于 5 件。

填报： 日期： 审核： 监理：

交叉支撑外观检验记录表（M–00–00–12–05A）　　　　表 10–36

建设项目：

单位工程：　　　　　　　　　　　　　　　　第　　页 共　　页

进场日期：　　　　　　　　生产厂家 / 供货商：

序号	类别	弯曲	端部孔周裂纹	下凹	中部铆钉脱落	锈蚀
	A	≤ 3mm	无	无或轻微	无	无或轻微
	B	＞ 3mm	轻微	有	有	有
	C	—	—	—	—	较严重
	D	—	严重	严重	—	严重

执行标准：《建筑施工门式钢管脚手架安全技术规范》JGJ 128—2010 附录 A。检验频率：100%。

检验：　　　　　　　　日期：　　　　　　　　审核：

C 类交叉支撑抽样检验报告汇总表（M-00-00-12-05B） 表 10-37

建设项目： 单位工程：

分部 / 子分部工程： 分项工程： 第 页共 页

序号	进场日期	规格型号	数量	生产厂家 / 供货商	C 类交叉支撑总数	送检交叉支撑数	试验报告编号	试验报告结论

附件：C 类交叉支撑抽样检验报告。

执行标准：《建筑施工门式钢管脚手架安全技术规范》JGJ 128—2010 附录 A。检验频率：C 类交叉支撑少于 300 件时，抽样数不少于 3 件，C 类交叉支撑大于 300 件时，抽样数不少于 5 件。

填报： 日期： 审核： 监理：

连接棒外观检验记录表（M-00-00-12-06A）　　表 10-38

建设项目：

单位工程：　　　　第　　页 共　　页

进场日期：　　　　生产厂家 / 供货商：

序号	类别	弯曲	锈蚀	凸环脱落	凸环倾斜
	A	无或轻微	无或轻微	无	≤ 0.3mm
	B	有	有	轻微	＞ 0.3mm
	C	—	较严重	—	—
	D	严重	深度≥ 0.2mm	—	—

执行标准：《建筑施工门式钢管脚手架安全技术规范》JGJ 128—2010 附录 A。检验频率：100%。

检验：　　　　日期：　　　　审核：

C 类连接棒抽样检验报告汇总表（M–00–00–12–06B） 表 10–39

建设项目： 单位工程：

分部 / 子分部工程： 分项工程： 第 页 共 页

序号	进场日期	规格型号	进场数量	生产厂家 / 供货商	C 类连接棒总数	送检连接棒数	试验报告编号	试验报告结论

附件：C 类连接棒抽样检验报告。

执行标准：《建筑施工门式钢管脚手架安全技术规范》JGJ 128—2010 附录 A。检验频率：C 类连接棒少于 300 件时，抽样数不少于 3 件，C 类连接棒大于 300 件时，抽样数不少于 5 件。

填报： 日期： 审核： 监理：

型钢几何尺寸检验记录表（M–00–00–12–07A） 表 10–40

建设项目： 单位工程： 第 页 共 页

进场日期： 生产厂家：

规格型号	截面宽度（mm）			截面高度（mm）			截面厚度（mm）			型钢长度（m）					
	允许误差：			允许误差：			允许误差：			允许误差：			允许误差：		
	设计	实测	误差	设计	实测	误差	设计	实测	误差	设计	实测	误差	设计	实测	误差

执行标准：《建筑施工扣件式钢管脚手架安全技术规范》JGJ 130—2011 第 8.1.6 条、第 3.5.1 条；《钢结构施工质量验收规范》GB 50205—2001 第 4.2.4 条。检验频率：每一品种、规格的型钢抽查 5 处。

检验： 日期： 审核：

表 10-41

型钢外观检验记录表（M-00-00-12-07B）

建设项目：　　　　单位工程：　　　　第　　页 共　　页

序号	进场日期	规格型号	数量	生产厂家	表面标记	钢材厚度负允许偏差（mm）	锈蚀、麻点或划痕等缺陷深度（mm）：不得大于该钢材厚度负允许偏差的 1/2	锈蚀等级应符合现行国家标准《涂装前钢材表面锈蚀等级和除锈等级》GB/T 8923.1—2011 规定的 C 级及 C 级以上	钢材端边或断口处不应有分层、夹渣

执行标准：《热轧型钢》GB /T 706—2008；《钢结构施工质量验收规范》GB 50205—2001 第 4.2.5 条。检验频率：100%。

检验：　　　　日期：　　　　审核：

脚手架搭设施工记录表（M–00–00–12–11）　　表 10–42

建设项目：

单位工程：　　第　页共　页

施工日期：

气候：晴 / 阴 / 小雨 / 大雨 / 暴雨 / 雪　　风力：

施工负责人：　　气温：

施工内容及施工范围（层号 / 构件名称 / 轴线区域）：

施工人员培训及交底：

施工间断情况记录与其他情况记录：

执行标准：《建筑施工门式钢管脚手架安全技术规范》JGJ 128—2010。

记录：　　审核：

表 10-43

地基承载力检验记录表（M-00-00-12-12）

建设项目：　　　　　　　　　　单位工程：　　　　　　　　　　第　　页 共　　页

标高 / 层号	轴线范围	第 6.8.1 条			第 6.8.2 条	第 6.8.3 条	第 6.8.4 条
		搭设高度	地基土质	检验结果	搭设场地必须平整坚实，并应符合下列规定：①回填土应分层回填，逐层夯实；②场地排水应顺畅，不应有积水	地面标高宜高于自然地面标高 50 ～ 100mm	搭设在楼面等建筑结构上时，门架立杆下宜铺设垫板

执行标准：《建筑施工门式钢管脚手架安全技术规范》JGJ 128—2010 第 6.8 节。检验频率：搭设脚手架之前检验。

检验：　　　　　　　　日期：　　　　　　　　审核：

门式钢管脚手架搭设安全检验记录表（M-00-00-12-13）

表 10-44

建设项目：　　　　单位工程：　　　　第　页共　页

检查内容	检验结论	检查内容	检验结论
9.0.1　搭拆门式脚手架或模板支架应由专业架子工担任，并应按住房和城乡建设部特种作业人员考试管理规定考核合格，持证上岗。上岗人员应定期进行体检，凡不适应登高作业者，不得上架操作。		9.0.10　当施工需要，脚手架的交叉支撑可在门架一侧局部临时拆除，但在该门架单元上下应设置水平加固杆或挂扣式脚手板，在施工完成后应立即恢复安装交叉支撑。	
9.0.2　搭设架体时，施工作业层应铺设脚手板，操作人员应站在临时设置的脚手板上进行作业，并应按规定使用安全防护用品，穿防滑鞋。		9.0.11　应避免装卸物料对门式脚手架或模板支架产生偏心、振动和冲击荷载。	
9.0.3　门式脚手架与模板支架作业层严禁超载。		9.0.12　外侧应设置密目式安全网，网间应严密，防止坠物伤人。	
9.0.4　严禁将模板支架、缆风绳、泵送混凝土管、卸料平台等固定在门式脚手架上。		9.0.13　门式脚手架与架空输电线路的安全距离，临时用电线路的架设及脚手架接地、避雷措施等，应按现行行业标准《施工现场临时用电安全技术规范》JGJ 46 的有关规定执行。	
9.0.5　六级及以上强风应停止架上作业，雨、雪、雾天应停止脚手架的搭拆作业；雨、雪、霜后上架作业应采取有效的防滑措施，并应扫除积雪。		9.0.14　在脚手架上进行电、气焊作业时，必须有防火措施和专人看守。	
9.0.6　门式脚手架与模板支架在使用期间，当遇见可能有强风天气所产生的风压值超出设计的基本风压值时，对架体应采取临时加固措施。		9.0.15　不得攀爬门式脚手架。	
9.0.7　脚手架使用期间，脚手架基础附近严禁进行挖掘作业。		9.0.16　搭、拆脚手架时，地面应设围栏和警戒标志，并派专人看守，严禁非操作人员入内。	
9.0.8　满堂脚手架与模板支架的交叉支撑和加固杆，在施工期间禁止拆除。		9.0.17　对门式脚手架与模板支架应进行日常性的检查和维护，架体上的建筑垃圾或杂物应及时清理。	
9.0.9　在使用期间，不应拆除加固杆、连墙件、转角处连接杆、通道口斜撑杆等加固杆件。			

执行标准：《建筑施工门式钢管脚手架安全技术规范》JGJ 128—2010 第 9 章。

检验：　　　　日期：　　　　审核：

表 10-45

地基质量检验记录表（M-00-00-12-21A）

建设项目：　　　　单位工程：　　　　第　页 共　页

标高 / 层号	轴线范围	表面	排水	垫板	底座		
		坚实平整	不积水	稳固	不滑动	无沉降	调节螺杆高度 ≤ 200mm

执行标准：《建筑施工门式钢管脚手架安全技术规范》JGJ 128—2010 第 8.2.5 条。检验频率：100%。

检验：　　　　日期：　　　　审核：

门架基础轴线位置检验记录表（M–00–00–12–21B） 表 10–46

建设项目：

单位工程： 第 页 共 页

纵向轴线偏差：±20mm		横向轴线偏差：±10mm					
标高	控制点轴线位置	距控制点 X 距离			距控制点 Y 距离		
		设计	实测	差值	设计	实测	差值

执行标准：《建筑施工门式钢管脚手架安全技术规范》JGJ 128—2010 第 8.2 节。检验频率：门架搭设前。

检验： 日期： 审核：

门架立杆轴线位置检验记录表（M–00–00–12–21C） 表 10–47

建设项目：

单位工程： 第 页 共 页

立杆与底座轴线偏差≤ 2mm		上、下榀立杆轴线偏差≤ 2mm		
标高 / 层号	控制点轴线位置	距控制点距离 X（mm）	距控制点距离 Y（mm）	轴线偏差（mm）

执行标准：《建筑施工门式钢管脚手架安全技术规范》JGJ 128—2010 第 8.2 节。检验频率：①门架搭设完毕或每搭设两个楼层高度；②满堂脚手架、模板支架搭设完毕或每搭设 4 步高度。

检验： 日期： 审核：

门架立杆垂直度检验记录表（M-00-00-12-21D）　　　**表 10-48**

建设项目：

单位工程：　　　　　　　　　　　　第　　页 共　　页

每步架高度 h（m）			脚手架总高度 H（m）	
每步架≤ h/500：±3mm		整体≤ h/500：±50mm		
层号 / 标高	轴线位置	检测高度（m）	检测方向	偏距（mm）
			X	
			Y	
			X	
			Y	

设备名称：　　　　　　　设备型号：　　　　　　　设备编号：

执行标准：《建筑施工门式钢管脚手架安全技术规范》JGJ 128—2010 第 8.2 节。检验频率：①门架搭设完毕或每搭设两个楼层高度；②满堂脚手架、模板支架搭设完毕或每搭设 4 步高度。

检验：　　　　　　　日期：　　　　　　　审核：

门架水平度检验记录表（M-00-00-12-21E）　　　**表 10-49**

建设项目：

单位工程：　　　　　　　　　　　　第　　页 共　　页

一跨距内两榀门架高差：±5mm		整体：±50mm
层号 / 标高	轴线区域	高差（mm）

设备名称：　　　　　　　设备型号：　　　　　　　设备编号：

执行标准：《建筑施工门式钢管脚手架安全技术规范》JGJ 128—2010 第 8.2 节。检验频率：①门架搭设完毕或每搭设两个楼层高度；②满堂脚手架、模板支架搭设完毕或每搭设 4 步高度。

检验：　　　　　　　日期：　　　　　　　审核：

连墙件间距检验记录表（M–00–00–12–21F） 表 10–50

建设项目：

单位工程： 第 页共 页

第 6.5.5 条：连墙件宜水平设置，当不能水平设置时，与脚手架连接的一端，应低于与建筑结构连接的一端，连墙杆的坡度宜小于 1 ∶ 3。

步距 h（m）				跨距 L（m）	
序号	脚手架搭设方式	脚手架搭设高度（m）	连墙件间距（m）		每根连墙件覆盖面积（m^2）
			竖向	水平向	
1	落地、密目式安全网全封闭	≤ 40	$3h$	$3L$	≤ 40
2		＞ 40	$2h$	$3L$	≤ 27
3	悬挑、密目式安全网全封闭	≤ 40	$3h$	$3L$	≤ 40
4		40 ～ 60	$2h$	$3L$	≤ 27
5		＞ 60	$2h$	$2L$	≤ 20

水平间距与竖向间距允许误差：±300mm；与门架横杆距离≤ 200mm

水平间距设计值（mm）				竖向间距设计值（mm）			
层号 / 标高	轴线区间	水平间距（mm）		竖向间距（mm）		门架横杆距离（mm）	
		实测值	差值	实测值	差值	实测值	差值

执行标准：《建筑施工门式钢管脚手架安全技术规范》JGJ 128—2010 第 6.5 节、第 8.2 节。检验频率：门架搭设完毕或每搭设两个楼层高度。

检验： 日期： 审核：

门架跨距、间距检验记录表（M-00-00-11-21G） 表 10-51

建设项目： 单位工程： 第 页 共 页

层号 / 标高	轴线区间	门架跨距：±			门架间距：±		
		设计值	实测	误差	设计值	实测	误差

执行标准：《建筑施工门式钢管脚手架安全技术规范》JGJ 128—2010 第 8.2 节。检验频率：①门架搭设完毕或每搭设两个楼层高度；②满堂脚手架、模板支架搭设完毕或每搭设 4 步高度。

检验： 日期： 审核：

剪刀撑检验记录表（M-00-00-12-21H） 表 10-52

建设项目： 单位工程： 第 页 共 页

层号 / 标高	轴线区间	剪刀撑的设置位置	斜杆角度	斜杆搭接长度（mm）	剪刀撑的宽度（m）
		高度在 24m 以下时，在脚手架转角处、两端、中间间隔不超过 15m 的立面上，各设置一道剪刀撑，并由底至顶连续设置。	45°～60°	≥ 1000，采用 3 个及以上旋转扣件扣紧	≥ 4 个跨距，≥ 6m
		高度在 24m 及以上的双排脚手架应在外侧全立面连续设置剪刀撑。			≤ 6 个跨距，≤ 10m
		悬挑脚手脚，在外侧全立面连续设置剪刀撑。			设置连续剪刀撑的斜杆水平间距宜为 6 ～ 8m。

执行标准：《建筑施工门式钢管脚手架安全技术规范》JGJ 128—2010 第 6.3.1 条、 第 6.3.2 条、第 8.2 节。检验频率：①门架搭设完毕或每搭设两个楼层高度；②满堂脚手架、模板支架搭设完毕或每搭设 4 步高度。

检验： 日期： 审核：

水平加固杆检验记录表（M-00-00-11-21K）

表 10-53

建设项目：　　　　单位工程：　　　　第　页共　页

层号 / 标高	轴线区间	JGJ 128—2010 第 6.3.3 条：应在门架两侧的立杆上设置纵向水平加固杆					JGJ 128—2010 第 6.3.4 条
		在顶层、连墙件设置层必须设置。	当每步铺设挂件式脚手板时，至少每 4 步应设置一道。	搭设高度≤ 40m 时，至少每 2 步门架应设置一道。 搭设高度＞ 40m 时，每步门架应设置一道。	在脚手架转角处、开口型脚手架的端部的两个跨距内，每步门架应设置一道。	在纵向水平加固杆设置层面上应设置一道。	底层门架下端应设置纵、横通长的扫地杆。纵向扫地杆应固定在距门架立杆底部不大于 200mm 处的门架立杆上，横向扫地杆宜固定在紧靠纵向扫地杆下方的门架立杆上。

执行标准：《建筑施工门式钢管脚手架安全技术规范》JGJ 128—2010 第 6.3.3 条、第 6.3.4 条、第 8.2 节。检验频率：①门架搭设完毕或每搭设两个楼层高度；②满堂脚手架、模板支架搭设完毕或每搭设 4 步高度。

检验：　　　　日期：　　　　审核：

转角处门架连接检验记录表（M-00-00-12-21L）

表 10-54

建设项目：　　　　单位工程：　　　　第　页共　页

层号 / 标高	轴线区间	第 6.4.1 条	第 6.4.2 条	第 6.4.3 条	第 6.5.3 条
		门式脚手架内、外两侧立杆上应按步设置水平连接杆、斜撑杆，将转角处的两榀门架连成一体。	连接杆、斜撑杆应采用钢管，其规格应与水平加固杆相同。	连接杆、斜撑杆应采用扣件与门架立杆及水平加固杆扣紧。	必须增设连墙件，连墙件的垂直间距不应大于建筑物的层高，且≤ 4m。

执行标准：《建筑施工门式钢管脚手架安全技术规范》JGJ 128—2010 第 6.4 节、第 6.5.3 条、第 8.2 节。检验频率：① 门架搭设完毕或每搭设两个楼层高度；② 满堂脚手架、模板支架搭设完毕或每搭设 4 步高度。

检验：　　　　日期：　　　　审核：

脚手板检验记录表（M-00-00-12-21M）　　　　表 10-55

建设项目：

单位工程：　　　　第　页 共　页

层号 / 标高	轴线区域	脚手板外伸长度（mm）		孔洞
		对接：挑出总长度 $L \leqslant 300$，单边伸出长度 $a = 130 \sim 150$mm		≤ 25mm
		搭接：总长度 $L \geqslant 200$，单边伸出长度 $a \geqslant 100$		
		L	a	a

执行标准：《建筑施工门式钢管脚手架安全技术规范》JGJ 128—2010 第 8.2.5 条，《建筑施工扣件式钢管脚手架安全技术规范》JGJ 130—2011 第 8.2.1 条～第 8.2.4 条。检验频率：① 门架搭设完毕或每搭设两个楼层高度；② 满堂脚手架、模板支架搭设完毕或每搭设 4 步高度。

检验：　　　　日期：　　　　审核：

施工层防护栏杆、挡脚板检验记录表（M-00-00-12-21N）　　　　表 10-56

建设项目：

单位工程：　　　　第　页 共　页

层号 / 标高	轴线区域	防护栏杆高度		挡脚板高度	
		设计值		设计值	
		实测	误差	实测	误差

执行标准：《建筑施工门式钢管脚手架安全技术规范》JGJ 128—2010 第 8.2 节。检验频率：施工层搭设完毕。

检验：　　　　日期：　　　　审核：

扣件扭矩检验记录表（M-00-00-12-21P）　　表 10-57

建设项目：

单位工程：　　　　　　　　　　第　页共　页

层号 / 标高	轴线区域	扭矩（40 ～ 65N·m）；检查数量及合格判定见 JGJ 130—2011 第 8.2.5 条。				

设备名称：　　　　设备型号：　　　　设备编号：

执行标准：《建筑施工扣件式钢管脚手架安全技术规范》JGJ 130—2011 第 8.2.5 条。检验频率：参见 JGJ 130—2011 第 8.2.5 条。门式钢管脚手架扣件扭矩检测同"扣件式钢管脚手架"，按《建筑施工扣件式钢管脚手架安全技术规范》JGJ 130—2011 的要求控制。

检验：　　　　日期：　　　　审核：

悬挑支撑结构检验记录表（M–00–00–12–22）　　**表 10–58**

建设项目：　　单位工程：　　第　页 共　页

层号 / 标高	轴线区域	型钢长度（mm）		型钢截面形式	型钢截面尺寸 $B \times H \times T$（mm）		预埋固定钢筋直径（mm）		型钢固定位置 1（mm）		型钢固定位置 2（mm）	
		设计值	实测值	设计值	设计值	实测值	设计值	实测值	设计值	实测值	设计值	实测值

执行标准：《建筑施工门式钢管脚手架安全技术规范》JGJ 128—2010 第 8.2 节。检验频率：悬挑支撑搭设完毕。

检验：　　日期：　　审核：

脚手架拆除施工记录表（M-00-00-12-31）　　表 10-59

建设项目：	
单位工程：	第　页共　页
施工日期：	
气候：晴 / 阴 / 小雨 / 大雨 / 暴雨 / 雪	风力：
施工负责人：	气温：
施工内容及施工范围（层号 / 构件名称 / 轴线区域）：	
施工人员培训及交底：	
施工间断情况记录与其他情况记录：	
拆除方案制定与批复：	
第 8.4.1 条执行情况：	
第 8.4.2 条执行情况：	
第 8.4.3 条执行情况：	
执行标准：《建筑施工门式钢管脚手架安全技术规范》JGJ 128—2010 第 8.4.1 条～第 8.4.3 条。	

记录：　　审核：

门式钢管脚手架施工质量检验记录目录（M–00–00–12–00）　　表 10–60

建设项目：

单位工程：　　第　页共　页

工序	表格编号	表格名称	份数
1. 构配件型号选用、生产厂家的确定与进场质量检验	M-00-00-00-01	原材料 / 成品 / 半成品选用表（门架立杆、横杆、加强杆、扣件、型钢、脚手板、连接棒、可调底座、托座型号选用、生产厂家的确定记录表）	
	M-00-00-00-02	原材料 / 成品 / 半成品进场检验记录表（门架立杆、横杆、加强杆质量证明文件、生产厂家、数量检验记录表）	
	M-00-00-12-01A	门架立杆外观检验记录表	
	M-00-00-12-01B	门架横杆、加强杆外观检验记录表	
	M-00-00-12-01C	C 类门架抽样检验报告汇总表	
	M-00-00-00-02	原材料 / 成品 / 半成品进场检验记录表（扣件质量证明文件、生产厂家、数量检验记录表）	
	M-00-00-12-02A	扣件外观检验记录表	
	M-00-00-12-02B	扣件抽样检验报告汇总表	
	M-00-00-00-02	原材料 / 成品 / 半成品进场检验记录表（脚手板质量证明文件、生产厂家、数量检验记录表）	
	M-00-00-12-03A	脚手板外观检验记录表	
	M-00-00-12-03B	C 类脚手板抽样检验报告汇总表	
	M-00-00-00-02	原材料 / 成品 / 半成品进场检验记录表（可调底座、托座质量证明文件、生产厂家、数量检验记录表）	
	M-00-00-12-04A	可调底座、托座外观检验记录表	
	M-00-00-12-04B	C 类可调底座、托座抽样检验报告汇总表	
	M-00-00-00-02	原材料 / 成品 / 半成品进场检验记录表（交叉支撑质量证明文件、生产厂家、数量检验记录表）	
	M-00-00-12-05A	交叉支撑外观检验记录表	
	M-00-00-12-05B	C 类交叉支撑抽样检验报告汇总表	
	M-00-00-00-02	原材料 / 成品 / 半成品进场检验记录表（连接棒质量证明文件、生产厂家、数量检验记录表）	
	M-00-00-12-06A	连接棒外观检验记录表	
	M-00-00-12-06B	C 类连接棒抽样检验报告汇总表	
	M-00-00-00-02	原材料 / 成品 / 半成品进场检验记录表（型钢质量证明文件、生产厂家、数量检验记录表）	
	M-00-00-12-07A	型钢几何尺寸检验记录表	
	M-00-00-12-07B	型钢外观检验记录表	
	M-00-00-11-08 ～ M-00-00-11-09	预留	

施工技术负责人：　　日期：　　专业监理：

续表

建设项目：

单位工程：　　　　　　　　　　　　　　　　　　　　　　　　　　　　第　页 共　页

工序	表格编号	表格名称	份数
2. 脚手架搭设与质量检验	M-00-00-12-10	预留	
	M-00-00-12-11	脚手架搭设施工记录表	
	M-00-00-12-12	地基承载力检验记录表	
	M-00-00-12-13	门式钢管脚手架搭设安全检验记录表	
	M-00-00-12-14 ～ M-00-00-12-19	预留	
	M-00-00-12-20	预留	
	M-00-00-12-21A	地基质量检验记录表	
	M-00-00-12-21B	门架基础轴线位置检验记录表	
	M-00-00-12-21C	门架立杆轴线位置检验记录表	
	M-00-00-12-21D	门架立杆垂直度检验记录表	
	M-00-00-12-21E	门架水平度检验记录表	
	M-00-00-12-21F	连墙件间距检验记录表	
	M-00-00-12-21G	门架跨距、间距检验记录表	
	M-00-00-12-21H	剪刀撑检验记录表	
	M-00-00-12-21K	水平加固杆检验记录表	
	M-00-00-12-21L	转角处门架连接检验记录表	
	M-00-00-12-21M	脚手板检验记录表	
	M-00-00-12-21N	施工层防护栏杆、挡脚板检验记录表	
	M-00-00-12-21P	扣件扭矩检验记录表	
	M-00-00-12-22	悬挑支撑结构检验记录表	
	M-00-00-12-23 ～ M-00-00-12-29	预留	
3. 脚手架拆除与质量检验	M-00-00-12-30	预留	
	M-00-00-12-31	脚手架拆除施工记录表	
	M-00-00-12-32 ～ M-00-00-12-49	预留	

施工技术负责人：　　　　　　　　日期：　　　　　　　　专业监理：

第 11 章 通用工序——钢筋连接施工质量检验程序设计及应用

钢筋连接工序涉及多个分部、分项工程，因此将其设计为通用工序，供各相应分部、分项工程统一引用。

钢筋有多种连接方式。连接方式不同，其相应的控制内容与标准也不同。因此根据钢筋连接方式的不同设计不同的工序施工质量检验程序。考虑钢筋连接方法的多样性，钢筋连接工序编号预留范围为 21 ～ 29，本章中包含 3 种连接方法：钢筋焊接连接、钢筋套筒连接、钢筋套筒灌浆连接。本章内容主要应用在钢筋分项与装配结构分项。

11.1 通用工序——钢筋焊接连接施工质量检验程序设计及应用

11.1.1 通用工序——钢筋焊接连接施工质量检验程序设计

本工序检验程序分 3 个步骤：① 焊条型号选用、生产厂家的确定与进场质量检验；② 钢筋焊接与质量检验；③ 钢筋焊接连接施工质量检验记录审核。

钢筋焊接连接施工质量检验程序 P-00-00-21 如图 11-1 所示。

检验步骤	监理工作
B-1　焊条型号选用、生产厂家的确定：M-00-00-00-01，按 JGJ 18—2012 第 3.0.3 ～ 3.0.5 选用	1．专业监理审核； 2．总监理工程师（代表）抽查
C-1　焊条进场质量检验：按 JGJ 18—2012 第 3 章的规定检验质量证明文件、数量、生产厂家、几何尺寸、外观等检验：M-00-00-00-02；焊条外观检验：M-00-00-21-01	1．专业监理 / 监理员旁站取样； 2．专业监理 / 监理员旁站检验、抽检； 3．专业监理审核； 4．总监理工程师（代表）抽查
B-2　钢筋焊接连接：按 JGJ 18—2012 第 4 章的规定施工 1．钢筋焊接施工：M-00-00-21-11 2．钢筋焊接接头抽样检验报告汇总：M-00-00-21-10 3．钢筋焊接安全检验：M-00-00-21-13	1．专业监理 / 监理员旁站检验、抽检； 2．专业监理审核； 3．总监理工程师（代表）抽查
C-2　钢筋焊接质量检验：按 JGJ 18—2012 第 5 章的规定检验 1．钢筋焊接接头抽样检验报告汇总：M-00-00-21-10 2．钢筋焊接骨架和焊接网外观检验：M-00-00-21-21 3．钢筋焊接连接接头质量检验：	1．专业监理 / 监理员旁站检验、抽检； 2．专业监理审核； 3．总监理工程师（代表）抽查

图 11-1　钢筋焊接连接施工质量检验程序 P-00-00-21（一）

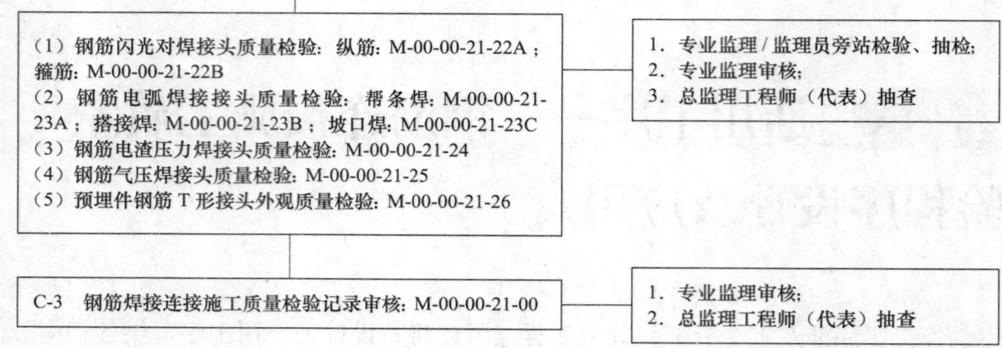

图 11-1 钢筋焊接连接施工质量检验程序 P-00-00-21（二）

11.1.2 通用工序——钢筋焊接连接施工质量检验程序应用

1. 焊条型号选用、生产厂家的确定与进场质量检验

（1）规范条文

焊条型号选用、生产厂家的确定与进场质量检验根据《钢筋焊接及验收规程》JGJ 18—2012 第 3.0.3 条～第 3.0.7 条的规定执行。

（2）表格设计

1）原材料 / 成品 / 半成品选用表（焊条型号选用、生产厂家的确定记录表）（M-00-00-00-01），见附录 1 附表 1-2。

2）原材料 / 成品 / 半成品进场检验记录表（焊条质量证明文件、生产厂家、数量检验记录表）（M-00-00-00-02），见附录 1 附表 1-3。

3）焊条外观检验记录表（M-00-00-21-01），见表 11-1。

2. 钢筋焊接与质量检验

（1）规范条文

钢筋焊接施工质量根据《钢筋焊接及验收规程》JGJ 18—2012 第 5 章相关规定检验。

对焊接接头的抽查频率，采取按接头数的百分比控制，执行起来不太方便，因为接头数与构件长度、钢筋下料方法等关系密切，接头数量具有不确定性，无法事先确定，因此也就无法事先确定抽检方案。建议按构件规定百分比抽检，每个构件检验几个接头比较容易执行。

（2）表格设计

1）焊接阶段检验用表

① 钢筋焊接接头抽样检验报告汇总表（M-00-00-21-10），见表 11-2。

② 钢筋焊接施工记录表（M-00-00-21-11），见表 11-3。

③ 钢筋焊接安全检验记录表（M-00-00-21-13），见表 11-4。

2）焊接质量检验用表

① 钢筋焊接骨架和焊接网外观检验记录表（M-00-00-21-21），见表 11-5。

② 钢筋闪光对焊接头质量检验记录表（M-00-00-21-22A），见表 11-6。

③ 箍筋闪光对焊接头质量检验记录表（M-00-00-21-22B），见表 11-7。

④ 钢筋电弧帮条焊接头质量检验记录表（M-00-00-21-23A），见表 11-8。

⑤ 钢筋电弧搭接焊接头质量检验记录表（M-00-00-21-23B），见表 11-9。
⑥ 钢筋电弧坡口焊接头质量检验记录表（M-00-00-21-23C），见表 11-10。
⑦ 钢筋电渣压力焊接头质量检验记录表（M-00-00-21-24），见表 11-11。
⑧ 钢筋气压焊接头质量检验记录表（M-00-00-21-25），见表 11-12。
⑨ 预埋件钢筋 T 形接头质量检验记录表（M-00-00-21-26），见表 11-13。

3. 施工质量检验记录审核

钢筋焊接连接施工质量检验记录目录（M-00-00-21-00），见表 11-14。

按照表 11-14 的顺序汇总检验记录，审核检验记录的完整性与检验数据是否符合规范要求。

11.2　通用工序——钢筋套筒连接施工质量检验程序设计及应用

11.2.1　通用工序——钢筋套筒连接施工质量检验程序设计

本工序检验程序分 3 个步骤：① 套筒型号选用、生产厂家的确定与进场质量检验；② 钢筋套筒连接与质量检验；③ 钢筋套筒连接施工质量检验记录审核。

钢筋套筒连接施工质量检验程序 P-00-00-22 如图 11-2 所示。

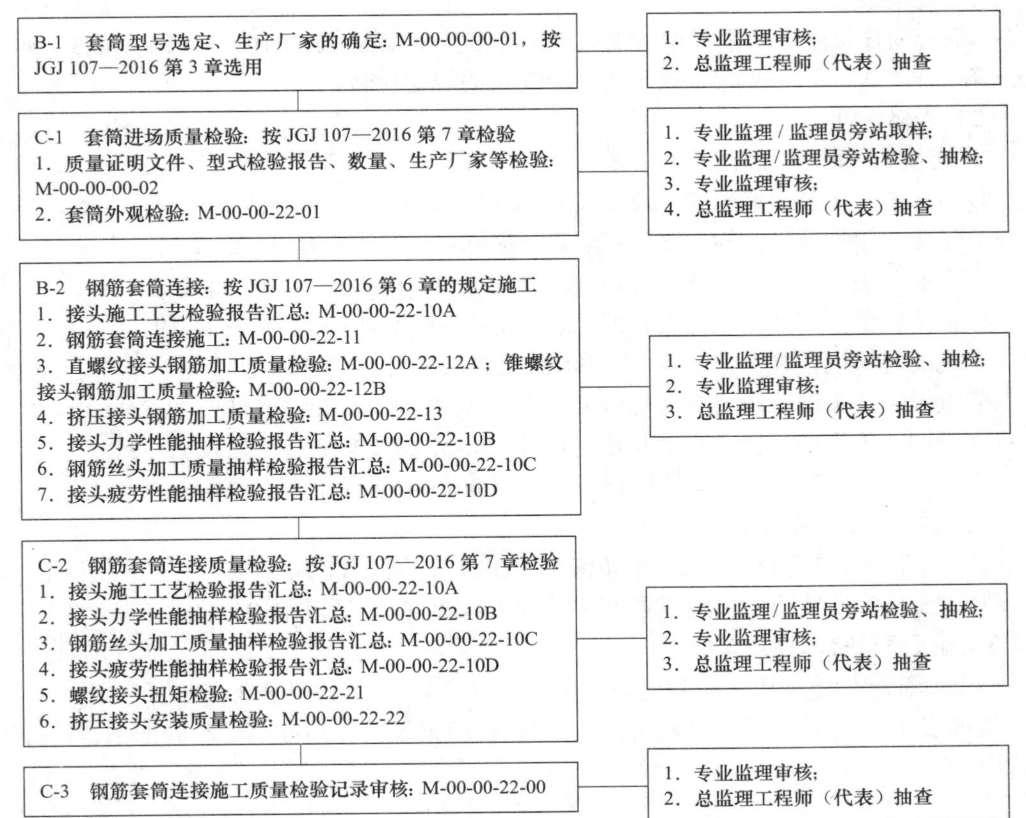

图 11-2　钢筋套筒连接施工质量检验程序 P-00-00-22

11.2.2 通用工序——钢筋套筒连接施工质量检验程序应用

1. 套筒型号选用、生产厂家的确定与进场质量检验

（1）规范条文

套筒型号选用、生产厂家的确定与进场质量检验根据《钢筋机械连接技术规程》JGJ 107—2016 第 7.0.1 条、第 7.0.4 条的规定执行。

JGJ 107—2016 第 7.0.4 条主要针对套筒进场的外观、尺寸检验。对于“套筒挤压接头”的“用于检验钢筋插入套筒深度的钢筋表面标记”，在 JGJ 107—2016 第 6.3.3 条中已有规定，属于施工环节的检验内容，建议删除，与“套筒”进场检验没有关系。

（2）表格设计

1）原材料 / 成品 / 半成品选用表（套筒型号选用、生产厂家的确定记录表）（M-00-00-00-01），见附录 1 附表 1-2。

2）原材料 / 成品 / 半成品进场检验记录表（钢筋套筒质量证明文件（包括有效型式检验报告）、生产厂家、数量检验记录表）（M-00-00-00-02），见附录 1 附表 1-3。

3）套筒外观检验记录表（M-00-00-22-01），见表 11-15。

2. 钢筋套筒连接与质量检验

（1）规范条文

钢筋套筒连接施工质量根据《钢筋机械连接技术规程》JGJ 107—2016 第 6.3.3 条、第 7.0.2 条、第 7.0.3 条、第 7.0.5 条～第 7.0.13 条的规定检验。

（2）表格设计

1）连接施工阶段用表

① 接头施工工艺检验报告汇总表（M-00-00-22-10A），见表 11-16。

② 接头力学性能抽样检验报告汇总表（M-00-00-22-10B），见表 11-17。

③ 钢筋丝头加工质量抽样检验报告汇总表（M-00-00-22-10C），见表 11-18。

④ 接头疲劳性能抽样检验报告汇总表（M-00-00-22-10D），见表 11-19。

⑤ 钢筋套筒连接施工记录表（M-00-00-22-11），见表 11-20。

⑥ 直螺纹接头钢筋加工质量检验记录表（M-00-00-22-12A），见表 11-21。

⑦ 锥螺纹接头钢筋加工质量检验记录表（M-00-00-22-12B），见表 11-22。

⑧ 挤压接头钢筋加工质量检验记录表（M-00-00-22-13），见表 11-23。

2）连接质量检验用表

① 螺纹接头扭矩检验记录表（M-00-00-22-21），见表 11-24。

② 挤压接头安装质量检验记录表（M-00-00-22-22），见表 11-25。

3. 施工质量检验记录审核

钢筋套筒连接施工质量检验记录目录（M-00-00-22-00），见表 11-26。

按照表 11-26 的顺序汇总检验记录，审核检验记录的完整性与检验数据是否符合规范要求。

11.3　通用工序——钢筋套筒灌浆连接施工质量检验程序设计及应用

11.3.1　通用工序——钢筋套筒灌浆连接施工质量检验程序设计

本工序检验程序分 3 个步骤：① 套筒、灌浆料型号选用、生产厂家的确定与进场质量检验；② 钢筋套筒连接与质量检验；③ 钢筋套筒灌浆连接施工质量检验记录审核。

钢筋套筒灌浆连接施工质量检验程序 P-00-00-23 如图 11-3 所示。

步骤	监理
B-1　套筒、灌浆料型号选用、生产厂家的确定 1. 钢筋套筒选用：M-00-00-00-01，按《钢筋连接用灌浆套筒》JG/T398—2012，《钢筋套筒灌浆连接应用技术规程》JGJ 355—2015 第 3.1.2 条选用 2. 灌浆料选用：M-00-00-00-01，按《钢筋连接用套筒灌浆料》JG/T 408—2013，《钢筋套筒灌浆连接应用技术规程》JGJ 355—2015 第 3.1.3 条选用	1. 专业监理审核； 2. 总监理工程师（代表）抽查
C-1　套筒、灌浆料进场质量检验 1. 套筒 1）套筒质量证明文件、套筒型式检验报告、数量、生产厂家检验：M-00-00-00-02，套筒几何尺寸检验：M-00-00-23-01A、套筒外观检验：M-00-00-23-01B 2）套筒性能抽样检验报告汇总：M-00-00-23-01C 2. 灌浆料 1）灌浆料质量证明文件、数量、生产厂家检验：M-00-00-00-02、灌浆料外观检验：M-00-00-23-02A 2）灌浆料性能抽样检验报告汇总：M-00-00-23-02B	1. 专业监理 / 监理员旁站取样； 2. 专业监理/监理员旁站检验、抽检； 3. 专业监理审核； 4. 总监理工程师（代表）抽查
B-2　钢筋套筒灌浆连接：按 JGJ355-2015 第 6 章的规定施工 1. 灌浆施工的操作人员应经过专业培训 2. 接头试件工艺检验报告汇总：M-00-00-23-10A 3. 灌浆浆料试块强度抽样检验报告汇总：M-00-00-23-10B 4. 灌浆施工记录：M-00-00-23-11	1. 专业监理/监理员旁站检验、抽检； 2. 专业监理审核； 3. 总监理工程师（代表）抽查
C-2　套筒灌浆连接施工质量检验 1. 接头试件工艺检验报告汇总：M-00-00-23-10A 2. 灌浆浆料试块强度抽样检验报告汇总：M-00-00-23-10B 3. 灌浆施工记录：M-00-00-23-11	1. 专业监理/监理员旁站检验、抽检； 2. 专业监理审核； 3. 总监理工程师（代表）抽查
C-3　钢筋套筒灌浆连接施工质量检验记录审核：M-00-00-23-00	1. 专业监理审核； 2. 总监理工程师（代表）抽查

图 11-3　钢筋套筒灌浆连接施工质量检验程序 P-00-00-23

11.3.2 通用工序——钢筋套筒灌浆连接施工质量检验程序应用

1. 套筒、灌浆料型号选用、生产厂家的确定与进场质量检验

（1）规范条文

套筒、灌浆材料型号选用、生产厂家的确定与进场质量根据《钢筋套筒灌浆连接应用技术规程》JGJ 355—2015 第 7.0.2 ～ 7.0.4 条、第 7.0.6 条、第 7.0.7 条的规定检验。

（2）表格设计

原材料 / 成品 / 半成品选用表（套筒、灌浆料型号选用、生产厂家的确定记录表）（M-00-00-00-01），见附录 1 附表 1-1。

1）套筒进场质量检验

① 原材料 / 成品 / 半成品进场检验记录表（套筒质量证明文件（包括型式检验报告）、生产厂家、数量检验记录表）（M-00-00-00-02），见附录 1 附表 1-3。

② 套筒几何尺寸检验记录表（M-00-00-23-01A），见表 11-27。

③ 套筒外观检验记录表（M-00-00-23-01B），见表 11-28。

④ 套筒性能抽样检验报告汇总表（M-00-00-23-01C），见表 11-29。

2）灌浆料进场质量检验

① 原材料 / 成品 / 半成品进场检验记录表（灌浆料质量证明文件、生产厂家、数量检验记录表）（M-00-00-00-02），见附录 1 附表 1-3。

② 灌浆料外观检验记录表（M-00-00-23-02A），见表 11-30。

③ 灌浆料性能抽样检验报告汇总表（M-00-00-23-02B），见表 11-31。

2. 钢筋套筒连接与质量检验

（1）规范条文

钢筋套筒连接施工质量根据《钢筋套筒灌浆连接应用技术规程》JGJ 355—2015 第 7.0.5 条、第 7.0.9 条～第 7.0.11 条的规定检验。

（2）表格设计

1）接头试件工艺检验报告汇总表（M-00-00-23-10A），见表 11-32。

2）灌浆浆料试块强度抽样检验报告汇总表（M-00-00-23-10B），见表 11-33。

3）灌浆施工记录表（M-00-00-23-11），见表 11-34。

3. 施工质量检验记录审核

钢筋套筒灌浆连接施工质量检验记录目录（M-00-00-23-00），见表 11-35。

按照表 11-35 的顺序汇总检验记录，审核检验记录的完整性与检验数据是否符合规范要求。

焊条外观检验记录表（M–00–00–21–01）　　表 11–1

建设项目：　　单位工程：

分部 / 子分部工程：　　分项工程：　　第　页 共　页

序号	进场日期	规格型号	数量（包）	生产厂家	表面标记	不应有药皮脱落	不应有焊芯生锈	不应受潮结块

执行标准：《钢筋焊接及验收规程》JGJ 18—2012 第 3.0.3 条～第 3.0.5 条，第 3.0.7 条。检验频率：《钢结构工程施工质量验收规范》GB 50205—2001 第 4.3.4 条，外观按量抽查 1%，且不应少于 10 包。

检验：　　日期：　　审核：

钢筋焊接接头抽样检验报告汇总表（M–00–00–21–10）　　表 11–2

建设项目：　　单位工程：

分部 / 子分部工程：　　分项工程：　　第　页 共　页

序号	抽样日期	抽样部位（层 / 构件名称 / 构件编号 / 轴线位置）	连接种类	钢筋直径（mm）	送检试件组数	接头批量（个）	试验报告编号	试验报告结论

附件：钢筋焊接连接接头抽样检验报告。

执行标准：《钢筋焊接及验收规程》JGJ 18—2012 第 5.1.7 条、第 5.1.8 条、第 5.2.1 条、第 5.3.1 条、第 5.4.1 条、第 5.5.1 条、第 5.6.1 条、第 5.7.1 条、第 5.8.4 条。检验频率：同牌号钢筋接头 300 件为一批，在房屋建筑中应在不超过 2 层同牌号钢筋接头 300 件为一批，当不足 300 件时，亦应按一批计算。随机抽取 3 个做拉伸试验，抽取 3 个做弯曲试验。

填报：　　日期：　　审核：　　监理：

钢筋焊接施工记录表（M-00-00-21-11）　　表 11-3

建设项目：		
单位工程：		第　页共　页
分部 / 子分部工程：	分项工程：	
施工日期：		
气候：晴 / 阴 / 小雨 / 大雨 / 暴雨 / 雪	风力：	
施工负责人：	气温：	
施工内容及施工范围（层号 / 构件名称 / 轴线区域）：		
施工人员培训及交底：		
施工间断情况与其他情况记录：		
焊机牌号及容量：	钢筋牌号：	焊接方式：
焊工姓名及考试合格证号：		
焊机牌号及容量：	钢筋牌号：	焊接方式：
焊接接头总数：	随机切取试件数：	
钢筋、钢板焊接部位以及钢筋与电极接触处表面上的锈斑、油污、杂物清理：		
钢筋端部弯折、扭曲矫正：		
焊剂、焊丝保管条件检查：		
闪光对焊、电渣压力焊、气压焊钢筋直径差检查：		
带肋钢筋闪光对焊、电弧焊、电渣压力焊、气压焊对肋检查：		
施工电压检查及焊接工艺调整：		
施工温度检查及焊接工艺调整：		
雨天、雪天施工措施：		
执行标准：《钢筋焊接及验收规程》JGJ 18—2012 第 4 章。		

记录：　　　　审核：

钢筋焊接安全检验记录表（M-00-00-21-13）

表 11-4

建设项目：　　　　单位工程：　　　　第　　页 共　　页

检验内容	结论	检验内容	结论
7.0.1　安全培训与人员管理应符合下列规定： 1．承担钢筋焊接工程的企业应建立健全钢筋焊接安全生产管理制度，并应对实施焊接操作和安全管理人员进行安全培训，经考核合格方可上岗。 2．操作人员必须按焊接设备的操作说明书或有关规定，正确使用设备和实施焊接操作。		7.0.5　各种焊机的配电开关箱内，应安装熔断器和漏电保护开关。焊接电源的外壳应有良好可靠的接地或接零。焊机的保护接地线应直接从接地极处引接，其接地电阻值应不大于 4Ω。	
7.0.2　焊接操作及配合人员穿戴劳动防护用品应符合下列规定： 1．焊接人员操作前，应戴好安全帽，佩带电焊手套、围裙、护腿，穿阻燃工作服。穿焊工皮鞋或电焊工劳保鞋，应戴防护眼镜（滤光或遮光镜）、头罩或手持面罩。 2．焊接人员进行仰焊时，应佩戴皮制或耐火材质的套袖、披肩罩或斗篷，以防头部灼伤。		7.0.6　冷却水管、输气管、控制电缆、焊接电缆均应完好无损；接头处连接牢固，无渗漏，绝缘良好；发现损坏应及时修理。各种管线和电缆不得挪作拖拉设备的工具。	
7.0.3　焊接工作区域的防护 1．焊接设备应安放在通风、干燥、无碰撞、无剧烈震动、无高温、无易燃品存在的地方。特殊环境条件下还应对设备采取特殊的防护措施。 2．焊接电弧的辐射及飞溅范围，应设不可燃或耐火屏板、罩、屏，防止人员受到伤害。 3．焊机不得受潮和雨淋。露天使用的焊接设备应予以保护，受潮的焊接设备在使用前必须彻底干燥并经适当试验或检测。 4．焊接作业应在足够的通风条件下（自然通风或机械通风）进行，避免操作人员吸入焊接操作产生的烟气流。 5．在焊接作业场所应当设置警告标志。		7.0.7　在封闭空间内进行焊接操作时，必须设专人监护。	
		7.0.8　氧气瓶、溶解乙炔气瓶或液化石油气瓶、干式回火防止器、减压器及胶管等，应防止损坏。发现压力表指针失灵，瓶阀、胶管有泄漏，应立即修理或更换。气瓶必须进行定期检查，使用期满或送检不合格的气瓶禁止继续使用。	
7.0.4　焊接作业区防火安全应符合下列规定： 1．焊接作业区和焊机范围 6m 以内，严禁堆放装饰材料、油料、木材、氧气瓶、溶解乙炔气瓶、液化石油气瓶等易燃、易爆物品。 2．除必须在施工工作面焊接外，钢筋应在专门搭设的能防雨、防潮、防晒的工房内焊接，工房的屋顶应有安全防护和排水措施，地面应干燥。应有防止飞溅的金属火花伤人的设施。 3．高空作业下方和焊接火星所及范围内，必须彻底清除易燃、易爆物品。 4．焊接作业区应配置足够的灭火设备，如水池、沙箱、水龙带、消防栓或手提灭火器。		7.0.9　气瓶使用应符合下列规定： 1．各种气瓶应摆放稳固。钢瓶在装车、卸车及运输时，应避免互相碰撞。氧气瓶不能与燃气瓶、油类材料以及其他易燃物品同车运输。 2．吊运钢瓶时应使用吊架或合适的台架，不得使用吊钩、钢索和电磁吸盘。钢瓶使用完时，要留有一定的余压力。 3．钢瓶在夏季使用时要防止暴晒，冬季使用时如发生冻结、结霜或出气量不足时，应用温水解冻。	
		7.0.10　贮存、使用、运输氧气瓶、溶解乙炔气瓶、液化石油气瓶、二氧化碳气瓶时，应按照国家质量监督检验检疫总局颁发的《气瓶安全监察规程》和《溶解乙炔气瓶安全监察规程》中有关规定执行。	

执行标准：《钢筋焊接及验收规程》JGJ 18—2012 第 7 章。检验频率：每次施焊前。

检验：　　　　日期：　　　　审核：

钢筋焊接骨架和焊接网外观检验记录表（M–00–00–21–21） **表 11–5**

建设项目： 单位工程：

分部 / 子分部工程： 分项工程： 第 页 共 页

<table>
<tr><td rowspan="2">序号</td><td rowspan="2">层号 / 构件名称 / 构件编号 / 轴线位置</td><td>钢筋骨架</td><td rowspan="2">焊接接头数</td><td rowspan="2">焊点压入深度</td><td>焊点脱落、漏焊数量≤ 4% 焊点总数，且相邻两焊点不得有漏焊和脱落</td><td rowspan="2">表面不应有影响使用的缺陷</td></tr>
<tr><td>钢筋网</td><td>焊点开焊数量≤ 1% 焊点总数，并且任一根钢筋上开焊点不得超过该支钢筋上交叉总点数的一半，焊接网作外边钢筋上的交叉点不得开焊</td></tr>
<tr><td></td><td></td><td></td><td></td><td></td><td></td><td></td></tr>
<tr><td></td><td></td><td></td><td></td><td></td><td></td><td></td></tr>
<tr><td></td><td></td><td></td><td></td><td></td><td></td><td></td></tr>
<tr><td></td><td></td><td></td><td></td><td></td><td></td><td></td></tr>
</table>

执行标准：《钢筋焊接及验收规程》JGJ 18—2012 第 5.1.4 条、第 5.1.5 条、第 5.2.1 条～第 4.2.5 条。检验频率：纵向受力钢筋同一检验批应抽取 10% 的焊接接头；箍筋闪光对焊接头和预埋件钢筋 T 形接头应抽取 5% 的焊接接头。钢筋骨架和钢筋网的尺寸检查应在主体分部混凝土结构子分部钢筋分项中检验。

检验： 日期： 审核：

钢筋闪光对焊接头质量检验记录表（M–00–00–21–22A） **表 11–6**

建设项目： 单位工程：

分部 / 子分部工程： 分项工程： 第 页 共 页

钢筋牌号： 焊接接头总数：

层号 / 构件名称 / 编号	轴线位置	钢筋编号	钢筋直径（mm）	焊接接头数	1. 接头处不得有横向裂纹	2. 与电极接触处的钢筋表面不得有明显烧伤	3. 接头处的弯折角≥ 3°	4. 轴线偏移≥ 0.1d，且≥ 2mm

执行标准：《钢筋焊接及验收规程》JGJ 18—2012 第 5.1.4 条、第 5.1.5 条、第 5.3.2 条。检验频率：纵向受力钢筋同一检验批应抽取 10% 的焊接接头。

检验： 日期： 审核：

箍筋闪光对焊接头质量检验记录表（M-00-00-21-22B）　　　　**表 11-7**

建设项目：　　　　　　　　　　　　单位工程：

分部 / 子分部工程：　　　　　　　　分项工程：　　　　　　　　第　　页 共　　页

钢筋牌号：　　　　　　　　　　　　焊接接头总数：

层号 / 构件名称与编号	轴线位置	钢筋编号	钢筋直径 d	1．表面应呈圆滑状，不得有横向裂纹	2．轴线偏移≤ $0.1d$	3．弯折角≤ 3°	4．直线边凹凸≤ 5mm	5．箍筋内净空尺寸 B：±5mm			6．箍筋内净空尺寸 H：±5mm			7．电极接触处无明显烧伤
								设计	实测	偏差	设计	实测	偏差	

执行标准：《钢筋焊接及验收规程》JGJ 18—2012 第 5.1.4 条、第 5.1.5 条、第 5.4.2 条。检验频率：箍筋闪光对焊接头和预埋件钢筋 T 形接头应抽取 5% 的焊接接头。

检验：　　　　　　　　　　日期：　　　　　　　　　　审核：

钢筋电弧帮条焊接头质量检验记录表（M-00-00-21-23A）　　　　**表 11-8**

建设项目：　　　　　　　　　　　　单位工程：

分部 / 子分部工程：　　　　　　　　分项工程：　　　　　　　　第　　页 共　　页

层号 / 构件名称与编号：　　　　轴线位置：　　　　钢筋牌号：　　　　焊接接头总数：

钢筋编号	钢筋直径 d	1．焊缝表面应平整，不得有凹陷或焊瘤	2．接头区域不得有肉眼可见裂纹	3．焊缝余高：2～4mm	4．咬边深度、气孔、夹渣等缺陷允许值及接头尺寸的允许偏差							
					帮条沿接头中心线的纵向偏移（mm）	接头处弯折角（°）	接头处钢筋轴线的偏移（mm）	焊缝宽度（mm）	焊缝长度（mm）	横向咬边深度（mm）	在长 $2d$ 焊缝表面上的气孔及夹渣	
											数量（个）	面积（mm^2）
					$0.3d$	3	$0.1d$	$+0.1d$	$-0.3d$	0.5	2	6

执行标准：《钢筋焊接及验收规程》JGJ 18—2012 第 5.1.4 条、第 5.1.5 条、第 5.5.2 条。检验频率：纵向受力钢筋同一检验批应抽取 10% 的焊接接头；箍筋闪光对焊接头和预埋件钢筋 T 形接头应抽取 5% 的焊接接头。

检验：　　　　　　　　　　日期：　　　　　　　　　　审核：

钢筋电弧搭接焊接头质量检验记录表（M-00-00-21-23B） 表 11-9

建设项目： 单位工程：

分部 / 子分部工程： 分项工程： 第 页共 页

层号 / 构件名称与编号： 轴线位置： 钢筋牌号： 焊接接头总数：

钢筋编号	钢筋直径 d	1．焊缝表面应平整，不得有凹陷或焊瘤	2．接头区域不得有肉眼可见裂纹	3．焊缝余高应为 2 ～ 4mm	4．咬边深度、气孔、夹渣等缺陷允许值及接头尺寸的允许偏差							
					帮条沿接头中心线的纵向偏移（mm）	接头处弯折角（°）	接头处钢筋轴线的偏移（mm）	焊缝宽度（mm）	焊缝长度（mm）	横向咬边深度（mm）	在长 $2d$ 焊缝表面上的气孔及夹渣	
											数量（个）	面积（mm^2）
					0.3d	3	0.1d	+ 0.1d	− 0.3d	0.5	2	6

执行标准：《钢筋焊接及验收规程》JGJ 18—2012 第 5.1.4 条、第 5.1.5 条、第 5.5.2 条。检验频率：纵向受力钢筋同一检验批应抽取 10% 的焊接接头；箍筋闪光对焊接头和预埋件钢筋 T 形接头应抽取 5% 的焊接接头。

检验： 日期： 审核：

钢筋电弧坡口焊接头质量检验记录表（M-00-00-21-23C） 表 11-10

建设项目： 单位工程：

分部 / 子分部工程： 分项工程： 第 页共 页

层号 / 构件名称与编号： 轴线位置： 钢筋牌号： 焊接接头总数：

钢筋编号	钢筋直径 d	箍筋 / 纵筋	1．焊缝表面应平整，不得有凹陷或焊瘤	2．接头区域不得有肉眼可见裂纹	3．焊缝余高应为 2 ～ 4mm	4．咬边深度、气孔、夹渣等缺陷允许值及接头尺寸的允许偏差				
						接头处弯折角（°）	接头处钢筋轴线的偏移（mm）	横向咬边深度（mm）	在全部焊缝表面上的气孔及夹渣	
									数量（个）	面积（mm^2）
						3	0.1d	0.5	2	6

执行标准：《钢筋焊接及验收规程》JGJ 18—2012 第 5.1.4 条、第 5.1.5 条、第 5.5.2 条。检验频率：纵向受力钢筋同一检验批应抽取 10% 的焊接接头；箍筋闪光对焊接头和预埋件钢筋 T 形接头应抽取 5% 的焊接接头。

检验： 日期： 审核：

钢筋电渣压力焊接头质量检验记录表（M-00-00-21-24）　　表 11-11

建设项目：　　单位工程：

分部 / 子分部工程：　　分项工程：　　第　页 共　页

层号 / 构件名称与编号：　　轴线位置：　　钢筋牌号：　　焊接接头总数：

钢筋编号	钢筋直径 d	焊接接头数	1. 当 $d \leqslant$ 25mm 时，焊包高度 $\geqslant$ 4mm；当 $d \geqslant$ 28mm 时，焊包高度 $\geqslant$ 6mm	2. 钢筋与电极接触处无烧伤缺陷	3. 接头处的弯折角 $\geqslant 3^{\circ}$	4. 轴线偏移 $\geqslant 0.1d$，且 $\geqslant$ 2mm

执行标准：《钢筋焊接及验收规程》JGJ 18—2012 第 5.1.4 条、第 5.1.5 条、第 5.6.2 条。检验频率：纵向受力钢筋同一检验批应抽取 10% 的焊接接头；箍筋闪光对焊接头和预埋件钢筋 T 形接头应抽取 5% 的焊接接头。

检验：　　日期：　　审核：

钢筋气压焊接头质量检验记录表（M-00-00-21-25）　　表 11-12

建设项目：　　单位工程：

分部 / 子分部工程：　　分项工程：　　第　页 共　页

层号 / 构件名称与编号：　　轴线位置：　　钢筋牌号：　　焊接接头总数：

钢筋编号	钢筋直径 d	焊接接头数	1．轴线偏移 $\leqslant 0.15d$，且 $\leqslant$ 4mm	2．接头处的弯折角 $\leqslant 3^{\circ}$	3．固态镦粗直径 $\geqslant 1.4d$；液态镦粗直径 $\geqslant 1.2d$	4．镦粗长度 $\leqslant 1.0d$

执行标准：《钢筋焊接及验收规程》JGJ 18—2012 第 5.1.4 条、第 5.1.5 条、第 5.7.2 条。检验频率：纵向受力钢筋同一检验批应抽取 10% 的焊接接头；箍筋闪光对焊接头和预埋件钢筋 T 形接头应抽取 5% 的焊接接头。

检验：　　日期：　　审核：

预埋件钢筋 T 形接头外观质量检验记录表（M–00–00–21–26）

表 11–13

建设项目：　　　　　　　　　　单位工程：

分部 / 子分部工程：　　　　　　分项工程：　　　　　　第　　页共　　页

层号 / 构件名称与编号：　　　轴线位置：　　　钢筋牌号：　　　预埋件总数：

角焊焊脚尺寸：电弧焊：HPB300、HRB335：角焊焊脚尺寸≥ 0.5d，其他钢筋角焊焊脚尺寸≥ 0.6d；埋弧压力焊和埋弧螺柱焊，四周焊包凸出钢筋表面的高度≥ 2mm。

预埋件编号	钢筋直径 d	焊接接头数	1．角焊焊脚尺寸	2．焊缝表面不得有气孔、夹渣和肉眼可见裂纹	3．钢筋咬边深度≤ 0.5mm	4．钢筋相对钢板的直角偏差≤ 3°

执行标准：《钢筋焊接及验收规程》JGJ 18—2012 第 5.1.4 条、第 5.1.5 条、第 5.8.1 条～第 5.8.3 条。检验频率：同一台班同类型预埋件应抽取 5%，但不小于 10 件。

检验：　　　　　　日期：　　　　　　审核：

钢筋焊接连接施工质量检验记录目录（M–00–00–21–00）　　表 11–14

建设项目：

单位工程：　　　　第　页 共　页

分部 / 子分部工程：　　　　分项工程：

工序	表格编号	表格名称	份数
1．焊条型号选用、生产厂家的确定与进场质量检验	M-00-00-00-01	原材料 / 成品 / 半成品选用表（焊条型号选用、生产厂家的确定记录表）	
	M-00-00-00-02	原材料 / 成品 / 半成品进场检验记录表（焊条质量证明文件、生产厂家、数量检验记录表）	
	M-00-00-21-01	焊条外观检验记录表	
	M-00-00-21-02 ～ M-00-00-21-09	预留	
2．钢筋焊接与质量检验	M-00-00-21-10	钢筋焊接接头抽样检验报告汇总表	
	M-00-00-21-11	钢筋焊接施工记录表	
	M-00-00-21-12	预留	
	M-00-00-21-13	钢筋焊接安全检验记录表	
	M-00-00-21-14 ～ M-00-00-21-19	预留	
	M-00-00-21-20	预留	
	M-00-00-21-21	钢筋焊接骨架和焊接网外观检验记录表	
	M-00-00-21-22A	钢筋闪光对焊接头质量检验记录表	
	M-00-00-21-22B	箍筋闪光对焊接头质量检验记录表	
	M-00-00-21-23A	钢筋电弧帮条焊接头质量检验记录表	
	M-00-00-21-23B	钢筋电弧搭接焊接头质量检验记录表	
	M-00-00-21-23C	钢筋电弧坡口焊接头质量检验记录表	
	M-00-00-21-24	钢筋电渣压力焊接头质量检验记录表	
	M-00-00-21-25	钢筋气压焊接头质量检验记录表	
	M-00-00-21-26	预埋件钢筋 T 形接头质量检验记录表	
	M-00-00-21-27 ～ M-00-00-21-29	预留	

施工技术负责人：　　　　日期：　　　　专业监理：

套筒外观检验记录表（M-00-00-22-01）

表 11-15

建设项目：　　　　　　　　单位工程：

分部 / 子分部工程：　　　　　　　　分项工程：　　　　　　　　第　页 共　页

序号	进场日期	规格型号	数量	生产单位	生产批号标识	适用钢筋直径	接头性能等级	生产日期

执行标准：《钢筋机械连接技术规程》JGJ 107—2016 第 7.0.3 条。检验频率：100%。以独立包装为检验单位。

检验：　　　　　　　　日期：　　　　　　　　审核：

接头施工工艺检验报告汇总表（M-00-00-22-10A）　　表 11-16

建设项目：			单位工程：			
分部 / 子分部工程：			分项工程：			第　页 共　页
序号	送样日期	钢筋直径（mm）	钢筋生产厂家	送检试件数	试验报告编号	试验报告结论
附件：钢筋套筒连接接头施工工艺检验报告。						
执行标准：《钢筋机械连接技术规程》JGJ 107—2016 第 7.0.2 条。检验频率：每种规格钢筋的接头试件不应少于 3 根；更换钢筋生产厂家时，应补充工艺检验。						

填报：　　　　日期：　　　　审核：　　　　监理：

接头力学性能抽样检验报告汇总表（M-00-00-22-10B）　　表 11-17

建设项目：			单位工程：					
分部 / 子分部工程：			分项工程：					第　页 共　页
序号	抽样日期	抽样部位（层 / 构件名称 / 构件编号 / 轴线位置）	连接种类	钢筋直径（mm）	接头数量（个）	送检试件组数	试验报告编号	试验报告结论
附件：钢筋套筒连接接头抽样检验报告。								
执行标准：《钢筋机械连接技术规程》JGJ 107—2016 第 7.0.4 条、第 7.0.5 条、第 7.0.7 条～第 7.0.10 条。检验频率：同一施工条件下采用同一批材料的同等级、同型式、同规格接头，应以 500 个为 1 个检验批进行检验和验收，不足 500 个也应作为 1 个检验批。对同一检验批，随机截取 3 个。检验有 1 个不合格，再随机截取 6 个。								

填报：　　　　日期：　　　　审核：　　　　监理：

钢筋丝头加工质量抽样检验报告汇总表（M-00-00-22-10C） 表 11-18

建设项目： 单位工程：

分部 / 子分部工程： 分项工程： 第 页 共 页

序号	抽样日期	抽样部位（层 / 构件名称 / 构件编号 / 轴线位置）	连接种类	钢筋直径（mm）	送检试件数	试验报告编号	试验报告结论

附件：钢筋套筒连接接头抽样检验报告。

执行标准：《钢筋机械连接技术规程》JGJ 107—2016 第 7.0.3 条、第 7.0.13 条。检验频率：监理或质检部门对现场丝头加工质量有异议时，随机抽取 3 根接头试件进行极限抗拉强度和单向拉伸残余变形检验。

填报： 日期： 审核： 监理：

接头疲劳性能抽样检验报告汇总表（M-00-00-22-10D） 表 11-19

建设项目： 单位工程：

分部 / 子分部工程： 分项工程： 第 页 共 页

序号	抽样日期	螺纹 / 挤压连接	钢筋直径大 / 中 / 小（mm）	送检试件数	试验报告编号	试验报告结论

附件：钢筋套筒连接接头疲劳性能抽样检验报告。

执行标准：《钢筋机械连接技术规程》JGJ 107—2016 第 7.0.11 条、第 7.0.13 条。检验频率：设计对接头疲劳性能要求进行现场检验的工程，选取工程中大、中、小三种直径钢筋各组装 3 根接头试件进行疲劳试验。

填报： 日期： 审核： 监理：

钢筋套筒连接施工记录表（M-00-00-22-11）　　　　**表 11-20**

建设项目：	
单位工程：	第　　页 共　　页
分部 / 子分部工程：	分项工程：
施工日期：	
气候：晴 / 阴 / 小雨 / 大雨 / 暴雨 / 雪	风力：
施工负责人：	气温：
施工内容及施工范围（层号 / 构件名称 / 轴线区域）：	
施工人员培训及交底：	
施工间断情况记录与其他情况记录：	
工艺检验：	
钢筋扳手校正：	
钢筋端部弯折、扭曲矫正：	
螺纹连接扭矩检查：	
执行标准：《钢筋机械连接技术规程》JGJ 107—2016。	

记录：　　　　　　　　　　　　　　　　审核：

直螺纹接头钢筋加工质量检验记录表（M-00-00-22-12A） **表 11-21**

建设项目： 单位工程：

分部 / 子分部工程： 分项工程： 第 页 共 页

层号 / 构件名称与编号： 轴线位置： 钢筋牌号： 构件接头总数：

钢筋编号	钢筋直径 d	墩粗头不得有与钢筋轴线垂直的横向裂纹	钢筋丝头长度（P），0 ～ 2.0P（P 为螺距）			通规拧入长度（P），满足 6f 精度			止规旋入，≤ 3P
			设计	实测	偏差	设计	实测	偏差	

执行标准：《钢筋机械连接技术规程》JGJ 107—2016 第 6.1.2 条。检验频率：同一施工条件下采用同一批材料的同等级、同型式、同规格接头，应以 500 个为 1 个检验批进行检验和验收，不足 500 个也应作为 1 个检验批。对同一检验批，同一类型接头抽查 10%，合格率不应小于 95%。

检验： 日期： 审核：

锥螺纹接头钢筋加工质量检验记录表（M-00-00-22-12B） **表 11-22**

建设项目： 单位工程：

分部 / 子分部工程： 分项工程： 第 页 共 页

层号 / 构件名称与编号： 轴线位置： 钢筋牌号： 构件接头总数：

钢筋编号	钢筋直径 d	钢筋端部不得有影响螺纹加工的局部弯曲	钢筋丝头长度，− 0.5P ～ − 1.5P（P 为螺距）			钢筋丝头的锥度			钢筋丝头的螺距		
			设计	实测	偏差	设计	实测	偏差	设计	实测	偏差

执行标准：《钢筋机械连接技术规程》JGJ 107—2016 第 6.1.3 条。检验频率：同一施工条件下采用同一批材料的同等级、同型式、同规格接头，应以 500 个为 1 个检验批进行检验和验收，不足 500 个也应作为 1 个检验批。对同一检验批，同一类型接头抽查 10%，合格率不应小于 95%。

检验： 日期： 审核：

表 11-23

挤压接头钢筋加工质量检验记录表（M-00-00-22-13）

建设项目：　　　　　　　　　　单位工程：

分部 / 子分部工程：　　　　　　分项工程：　　　　　　第　　页 共　　页

层号 / 构件名称与编号	轴线位置	构件接头总数	钢筋编号	钢筋直径 d	钢筋牌号	钢筋刻痕位置长度≥插入套筒深度设计值		钢筋端部不得有局部弯曲、严重锈蚀、附着物	钢筋端头离套筒长度中心不宜超过 10 mm	挤压后的套筒不得有肉眼可见裂纹
						设计值	实测值			

执行标准：《钢筋机械连接技术规程》JGJ 107—2016 第 6.3.3 条。检验频率：同一施工条件下采用同一批材料的同等级、同型式、同规格接头，应以 500 个为 1 个检验批进行检验和验收，不足 500 个也应作为 1 个检验批。对同一检验批，应抽查 10% 的接头，不合格数超过 10% 时，可在本批检验不合格的接头中抽取 3 个试件做极限抗拉强度试验，按 JGJ 107—2016 第 7.0.7 条评定。

检验：　　　　　　日期：　　　　　　审核：

螺纹接头扭矩检验记录表（M-00-00-22-21） **表 11-24**

建设项目：

单位工程：　　　　　　　　　　　　　　　　　　　　　　第　　页共　　页

分部 / 子分部工程：　　　　　　　　　　分项工程：

层号 / 构件名称与编号：　　　　　　　　轴线位置：

接头类型：　　　　　　　　　　　　　　接头总数：

最小扭矩值

直径（mm）	≤ 16	18 ~ 20	22 ~ 25	28 ~ 32	36 ~ 40
直螺纹（N·m）	100	200	260	320	360
锥螺纹（N·m）	100	180	240	300	360

钢筋编号	钢筋直径 d	钢筋与连接套规格一致	外露螺纹不宜超过 $2P$	校核扭矩值

执行标准：《钢筋机械连接技术规程》JGJ 107—2016 第 6.3.1 条、第 6.3.2 条、第 7.0.5 条，第 7.0.6 条。检验频率：同一施工条件下采用同一批材料的同等级、同型式、同规格接头，应以 500 个为 1 个检验批进行检验和验收，不足 500 个也应作为 1 个检验批。对同一检验批，抽查其中 10% 的接头进行拧紧扭矩校核，不合格率不应大于 5%，不满足时，应重新拧紧，重新检查。

检验：　　　　　　　　　　日期：　　　　　　　　　　审核：

挤压接头安装质量检验记录表（M-00-00-22-22）

表 11-25

建设项目：						单位工程：						
分部 / 子分部工程：						分项工程：					第　页 共　页	
层号 / 构件名称与编号	轴线位置	构件接头总数	钢筋编号	钢筋直径 d	钢筋牌号	压痕处套筒外径变化：0.8 ～ 0.9			套筒长度变化：1.1 ～ 1.15			钢筋插入套筒深度＞设计值
						挤压前	挤压后	后 / 前	挤压前	挤压后	后 / 前	插入深度＞钢筋刻痕位置

执行标准：《钢筋机械连接技术规程》JGJ 107—2016 第 7.0.5 条、第 7.0.6 条第 2 款，第 6.3.3 条的第 3 款。检验频率：同一施工条件下采用同一批材料的同等级、同型式、同规格接头，应以 500 个为 1 个检验批进行检验和验收，不足 500 个也应作为 1 个检验批。对同一检验批，应抽查 10% 的接头，不合格数超过 10% 时，可在本批检验不合格的接头中抽取 3 个试件做极限抗拉强度试验，按 JGJ 107—2016 第 7.0.7 条评定。

检验：　　　　日期：　　　　审核：

钢筋套筒连接施工质量检验记录目录（M–00–00–22–00）　　表 11–26

建设项目：

单位工程：　　第　页 共　页

分部 / 子分部工程：　　分项工程：

工序	表格编号	表格名称	份数
1. 套筒型号选用、生产厂家的确定与进场质量检验	M-00-00-00-01	原材料 / 成品 / 半成品选用表（套筒型号选用、生产厂家的确定记录表）	
	M-00-00-00-02	原材料 / 成品 / 半成品进场检验记录表（钢筋套筒质量证明文件（包括有效型式检验报告）、生产厂家、数量检验记录表）	
	M-00-00-22-01	套筒外观检验记录表	
	M-00-00-22-02 ～ M-00-00-22-09	预留	
2. 钢筋套筒连接与质量检验	M-00-00-22-10A	接头施工工艺检验报告汇总表	
	M-00-00-22-10B	接头力学性能抽样检验报告汇总表	
	M-00-00-22-10C	钢筋丝头加工质量抽样检验报告汇总表	
	M-00-00-22-10D	接头疲劳性能抽样检验报告汇总表	
	M-00-00-22-11	钢筋套筒连接施工记录表	
	M-00-00-22-12A	直螺纹接头钢筋加工质量检验记录表	
	M-00-00-22-12B	锥螺纹接头钢筋加工质量检验记录表	
	M-00-00-22-13	挤压接头钢筋加工质量检验记录表	
	M-00-00-22-14 ～ M-00-00-22-19	预留	
	M-00-00-22-20	预留	
	M-00-00-22-21	螺纹接头扭矩检验记录表	
	M-00-00-22-22	挤压接头安装质量检验记录表	
	M-00-00-22-23 ～ M-00-00-22-29	预留	

施工技术负责人：　　日期：　　专业监理：

套筒几何尺寸检验记录表（M-00-00-23-01A）　　表 11-27

建设项目：　　　　单位工程：

分部 / 子分部工程：　　　　分项工程：　　　　第　　页 共　　页

进场日期：　　　　生产厂家：

序号	套筒适用钢筋直径（mm）	灌浆段内径与连接钢筋公称直径差（mm）		用于钢筋锚固的深度长度（mm）		壁厚（mm）			锚固段环形突起部分内径（mm），铸造：±1.5；机械加工：±2		
		钢筋直径（12 ～ 25）：10；钢筋直径（28 ～ 40）：15		≥插入 8 倍钢筋公称直径		允许偏差：					
		实测	差值	设计	实测	设计	实测	差值	设计	实测	差值

执行标准：《钢筋套筒灌浆连接应用技术规程》JGJ 355—2015 第 3.1.2 条、第 7.0.3 条；《钢筋连接用灌浆套筒》JG/T 398—2012 第 5.3 条的表 4；检验频率：同一批号、同一类型、同一规格的灌浆套筒，不超过 1000 个为 1 批，每批随机抽取 10 个。《钢筋套筒灌浆连接应用技术规程》JGJ 355—2015 第 3.1.2 条中灌浆段内径与连接钢筋公称直径差（mm）最小值与钢筋公称直径有关，而在《钢筋连接用灌浆套筒》JG/T 398—2012 第 5.3 条的表 4 中只有一个值，本表中采用 JGJ 355—2015 第 3.1.2 条中的规定。

检验：　　　　日期：　　　　审核：

套筒外观检验记录表（M-00-00-23-01B）　　表 11-28

建设项目：　　　　单位工程：

分部 / 子分部工程：　　　　分项工程：　　　　第　　页 共　　页

进场日期：　　　　规格型号：　　　　生产厂家：

序号	外表面标识应清晰	铸造套筒内外表面不应有影响使用功能的					机械加工灌浆套筒不应有			表面不应有锈皮
		夹渣	冷隔	砂眼	缩孔	裂缝	裂缝	影响接头性能的缺陷	端面和外表面的边棱处应无尖棱、毛刺	

执行标准：《钢筋套筒灌浆连接应用技术规程》JGJ 355—2015 第 7.0.3 条；《钢筋连接用灌浆套筒》JG/T 398—2012 第 5.4 条。检验频率：同一批号、同一类型、同一规格的灌浆套筒，不超过 1000 个为 1 批，每批随机抽取 10 个。

检验：　　　　日期：　　　　审核：

套筒性能抽样检验报告汇总表（M–00–00–23–01C）　表 11–29

建设项目：　单位工程：

分部 / 子分部工程：　分项工程：　第　页共　页

序号	进场日期	生产单位	品种规格	进场批量（个）	送检试件组数	试验报告编号	试验报告结论

附件：套筒性能抽样检验报告。

执行标准：《钢筋套筒灌浆连接应用技术规程》JGJ 355—2015 第 7.0.6 条、第 7.0.7 条。检验频率：同一批号、同一类型、同一规格的灌浆套筒，不超过 1000 个为 1 批，每批随机抽取 3 个灌浆筒制作对中连接接头试件。

填报：　日期：　审核：　监理：

灌浆料外观检验记录表（M–00–00–23–02A）　表 11–30

建设项目：　单位工程：

分部 / 子分部工程：　分项工程：　第　页共　页

序号	进场日期	规格型号	数量	生产厂家	表面标记 / 生产批号	生产日期	有效期	无结团

执行标准：《钢筋套筒灌浆连接应用技术规程》JGJ 355—2015 第 3.1.3 条，第 7.0.4 条；《钢筋连接用套筒灌浆料》JG/T 408—2013。检验频率：100%。

检验：　日期：　审核：

灌浆料性能抽样检验报告汇总表（M–00–00–23–02B） 表 11–31

建设项目： 单位工程：

分部 / 子分部工程： 分项工程： 第 页 共 页

序号	进场日期	品种规格	进场批量（t）	生产厂家	送检组数	试验报告编号	试验报告结论

附件：灌浆料性能抽样检验报告。

执行标准：《钢筋套筒灌浆连接应用技术规程》JGJ 355—2015 第 3.1.3 条，第 7.0.4 条；《钢筋连接用套筒灌浆料》JG/T 408—2013。检验频率：同一成分、同一批号的灌浆料，不超过 50t 为 1 个检验批。

填报： 日期： 审核： 监理：

接头试件工艺检验报告汇总表（M–00–00–23–10A） 表 11–32

建设项目： 单位工程：

分部 / 子分部工程： 分项工程： 第 页 共 页

序号	品种规格	钢筋直径	套筒生产厂家	钢筋生产厂家	送检组数	试验报告编号	试验报告结论

附件：钢筋连接接头工艺检验报告。

执行标准：《钢筋套筒灌浆连接应用技术规程》JGJ 355—2015 第 7.0.5 条。检验频率：① 灌浆施工前，应对不同钢筋生产企业的进场钢筋进行接头工艺检验；② 当更换钢筋生产企业，或同生产企业生产的钢筋外形尺寸与已完成工艺检验的钢筋有较大差异时；③ 每种规格钢筋应制作 3 个对中套筒灌浆连接接头，灌浆料拌合物制作的 40mm×40mm×160mm 试件不应少于一组。

填报： 日期： 审核： 监理：

灌浆浆料试块强度抽样检验报告汇总表（M-00-00-23-10B） 表 11-33

建设项目： 单位工程：

分部 / 子分部工程： 分项工程： 第 页 共 页

序号	抽样日期	抽样部位（层 / 构件名称 / 构件编号 / 轴线位置）	品种规格	送检试件组数	试验报告编号	试验报告结论

附件：灌浆浆料试块强度抽样检验报告。

执行标准：《钢筋套筒灌浆连接应用技术规程》JGJ 355—2015 第 7.0.9 条。检验频率：每工作班取样不得少于 1 次，每楼层取样不得少于 3 次，每次抽取一组 40mm×40mm×160mm 的试件，标准养护 28d 后进行抗压强度试验。

填报： 日期： 审核： 监理：

灌浆施工记录表（M-00-00-23-11）　　　　**表 11-34**

建设项目：　　　　单位工程：　　　　第　　页 共　　页

层号 / 构件名称 / 轴线区域：　　　　施工日期：　　　　气候：晴 / 阴 / 小雨 / 大雨 / 暴雨 / 雪　　　　风力：

施工负责人：　　　　施工人员培训考试：　　　　灌浆料总用量（kg）：

灌浆料品种规格		水灰比		灌浆浆料稠度		掺塑化剂量	
空气温度		水温度		压浆温度		泌水率	

层号 / 轴线位置	第一次压浆					停留时间（min）	第二次压浆					处理				
	压浆方向	时间起止	压力（MPa）	通过	冒浆情况		压浆方向	时间起止	压力（MPa）	通过	冒浆情况	压浆方向	时间起止	压力（MPa）	通过	冒浆情况

附件：压浆顺序图。

执行标准：《混凝土结构工程施工规范》GB 50666—2011 第 6 章；《混凝土结构工程施工质量验收规范》GB 50204—2015 第 6.5.1 条。检验频率：全数。

记录：　　　　审核：

钢筋套筒灌浆连接施工质量检验记录目录（M–00–00–23–00）　　表 11–35

建设项目：

单位工程：　　　　第　页共　页

分部 / 子分部工程：　　　　分项工程：

工序	表格编号	表格名称	份数
1. 套筒、灌浆料型号选用、生产厂家的确定与进场质量检验	M-00-00-00-01	原材料 / 成品 / 半成品选用表（套筒、灌浆料型号选用、生产厂家的确定记录表）	
	M-00-00-00-02	原材料 / 成品 / 半成品进场检验记录表（套筒质量证明文件（包括型式检验报告）、生产厂家、数量检验记录表）	
	M-00-00-23-01A	套筒几何尺寸检查记录表	
	M-00-00-23-01B	套筒外观检查记录表	
	M-00-00-23-01C	套筒性能抽样检验报告汇总表	
	M-00-00-00-02	原材料 / 成品 / 半成品进场检验记录表（灌浆料质量证明文件、生产厂家、数量检验记录表）	
	M-00-00-23-02A	灌浆料外观检查记录表	
	M-00-00-23-02B	灌浆料性能抽样检验报告汇总表	
	M-00-00-23-03 ～ M-00-00-23-09	预留	
2. 钢筋套筒连接与质量检验	M-00-00-23-10A	接头试件工艺检验报告汇总表	
	M-00-00-23-10B	灌浆浆料试块强度抽样检验报告汇总表	
	M-00-00-23-11	灌浆施工记录表	
	M-00-00-23-12 ～ M-00-00-23-19	预留	
	M-00-00-23-20 ～ M-00-00-23-29	预留	

施工技术负责人：　　　　日期：　　　　专业监理：

第12章 通用工序——连接件（钢板、型钢）连接施工质量检验程序设计及应用

钢筋混凝土预制构件、钢构件经常采用钢板、型钢连接，因此钢板、型钢连接涉及多个分部、分项工程，将其设计为通用工序，供各相应分部、分项工程统一引用。

钢板、型钢连接有多种连接方式。连接方式不同，其相应的控制内容与标准也不同，因此根据连接方式的不同设计不同的工序施工质量检验程序。考虑连接件（钢板、型钢）连接方法的多样性，连接件（钢板、型钢）连接工序编号范围预留为“31 ～ 39”，本章中暂只包含两种连接方法：螺栓连接和焊接连接。

12.1 通用工序——连接件（钢板、型钢）螺栓连接施工质量检验程序设计及应用

12.1.1 通用工序——连接件（钢板、型钢）螺栓连接施工质量检验程序设计

本工序检验程序分 3 个子工序：① 连接件（钢板、型钢）、连接用紧固标准件型号选用、生产厂家确定与进场质量检验；② 连接件螺栓连接与质量检验；③ 连接件（钢板、型钢）螺栓连接施工质量检验记录审核。

连接件螺栓连接施工质量检验程序 P-00-00-31 如图 12-1 所示。施工方案与专项施工方案的编制与审批在装配结构分项的施工质量检验程序中控制。

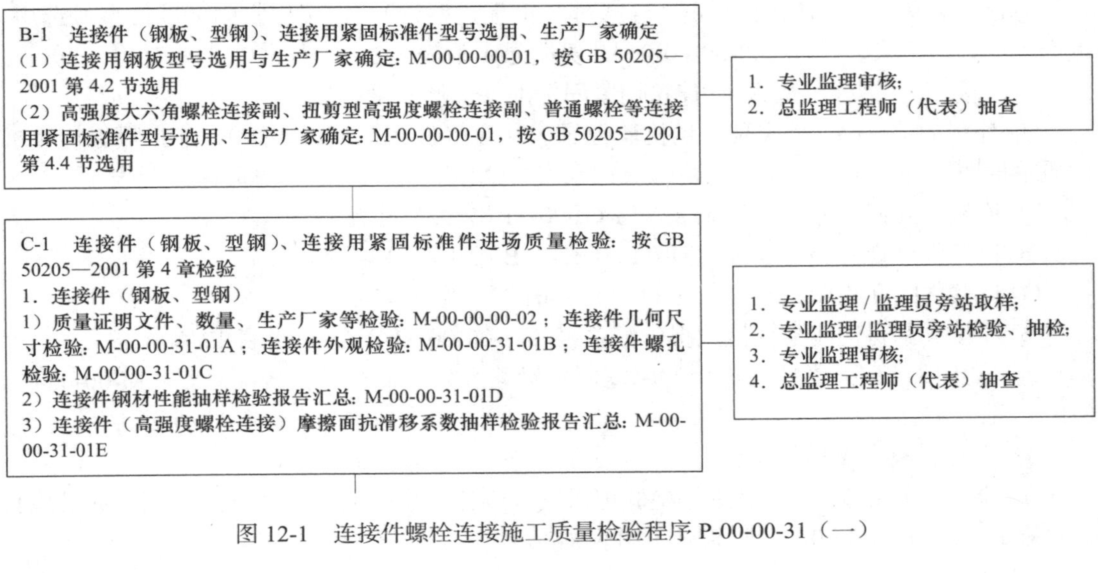

B-1 连接件（钢板、型钢）、连接用紧固标准件型号选用、生产厂家确定
（1）连接用钢板型号选用与生产厂家确定：M-00-00-00-01，按 GB 50205—2001 第 4.2 节选用
（2）高强度大六角螺栓连接副、扭剪型高强度螺栓连接副、普通螺栓等连接用紧固标准件型号选用、生产厂家确定：M-00-00-00-01，按 GB 50205—2001 第 4.4 节选用

1．专业监理审核；
2．总监理工程师（代表）抽查

C-1 连接件（钢板、型钢）、连接用紧固标准件进场质量检验：按 GB 50205—2001 第 4 章检验
1．连接件（钢板、型钢）
1）质量证明文件、数量、生产厂家等检验：M-00-00-00-02；连接件几何尺寸检验：M-00-00-31-01A；连接件外观检验：M-00-00-31-01B；连接件螺孔检验：M-00-00-31-01C
2）连接件钢材性能抽样检验报告汇总：M-00-00-31-01D
3）连接件（高强度螺栓连接）摩擦面抗滑移系数抽样检验报告汇总：M-00-00-31-01E

1．专业监理/监理员旁站取样；
2．专业监理/监理员旁站检验、抽检；
3．专业监理审核；
4．总监理工程师（代表）抽查

图 12-1 连接件螺栓连接施工质量检验程序 P-00-00-31（一）

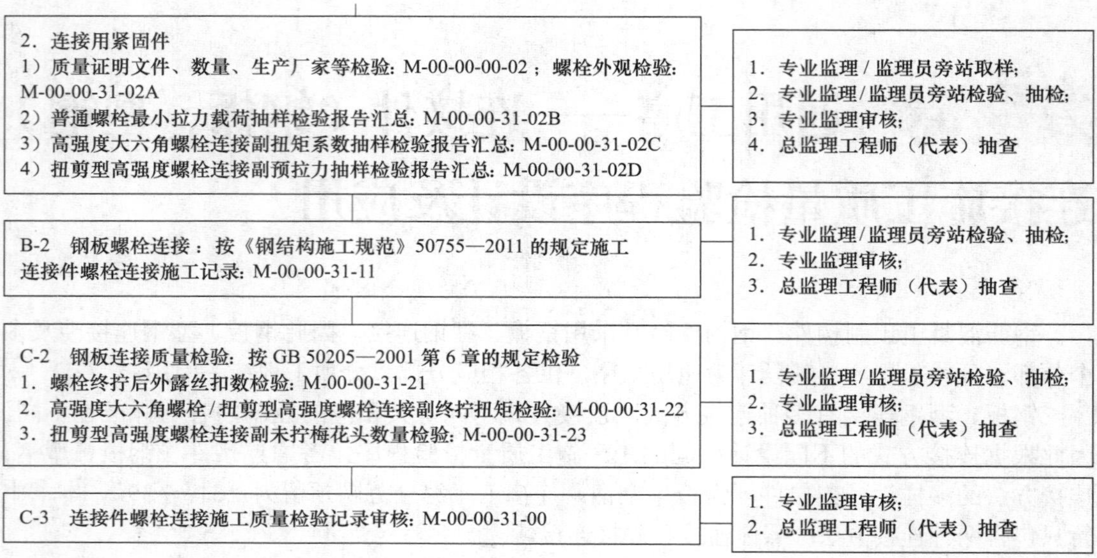

2．连接用紧固件 1）质量证明文件、数量、生产厂家等检验：M-00-00-00-02；螺栓外观检验：M-00-00-31-02A 2）普通螺栓最小拉力载荷抽样检验报告汇总：M-00-00-31-02B 3）高强度大六角螺栓连接副扭矩系数抽样检验报告汇总：M-00-00-31-02C 4）扭剪型高强度螺栓连接副预拉力抽样检验报告汇总：M-00-00-31-02D	1．专业监理/监理员旁站取样； 2．专业监理/监理员旁站检验、抽检； 3．专业监理审核； 4．总监理工程师（代表）抽查
B-2　钢板螺栓连接：按《钢结构施工规范》50755—2011 的规定施工 连接件螺栓连接施工记录：M-00-00-31-11	1．专业监理/监理员旁站检验、抽检； 2．专业监理审核； 3．总监理工程师（代表）抽查
C-2　钢板连接质量检验：按 GB 50205—2001 第 6 章的规定检验 1．螺栓终拧后外露丝扣数检验：M-00-00-31-21 2．高强度大六角螺栓/扭剪型高强度螺栓连接副终拧扭矩检验：M-00-00-31-22 3．扭剪型高强度螺栓连接副未拧梅花头数量检验：M-00-00-31-23	1．专业监理/监理员旁站检验、抽检； 2．专业监理审核； 3．总监理工程师（代表）抽查
C-3　连接件螺栓连接施工质量检验记录审核：M-00-00-31-00	1．专业监理审核； 2．总监理工程师（代表）抽查

图 12-1　连接件螺栓连接施工质量检验程序 P-00-00-31（二）

12.1.2　通用工序——连接件（钢板、型钢）螺栓连接施工质量检验程序应用

1．连接件（钢板、型钢）、连接用紧固标准件型号选用、生产厂家确定与进场质量检验

（1）规范条文

连接件（钢板、型钢）、连接用紧固标准件型号选用、生产厂家确定与进场质量根据《钢结构工程施工质量验收规范》GB 50205—2001 第 4.2.1 条～第 4.2.5 条、第 4.4.1 条～第 4.4.5 条的规定检验。

（2）表格设计

1）连接件（钢板、型钢）、连接用紧固标准件型号选用、生产厂家确定

原材料 / 成品 / 半成品选用表（连接件（钢板、型钢）、连接用紧固标准件型号选用、生产厂家确定记录表）（M-00-00-00-01），见附录 1 附表 1-2。

2）连接件（钢板、型钢）、连接用紧固标准件进场质量检验

① 原材料 / 成品 / 半成品进场检验记录表（连接件（钢板、型钢）、连接用紧固标准件质量证明文件、生产厂家、数量检验记录表）（M-00-00-00-02），见附录 1 附表 1-3。

② 连接件几何尺寸检验记录表（M-00-00-31-01A），见表 12-1。

③ 连接件外观检验记录表（M-00-00-31-01B），见表 12-2。

④ 连接件螺孔检验记录表（M-00-00-31-01C），见表 12-3。

⑤ 连接件钢材性能抽样检验报告汇总表（M-00-00-31-01D），见表 12-4。

⑥ 连接件（高强度螺栓连接）摩擦面抗滑移系数抽样检验报告汇总表（M-00-00-31-01E），见表 12-5。

3）螺栓材料进场质量检验

① 原材料 / 成品 / 半成品进场检验记录表（螺栓质量证明文件、生产厂家、数量检验记录表）（M-00-00-00-02），见附录 1 附表 1-3。

② 螺栓外观检验记录表（M-00-00-31-02A），见表 12-6。

③ 普通螺栓最小拉力载荷抽样检验报告汇总表（M-00-00-31-02B），见表 12-7。

④ 高强度大六角螺栓连接副扭矩系数抽样检验报告汇总表（M-00-00-31-02C），见表 12-8。

⑤ 扭剪型高强度螺栓连接副预拉力抽样检验报告汇总表（M-00-00-31-02D），见表 12-9。

2. 连接件螺栓连接与质量检验

（1）规范条文

连接件螺栓连接施工质量根据《钢结构工程施工质量验收规范》GB 50205—2001 第 6.2.1 条～第 6.2.3 条、第 6.3.1 条～第 6.3.7 条的规定检验。

GB 50205—2001 第 6.2.1 条、第 6.3.1 条是对普通螺栓的材料以及钢材表面的质量要求，应在进场时进行抽样检验，建议列入第 4.4 节。

（2）表格设计

1）连接件螺栓连接施工记录表（M-00-00-31-11），见表 12-10。

2）螺栓终拧后外露丝扣数检验记录表（M-00-00-31-21），见表 12-11。

3）高强度大六角螺栓 / 扭剪型高强度螺栓连接副终拧扭矩检验记录表（M-00-00-31-22），见表 12-12。

4）扭剪型高强度螺栓连接副未拧梅花头数量检验记录表（M-00-00-31-23），见表 12-13。

3. 连接件螺栓连接与施工质量检验记录审核

连接件（钢板、型钢）螺栓连接施工质量检验记录目录（M-00-00-31-00），见表 12-14。

按照表 12-14 的顺序汇总检验记录，审核检验记录的完整性与检验数据是否符合规范要求。

12.2　通用工序——连接件（钢板、型钢）焊接连接施工质量检验程序设计及应用

12.2.1　通用工序——连接件（钢板、型钢）焊接连接施工质量检验程序设计

本工序检验程序分 3 个子工序：① 连接件（钢板、型钢）、焊接材料型号选用、生产厂家确定与进场质量检验；② 连接件连接与质量检验；③ 连接件（钢板、型钢）焊接连接施工质量检验记录审核。

连接件焊接连接施工质量检验程序 P-00-00-32 如图 12-2 所示。施工方案与专项施工方案的编制与审批在装配结构分项施工质量检验程序中控制。

B-1　连接件（钢板、型钢）、焊接材料型号选用、生产厂家确定 1．连接件（钢板、型钢）：M-00-00-00-01，按 GB 50205—2001 第 4.2 节选用 2．焊接材料：M-00-00-00-01，按《钢结构焊接规范》GB 50661—2011 的要求选用	1．专业监理审核； 2．总监理工程师（代表）抽查

图 12-2　连接件焊接连接施工质量检验程序 P-00-00-32（一）

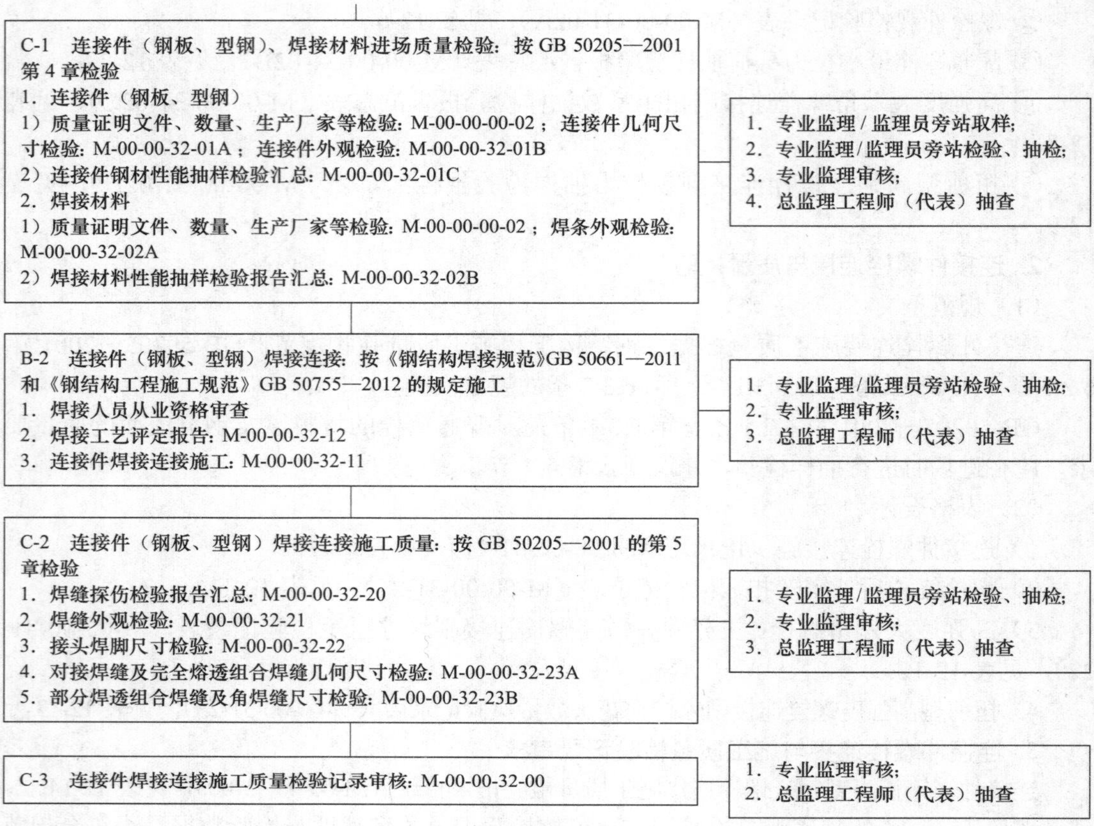

C-1　连接件（钢板、型钢）、焊接材料进场质量检验：按 GB 50205—2001 第 4 章检验
1．连接件（钢板、型钢）
1）质量证明文件、数量、生产厂家等检验：M-00-00-00-02；连接件几何尺寸检验：M-00-00-32-01A；连接件外观检验：M-00-00-32-01B
2）连接件钢材性能抽样检验汇总：M-00-00-32-01C
2．焊接材料
1）质量证明文件、数量、生产厂家等检验：M-00-00-00-02；焊条外观检验：M-00-00-32-02A
2）焊接材料性能抽样检验报告汇总：M-00-00-32-02B

1．专业监理 / 监理员旁站取样；
2．专业监理 / 监理员旁站检验、抽检；
3．专业监理审核；
4．总监理工程师（代表）抽查

B-2　连接件（钢板、型钢）焊接连接：按《钢结构焊接规范》GB 50661—2011 和《钢结构工程施工规范》GB 50755—2012 的规定施工
1．焊接人员从业资格审查
2．焊接工艺评定报告：M-00-00-32-12
3．连接件焊接连接施工：M-00-00-32-11

1．专业监理 / 监理员旁站检验、抽检；
2．专业监理审核；
3．总监理工程师（代表）抽查

C-2　连接件（钢板、型钢）焊接连接施工质量：按 GB 50205—2001 的第 5 章检验
1．焊缝探伤检验报告汇总：M-00-00-32-20
2．焊缝外观检验：M-00-00-32-21
3．接头焊脚尺寸检验：M-00-00-32-22
4．对接焊缝及完全熔透组合焊缝几何尺寸检验：M-00-00-32-23A
5．部分焊透组合焊缝及角焊缝尺寸检验：M-00-00-32-23B

1．专业监理 / 监理员旁站检验、抽检；
2．专业监理审核；
3．总监理工程师（代表）抽查

C-3　连接件焊接连接施工质量检验记录审核：M-00-00-32-00

1．专业监理审核；
2．总监理工程师（代表）抽查

图 12-2　连接件焊接连接施工质量检验程序 P-00-00-32（二）

12.2.2　通用工序——连接件（钢板、型钢）焊接连接施工质量检验程序应用

1. 连接件（钢板、型钢）、焊接材料型号选用、生产厂家确定与进场质量检验

（1）规范条文

连接件（钢板、型钢）、焊接材料型号选用、生产厂家确定与进场质量根据《钢结构工程施工质量验收规范》GB 50205—2001 第 4.2.1 条～第 4.2.5 条、第 4.3.1 条～ 4.3.4 条的规定检验。其中连接件材料质量要求第 4.2.1 条～第 4.2.5 条，见第 12.1.2 节。

（2）表格设计

1）连接件（钢板、型钢）、焊接材料型号选用、生产厂家确定

原材料 / 成品 / 半成品选用表（连接件（钢板、型钢）、焊接材料型号选用、生产厂家确定记录表（M-00-00-00-01）），见附录 1 附表 1-2。

2）连接件（钢板、型钢）进场质量检验

① 原材料 / 成品 / 半成品进场检验记录表（连接件（钢板、型钢）质量证明文件、生产厂家、数量检验记录表）（M-00-00-00-02），见附录 1 附表 1-3。

② 连接件几何尺寸检验记录表（M-00-00-32-01A），见表 12-15。

③ 连接件外观检验记录表（M-00-00-32-01B），见表 12-16。

④ 连接件钢材性能抽样检验报告汇总表（M-00-00-31-01C），见表 12-17。

3）焊接材料进场质量检验

① 原材料 / 成品 / 半成品进场检验记录表（焊接材料质量证明文件、生产厂家、数量检验记录表）（M-00-00-00-02），见附录 1 附表 1-3。

② 焊条外观检验记录表（M-00-00-32-02A），见表 12-18。

③ 焊接材料性能抽样检验报告汇总表（M-00-00-32-02B），见表 12-19。

2. 连接件连接与质量检验

（1）规范条文

连接件连接施工质量根据《钢结构工程施工质量验收规范》GB 50205—2001 第 5.2.1 条～第 5.2.11 条的规定检验。

（2）表格设计

连接件焊接连接施工记录表（M-00-00-32-11），见表 12-20。

焊接工艺评定报告（M-00-00-32-12），见表 12-21。

焊缝探伤抽样检验报告汇总表（M-00-00-32-20），见表 12-22。

焊缝外观检验记录表（M-00-00-32-21），见表 12-23。

接头焊脚尺寸检验记录表（M-00-00-32-22），见表 12-24。

对接焊缝及完全熔透组合焊缝尺寸检验记录表（M-00-00-32-23A），见表 12-25。

部分焊透组合焊缝及角焊缝尺寸检验记录表（M-00-00-32-23B），见表 12-26。

3. 连接件（钢板，型钢）焊接连接施工质量检验记录审核

连接件（钢板、型钢）焊接连接施工质量检验记录目录（M-00-00-32-00），见表 12-27。

按照表 12-27 的顺序汇总检验记录，审核检验记录的完整性与检验数据是否符合规范要求。

连接件几何尺寸检验记录表（M–00–00–31–01A）　　　　**表 12–1**

建设项目：							单位工程：						
分部 / 子分部工程：							分项工程：				第　页 共　页		
进场日期：							生产厂家：						
序号	连接件规格型号与编号	截面宽度（mm）			截面高度（mm）			截面厚度（mm）			长度（m）		
		允许误差：			允许误差：			允许误差：			允许误差：		
		设计	实测	误差	设计	实测	误差	设计	实测	误差	设计	实测	误差

执行标准：《钢结构工程施工质量验收规范》GB 50205—2001 第 4.2.3 条、第 4.2.4 条。检验频率：每一品种、每一规格的钢板、型钢抽查 5 处。

检验：　　　　日期：　　　　审核：

连接件外观检验记录表（M–00–00–31–01B）

表 12–2

建设项目：　　　　单位工程：　　　　第　页 共　页

序号	进场日期	规格型号	数量	生产厂家	表面标记	钢材厚度负允许偏差	锈蚀、麻点或划痕等缺陷深度不得大于该钢材厚度负允许偏差的 1/2	锈蚀等级应符合现行国家标准《涂装前钢材表面锈蚀等级和除锈等级》GB 8923 规定的 C 级及 C 级以上	钢材端边或断口处不应有分层、夹渣

执行标准：《热轧型钢》GB /T 706—2008；《钢结构工程施工质量验收规范》GB 50205—2001 第 4.2.5 条。检验频率：100%。

检验：　　　　日期：　　　　审核：

连接件螺孔检验记录表（M–00–00–31–01C）

表 12–3

建设项目：　　　　单位工程：

分部 / 子分部工程：　　　　分项工程：　　　　第　页 共　页

进场日期：　　　　生产厂家：

连接件规格型号与编号	螺孔数量	螺孔直径（mm）允许偏差：			螺孔中心位置（mm）允许偏差：						相邻孔间距（mm）允许偏差：		
	设计	X 设计	实测	差值	X 设计	X 实测	X 差值	Y 设计	Y 实测	Y 差值	设计	实测	差值

执行标准：《钢结构工程施工质量验收规范》GB 50205—2001 第 6.3.7 条、第 7.6.1 条～第 7.6.3 条。检验频率：按构件数抽查 10%，且不少于 3 件。

检验：　　　　日期：　　　　审核：

连接件钢材性能抽样检验报告汇总表（M-00-00-31-01D）　　表 12-4

建设项目：　　　　单位工程：

分部 / 子分部工程：　　　　分项工程：　　　　第　　页 共　　页

序号	进场日期	规格型号	进场数量	生产厂家	送检试件数	试验报告编号	试验报告结论

附件：连接件钢材性能抽样检验报告。

执行标准：《钢结构工程施工质量验收规范》GB 50205—2001 第 4.2.2 条。

填报：　　　　日期：　　　　审核：　　　　监理：

连接件（高强度螺栓连接）摩擦面抗滑移系数抽样检验报告汇总表（M-00-00-31-01E）　表 12-5

建设项目：　　　　单位工程：

分部 / 子分部工程：　　　　分项工程：　　　　第　　页 共　　页

序号	进场日期	规格型号	数量	生产厂家	送检试件组数	试验报告编号	试验报告结论

附件：连接件（高强度螺栓连接）摩擦面抗滑移系数检验报告。

执行标准：《钢结构工程施工质量验收规范》GB 50205—2001 第 6.3.1 条，附录 B 的 B.0.5 条。检验频率：以钢结构制造批为单位，按分部分项工程制造工程量每 2000t 为 1 个检验批，不足 2000t 的可视为 1 批，选用两种或两种以上工艺时，每种工艺应单独检验，每批 3 组试件。

填报：　　　　日期：　　　　审核：　　　　监理：

表 12-6

螺栓外观检验记录表（M-00-00-31-02A）

建设项目：　　　　　　单位工程：

分部 / 子分部工程：　　　　　　分项工程：　　　　　　第　　页　共　　页

序号	进场日期	规格型号	箱数	每箱数量	生产厂家	表面标记 / 生产批号	生产日期	螺栓、螺母、垫圈应涂油保护	螺栓、螺母、垫圈不应出现生锈和沾染脏物	螺纹不受损伤

执行标准：《钢结构工程施工质量验收规范》GB 50205—2001 第 4.4.4 条。检验频率：按包装箱数抽查 5%，且不少于 3 箱。

检验：　　　　　　日期：　　　　　　审核：

普通螺栓最小拉力载荷抽样检验报告汇总表（M-00-00-31-02B）　　表 12-7

建设项目：　　　　　　　　　　　　单位工程：

分部 / 子分部工程：　　　　　　　　分项工程：　　　　　　　　第　页 共　页

序号	进场日期	规格型号	进场数量	生产厂家	送检试件数	试验报告编号	试验报告结论

附件：普通螺栓最小拉力载荷抽样检验报告。

执行标准：《钢结构工程施工质量验收规范》GB 50205—2001 第 6.2.1 条，附录 B 的 B.0.1 条。检验频率：当设计有要求或对其质量有异议时，每一规格螺栓抽查 8 个。

填报：　　　　　　日期：　　　　　　审核：　　　　　　监理：

高强度大六角螺栓连接副扭矩系数抽样检验报告汇总表（M-00-00-31-02C）　　表 12-8

建设项目：　　　　　　　　　　　　单位工程：

分部 / 子分部工程：　　　　　　　　分项工程：　　　　　　　　第　页 共　页

序号	进场日期	规格型号	进场数量	生产厂家	送检试件数	试验报告编号	试验报告结论

附件：高强度大六角螺栓连接副扭矩系数检验报告。

执行标准：《钢结构工程施工质量验收规范》GB 50205—2001 第 4.4.2 条，附录 B 的 B.0.4 条。检验频率：每批应抽取 8 套连接副。

填报：　　　　　　日期：　　　　　　审核：　　　　　　监理：

表 12–9

扭剪型高强度螺栓连接副预拉力抽样检验报告汇总表（M–00–00–31–02D）

建设项目：　　　　单位工程：

分部 / 子分部工程：　　　　分项工程：　　　　第　　页 共　　页

序号	进场日期	规格型号	进场数量	生产厂家	送检试件数	试验报告编号	试验报告结论

附件：扭剪型高强度螺栓连接副预拉力抽样检验报告。

执行标准：《钢结构工程施工质量验收规范》GB 50205—2001 第 4.4.3 条，附录 B 的 B.0.2 条。检验频率：每批应抽取 8 套连接副。

填报：　　　　日期：　　　　审核：　　　　监理：

连接件螺栓连接施工记录表（M–00–00–31–11）　　表 12–10

建设项目：

单位工程：　　　　第　　页 共　　页

分部 / 子分部工程：　　　　分项工程：

施工日期：

气候：晴 / 阴 / 小雨 / 大雨 / 暴雨 / 雪　　　　风力：

施工负责人：　　　　气温：

施工内容及施工范围（层号 / 构件名称 / 轴线区域）：

施工方案批复情况检查：

施工人员培训及交底：

施工间断情况记录与其他情况记录：

施工人员上岗证检查：

扭矩扳手使用前校正：

施扭顺序：

执行标准：《钢结构工程施工质量验收规范》GB 50205—2001。

记录：　　　　审核：

螺栓终拧后外露丝扣数检验记录表（M-00-00-31-21）　　表 12-11

建设项目：

单位工程：　　第　页共　页

分部 / 子分部工程：　　分项工程：

第 6.2.3 条：永久性普通螺栓紧固应牢固、可靠，外露丝扣不应小于 2 扣。

第 6.3.5 条：高强度螺栓连接副终拧后，螺栓丝扣外露应为 2 ～ 3 扣，其中允许有 10% 的螺栓丝扣外露 1 扣或 4 扣。

层号	连接节点轴线位置	螺栓类型	外露丝扣数	检验结论

执行标准：《钢结构工程施工质量验收规范》GB 50205—2001 第 6.2.3 条、第 6.3.5 条。检验频率：永久性普通螺栓按连接节点数抽查 10%，且不应小于 3 个；高强度螺栓按节点数抽查 5%，且不应小于 10 个。

检验：　　日期：　　审核：

高强度大六角螺栓 / 扭剪型高强度螺栓连接副终拧扭矩检验记录表（M-00-00-31-22） 表 12-12

建设项目： 单位工程：

分部 / 子分部工程： 分项工程： 第 页 共 页

层号	连接节点轴线位置	连接类型	扭矩设计值	终拧 1h 实测值	差值	终拧 48h 实测值	差值	检验结论

执行标准：《钢结构工程施工质量验收规范》GB 50205—2001 第 6.3.2 条、第 6.3.3 条，附录 B 的 B.0.3 条。检验频率：按节点数抽查 10%，但不少于 10 个；每个抽查节点按螺栓数抽查 10%，但不少于 2 个。

检验： 日期： 审核：

扭剪型高强度螺栓连接副未拧梅花头数量检验记录表（M-00-00-31-23） 表 12-13

建设项目：

单位工程： 第 页 共 页

分部 / 子分部工程： 分项工程：

允许偏差（未在终拧中拧掉梅花头的螺栓数不应大于该节点螺栓总数的 5%）：

层号	连接节点轴线位置	节点螺栓数	未拧梅花头数	未拧梅花头百分比（%）

执行标准：《钢结构工程施工质量验收规范》GB 50205—2001 第 6.3.3 条；检验频率：按节点数抽查 10%，但不应小于 10 个。

检验： 日期： 审核：

连接件（钢板、型钢）螺栓连接的施工质量检验记录目录（M–00–00–31–00）　　表 12–14

建设项目：

单位工程：　　　　　　　　　　　　　　　　　　　　第　　页 共　　页

分部 / 子分部工程：　　　　　　　　　　　　分项工程：

工序	表格编号	表 格 名 称	份数
1. 连接件（钢板、型钢）、连接用紧固标准件型号选用、生产厂家确定与进场质量检验	M-00-00-00-01	原材料 / 成品 / 半成品选用表（连接件（钢板、型钢）、连接用紧固标准件型号选用、生产厂家确定记录表）	
	M-00-00-00-02	原材料 / 成品 / 半成品进场检验记录表（连接件（钢板、型钢）、连接用紧固标准件质量证明文件、生产厂家、数量检验记录表）	
	M-00-00-31-01A	连接件几何尺寸检验记录表	
	M-00-00-31-01B	连接件外观检验记录表	
	M-00-00-31-01C	连接件螺孔检验记录表	
	M-00-00-31-01D	连接件钢材性能抽样检验报告汇总表	
	M-00-00-31-01E	连接件（高强度螺栓连接）摩擦面抗滑移系数抽样检验报告汇总表	
	M-00-00-00-02	原材料 / 成品 / 半成品进场检验记录表（螺栓质量证明文件、生产厂家、数量检验记录表）	
	M-00-00-31-02A	螺栓外观检验记录表	
	M-00-00-31-02B	普通螺栓最小拉力载荷抽样检验报告汇总表	
	M-00-00-31-02C	高强度大六角螺栓连接副扭矩系数抽样检验报告汇总表	
	M-00-00-31-02D	扭剪型高强度螺栓连接副预拉力抽样检验报告汇总表	
	M-00-00-31-03 ～ M-00-00-31-09	预留	
2. 连接件螺栓连接与质量检验	M-00-00-31-10	预留	
	M-00-00-31-11	连接件螺栓连接施工记录表	
	M-00-00-31-12 ～ M-00-00-31-19	预留	
	M-00-00-31-20	预留	
	M-00-00-31-21	螺栓终拧后外露丝扣数检验记录表	
	M-00-00-31-22	高强度大六角螺栓 / 扭剪型高强度螺栓连接副终拧扭矩检验记录表	
	M-00-00-31-23	扭剪型高强度螺栓连接副未拧梅花头数量检验记录表	
	M-00-00-31-24 ～ M-00-00-31-29	预留	

施工技术负责人：　　　　　　　　日期：　　　　　　　　专业监理：

连接件几何尺寸检验记录表（M–00–00–32–01A） 表 12–15

建设项目： 单位工程：

分部 / 子分部工程： 分项工程：
第 页共 页

进场日期： 生产厂家 / 供货商：

序号	连接件规格型号与编号	截面宽度（mm）			截面高度（mm）			截面厚度（mm）			长度（m）		
		允许误差：			允许误差：			允许误差：			允许误差：		
		设计	实测	误差	设计	实测	误差	设计	实测	误差	设计	实测	误差

执行标准：《钢结构工程施工质量验收规范》GB 50205—2001 第 4.2.3 条、第 4.2.4 条。检验频率：每一品种、每一规格的钢板、型钢抽查 5 处。

检验： 日期： 审核：

连接件外观检验记录表（M–00–00–32–01B） 表 12–16

建设项目： 单位工程：

分部 / 子分部工程： 分项工程： 第 页共 页

序号	进场日期	规格型号	数量	生产厂家	表面标记	钢材厚度负允许偏差	锈蚀、麻点或划痕等缺陷深度不得大于该钢材厚度负允许偏差的 1/2	锈蚀等级应符合现行国家标准《涂装前钢材表面锈蚀等级和除锈等级》GB/T 8923.1—2011 规定的 C 级及 C 级以上	钢材端边或断口处不应有分层、夹渣

执行标准：《热轧型钢》GB/T 706—2008；《钢结构工程施工质量验收规范》GB 50205—2001 第 4.2.5 条。检验频率：100%。

检验： 日期： 审核：

连接件钢材性能抽样检验报告汇总表（M-00-00-32-01C）　　表 12-17

建设项目：				单位工程：			
分部 / 子分部工程：				分项工程：			第　页 共　页
序号	进场日期	规格型号	进场数量	生产厂家	送检试件数	试验报告编号	试验报告结论
附件：连接件钢材性能抽样检验报告。							
执行标准：《钢结构工程施工质量验收规范》GB 50205—2001 第 4.2.2 条。							

填报：　　日期：　　审核：　　监理：

焊条外观检验记录表（M-00-00-32-02A）　　表 12-18

建设项目：				单位工程：				
分部 / 子分部工程：				分项工程：				第　页 共　页
序号	进场日期	规格型号	数量（包）	生产厂家	表面标记	不应有药皮脱落	不应有焊芯生锈	不应受潮结块
执行标准：《钢结构工程施工质量验收规范》GB 50205—2001 第 4.3.4 条。检验频率：按量抽查 1%，且不应少于 10 包。								

检验：　　日期：　　审核：

表 12-19

焊接材料性能抽样检验报告汇总表（M-00-00-32-02B）

建设项目：　　　　单位工程：

分部 / 子分部工程：　　　　分项工程：　　　　第　页共　页

序号	进场日期	品种规格	进场数量	生产厂家	送检试件组数	试验报告编号	试验报告结论

执行标准：《钢结构工程施工质量验收规范》GB 50205—2001 第 4.3.2 条。检验频率：重要钢结构。

填报：　　　　日期：　　　　审核：　　　　监理：

连接件焊接连接施工记录表（M-00-00-32-11）　　**表 12-20**

建设项目：	
单位工程：	第　页 共　页
分部 / 子分部工程：	分项工程：
层号 / 构件名称 / 轴线区域：	施工日期：
气候：晴 / 阴 / 小雨 / 大雨 / 暴雨 / 雪	风力：
施工负责人：	气温：
施工内容及施工范围（层号 / 构件名称 / 轴线区域）：	
施工方案批复情况检查：	
施工人员培训及交底：	
施工人员上岗证检查：	
焊接材料的保管情况：	
执行标准：《钢结构工程施工规范》GB 50755—2012。	

记录：　　　　　　　　　　审核：

焊接工艺评定报告（M-00-00-32-12） 表 12-21

建设项目：

单位工程： 第 页共 页

分部 / 子分部工程： 分项工程：

1. 焊接方法或焊接方法的组合

2. 母材的规格、型号、厚度及覆盖范围

3. 填充金属的规格、类别和型号

4. 焊接接头形式、坡口形式、尺寸及其允许误差

5. 焊接位置

6. 焊接电源的种类和极性

7. 清根处理

8. 焊接工艺参数（焊接电流、焊接电压、焊接速度、焊层和焊道分部）

9. 预热温度及道间温度范围

10. 焊后消除应力处理工艺

11. 其他必要的规定

执行标准：《钢结构工程施工规范》GB 50755—2012 第 6.3.1 条、第 6.3.2 条。

检验： 日期： 审核：

焊缝探伤抽样检验报告汇总表（M-00-00-32-20）　　表 12-22

建设项目：　　　　单位工程：

分部 / 子分部工程：　　　　分项工程：　　　　第　　页 共　　页

序号	抽样日期	抽样部位（层 / 构件名称 / 构件编号 / 轴线位置）	试验报告编号	试验报告结论

附件：焊缝探伤抽样检验报告。

执行标准：《钢结构工程施工质量验收规范》GB 50205—2001 第 5.2.4 条。

填报：　　　　日期：　　　　审核：　　　　监理：

焊缝外观检验记录表（M–00–00–32–21）

表 12–23

建设项目：　　　　单位工程：

分部 / 子分部工程：　　　　分项工程：　　　　第　页 共　页

层号 / 构件名称编号	轴线位置	t（连接处较薄的板厚）（mm）	未焊满（指不足设计要求）（mm）		根部收缩（mm）	咬边（mm）	弧坑裂纹（mm）	电弧擦伤	接头不良（mm）		表面夹渣（mm）	表面气孔（mm）
			二级：≤ 0.2 + 0.02t 且 ≤ 1.0	100mm 长焊缝内缺陷总长 ≤ 25mm	二级：≤ 0.2 + 0.02t 且 ≤ 1.0；长度不限	二级：≤ 0.05t 且 ≤ 0.5，连续长度 ≤ 100，且焊缝两侧咬边总长 ≤ 焊缝总长的 10%	二级不允许	二级不允许	二级：缺口深度 ≤ 0.05t 且 ≤ 0.5	每 1000 条焊缝不应超过一处	二级不允许	二级不允许
			三级：≤ 0.2 + 0.04t 且 ≤ 2.0		三级：≤ 0.2 + 0.04t 且 ≤ 2.0；长度不限	三级：≤ 0.1t 且 ≤ 1，长度不限	三级：允许存在个别长度 ≤ 5.0 的弧坑裂纹	三级：允许存在个别电弧擦伤	三：缺口深度 ≤ 0.1t 且 ≤ 1		三级：深 ≤ 0.2t，长 ≤ 0.5t 且 ≤ 20	三级：每 50mm 焊缝长度内允许直径 ≤ 0.4t，且 ≤ 3mm 的气孔 2 个，孔距 ≥ 6 倍孔径

执行标准：《钢结构工程施工质量验收规范》GB 50205—2001 第 5.2.6 条、第 5.2.8 条、附录 A 的 A.0.1 条。检验频率：同类构件抽查 10%，且不应少于 3 件；被查构件中，每一类型焊缝按条数抽查 5%，且不应少于 1 条；每条检查 1 处，总抽查数不应少于 10 处。

检验：　　　　日期：　　　　审核：

接头焊脚尺寸检验记录表（M-00-00-32-22） **表 12-24**

建设项目：

单位工程： 第 页 共 页

分部 / 子分部工程： 分项工程：

层号 / 构件名称编号	接头轴线位置	T 形接头 / 十字接头 / 角接接头	连接件厚度较小值 t（mm）	焊脚高度（mm）：0 ～ 4		
				设计值	实测值	差值

执行标准：《钢结构工程施工质量验收规范》GB 50205—2001 第 5.2.5 条。检验频率：同类焊缝抽查 10%，且不应少于 3 条。

检验： 日期： 审核：

对接焊缝及完全熔透组合焊缝尺寸检验记录表（M-00-00-32-23A）　　表 12-25

建设项目：　　　　　　单位工程：

分部 / 子分部工程：　　　　　　分项工程：　　　　　　第　页 共　页

层号 / 构件名称编号	轴线位置	钢板厚度 t（mm）	焊缝 B 值（mm）	对接焊缝余高 C（mm）			对接焊缝错边 d（mm）		
				一、二级：$B<20$，0～3；$B\geqslant20$，0～4			一、二级：$d<0.15t$ 且 $\leqslant2.0$		
				三级：$B<20$，0～4.0；$B\geqslant20$，0～5.0			三级：$d<0.15t$ 且 $\leqslant3.0$		
				设计值	实测	差值	允许值	实测	差值

执行标准：《钢结构工程施工质量验收规范》GB 50205—2001 第 5.2.9 条、附录 A 的 A.0.2 条。检验频率：同类构件抽查 10%，且不应少于 3 件；被查构件中，每一类型焊缝按条数抽查 5%，且不应少于 1 条；每条检查 1 处，总抽查数不应少于 10 处。

检验：　　　　　　日期：　　　　　　审核：

部分焊透组合焊缝及角焊缝尺寸检验记录表（M-00-00-32-23B）　　表 12-26

建设项目：　　　　　　单位工程：

分部 / 子分部工程：　　　　　　分项工程：　　　　　　第　页 共　页

层号 / 构件名称编号	轴线位置	钢板厚度 t（mm）	焊脚尺寸 h_f（mm）			角焊缝余高 C（mm）		
			$h_f\leqslant6$，0～1.5；$h_f>6$，0～3			$h_f\leqslant6$，0～1.5；$h_f>6$，0～3		
			设计值	实测	差值	设计值	实测	差值

注：1.$h_f>8$mm 的角焊缝其局部焊脚尺寸允许低于设计值 1.0mm，但总长度不得超过焊缝长度的 10%；2. 焊接 H 形梁腹板与翼缘板的焊缝两端在其两倍翼缘板宽度范围内，焊缝的焊脚尺寸不得低于设计值。

执行标准：《钢结构工程施工质量验收规范》GB 50205—2001 第 5.2.9 条、附录 A 的 A.0.3 条。检验频率：同类构件抽查 10%，且不应少于 3 件；被查构件中，每一类型焊缝按条数抽查 5%，且不应少于 1 条；每条检查 1 处，总抽查数不应少于 10 处。

检验：　　　　　　日期：　　　　　　审核：

连接件（钢板、型钢）焊接连接施工质量检验记录目录（M–00–00–32–00）　　表 12–27

建设项目：

单位工程：　　　　第　　页 共　　页

分部 / 子分部工程：　　　　分项工程：

工序	表格编号	表格名称	份数
1. 连接件（钢板、型钢）、焊接材料型号选用、生产厂家确定与进场质量检验	M-00-00-00-01	原材料 / 成品 / 半成品选用表（连接件（钢板、型钢）、焊接材料型号选用、生产厂家确定记录表）	
	M-00-00-00-02	原材料 / 成品 / 半成品进场检验记录表（连接件（钢板、型钢）质量证明文件、生产厂家、数量检验记录表）	
	M-00-00-32-01A	连接件几何尺寸检验记录表	
	M-00-00-32-01B	连接件外观检验记录表	
	M-00-00-32-01C	连接件钢材性能抽样检验报告汇总表	
	M-00-00-00-02	原材料 / 成品 / 半成品进场检验记录表（焊接材料质量证明文件、生产厂家、数量检验记录表）	
	M-00-00-32-02A	焊条外观检验记录表	
	M-00-00-32-02B	焊接材料性能抽样检验报告汇总表	
	M-00-00-32-03 ～ M-00-00-32-09	预留	
2. 连接件连接与质量检验	M-00-00-32-10	预留	
	M-00-00-32-11	连接件焊接连接施工记录表	
	M-00-00-32-12	焊接工艺评定报告	
	M-00-00-32-13 ～ M-00-00-32-19	预留	
	M-00-00-32-20	焊缝探伤抽样检验报告汇总表	
	M-00-00-32-21	焊缝外观检验记录表	
	M-00-00-32-22	接头焊脚尺寸检验记录表	
	M-00-00-32-23A	对接焊缝及完全熔透组合焊缝尺寸检验记录表	
	M-00-00-32-23B	部分焊透组合焊缝及角焊缝尺寸检验记录表	
	M-00-00-32-24 ～ M-00-00-32-29	预留	

施工技术负责人：　　　　日期：　　　　专业监理：

第13章 通用工序——混凝土施工质量检验程序设计及应用

混凝土施工涉及多个分部、分项工程，因此将其设计为通用工序，供各相应分部、分项工程统一引用。

混凝土拌制、混凝土浇捣通常由两个独立的单位完成。混凝土拌制由混凝土预拌厂完成，预拌厂完成混凝土的预拌工作和运输工作；混凝土浇捣由施工单位向预拌厂购买商品混凝土，施工单位完成混凝土的浇捣、养护等工作。因此将混凝土拌制与混凝土浇捣设计成两个独立的工序，既可以独立使用，也可以联合使用。某些特殊的混凝土有特殊的工艺，考虑混凝土施工工艺的复杂性，可能要设计若干个通用工序。因此为混凝土施工预留工序编号为“41 ～ 49”。本章中只设计了 2 个工序：① 混凝土拌制；② 混凝土浇捣。

13.1 通用工序——混凝土拌制施工质量检验程序设计及应用

13.1.1 通用工序——混凝土拌制施工质量检验程序设计

本工序检验程序分 3 个步骤：① 水泥、外加剂、矿物掺合料、粗、细骨料、拌制用水等型号选用、生产厂家确定与进场质量检验、混凝土配合比设计；② 混凝土拌制与质量检验；③ 混凝土拌制施工质量检验记录审核。

混凝土拌制施工质量检验程序 P-00-00-41 如图 13-1 所示。施工方案与专项施工方案的编制与审批在混凝土分项的施工质量检验程序中控制。

B-1 水泥、外加剂、矿物掺合料、粗细骨料、拌制用水等型号选用、生产厂家确定、混凝土配合比设计
1. 水泥、外加剂、矿物掺合料、粗细骨料、拌制用水等型号选用、生产厂家确定：M-00-00-00-01，按 GB 50204—2015 第 7.2 节，GB 50666—2011 第 7.2 节确定
2. 混凝土配合比设计与审核：M-00-00-41-04，按 GB 50666—2011 第 7.3 节的规定设计
1）混凝土配合比试验报告
2）混凝土中氯离子含量和碱总含量计算和审核：按 GB 50204—2015 第 7.3.3 条计算和审核

1. 专业监理审核；
2. 总监理工程师（代表）抽查

C-1 水泥、外加剂、矿物掺合料、粗细骨料、拌制用水等进场质量检验：按 GB 50204—2015 第 7.2 节，GB 50666—2011 第 7.2 节检验
1. 水泥外观、外加剂外观、矿物掺合料
1）质量证明文件、数量、生产厂家审核：M-00-00-00-02；水泥、外加剂、矿物掺合料外观检验：M-00-00-41-01A

1. 专业监理 / 监理员旁站取样；
2. 专业监理 / 监理员旁站检验、抽检；
3. 专业监理审核；
4. 总监理工程师（代表）抽查

图 13-1 混凝土拌制施工质量检验程序 P-00-00-41（一）

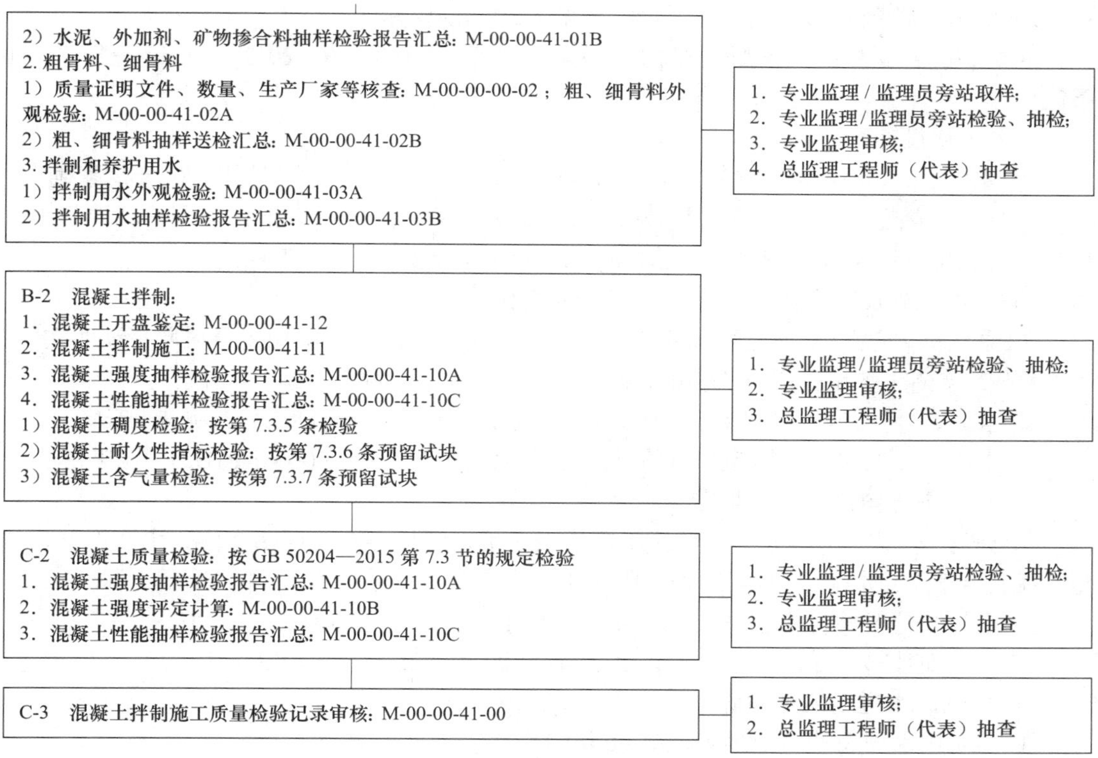

2）水泥、外加剂、矿物掺合料抽样检验报告汇总：M-00-00-41-01B
2. 粗骨料、细骨料
1）质量证明文件、数量、生产厂家等核查：M-00-00-00-02；粗、细骨料外观检验：M-00-00-41-02A
2）粗、细骨料抽样送检汇总：M-00-00-41-02B
3. 拌制和养护用水
1）拌制用水外观检验：M-00-00-41-03A
2）拌制用水抽样检验报告汇总：M-00-00-41-03B

1．专业监理 / 监理员旁站取样；
2．专业监理 / 监理员旁站检验、抽检；
3．专业监理审核；
4．总监理工程师（代表）抽查

B-2　混凝土拌制：
1．混凝土开盘鉴定：M-00-00-41-12
2．混凝土拌制施工：M-00-00-41-11
3．混凝土强度抽样检验报告汇总：M-00-00-41-10A
4．混凝土性能抽样检验报告汇总：M-00-00-41-10C
1）混凝土稠度检验：按第 7.3.5 条检验
2）混凝土耐久性指标检验：按第 7.3.6 条预留试块
3）混凝土含气量检验：按第 7.3.7 条预留试块

1．专业监理/监理员旁站检验、抽检；
2．专业监理审核；
3．总监理工程师（代表）抽查

C-2　混凝土质量检验：按 GB 50204—2015 第 7.3 节的规定检验
1．混凝土强度抽样检验报告汇总：M-00-00-41-10A
2．混凝土强度评定计算：M-00-00-41-10B
3．混凝土性能抽样检验报告汇总：M-00-00-41-10C

1．专业监理/监理员旁站检验、抽检；
2．专业监理审核；
3．总监理工程师（代表）抽查

C-3　混凝土拌制施工质量检验记录审核：M-00-00-41-00

1．专业监理审核；
2．总监理工程师（代表）抽查

图 13-1　混凝土拌制施工质量检验程序 P-00-00-41（二）

13.1.2　通用工序——混凝土拌制施工质量检验程序应用

1. 水泥、外加剂、矿物掺合料、粗细骨料、拌制用水等型号选用、生产厂家确定与进场质量检验、混凝土配合比设计

（1）规范条文

水泥、外加剂、矿物掺合料、粗、细骨料、拌制用水等型号选用、生产厂家确定与进场质量检验、混凝土配合比设计根据《混凝土结构工程施工质量验收规范》GB 50204—2015 第 7.2.1 条～第 7.2.5 条的规定执行。

1）水泥质量证明文件与质量抽检按第 7.2.1 条规定执行。

2）外加剂质量证明文件与质量抽检按第 7.2.2 条规定执行。

3）混凝土用掺合物质量证明文件与质量抽检按第 7.2.3 条规定执行；

水泥、外加剂、矿物掺合料的品种、技术指标、出厂日期、外观检验频率应有别于抽样检验。每批货进场都应检验，建议规范中给予明确规定。

4）混凝土用粗骨料、细骨料质量抽检按第 7.2.4 条规定执行。

《混凝土结构工程施工质量验收规范》GB 50204—2015 第 7.2.4 条采用《普通混凝土用砂、石质量及检验方法标准》JGJ 52—2006 及《海砂混凝土应用技术标准》JGJ 206—2010 的检验频率，但是 JGJ 52—2006 和 JGJ 206—2010 对砂石的检验频率应该是针对砂石生产厂家的检验频率，施工现场的复验频率应该有别于生产企业的检验频率，建议规范给出一个便于施工企业抽检的合适频率。

5）混凝土拌制及养护用水质量抽检按第 7.2.5 条规定执行。

混凝土配合比根据《混凝土结构工程施工规范》GB 50666—2011 第 7.3.1 ～第 7.3.10 条设计。

（2）表格设计

1）水泥、外加剂、矿物掺合料、粗、细骨料、拌制用水等型号选用、生产厂家确定

原材料 / 成品 / 半成品选用表（水泥、外加剂、矿物掺合料、粗、细骨料、拌制用水型号选用、生产厂家确定记录表）（M-00-00-00-01），见附录 1 附表 1-2。

2）水泥、外加剂、矿物掺合料进场质量检验

① 原材料 / 成品 / 半成品进场检验记录表（水泥、外加剂、矿物掺合料质量证明文件、生产厂家、数量检验记录表）（M-00-00-00-02），见附录 1 附表 1-3。

② 水泥、外加剂、矿物掺合料外观检验记录表（M-00-00-41-01A），见表 13-1。

③ 水泥、外加剂、矿物掺合料抽样检验报告汇总表（M-00-00-41-01B），见表 13-2。

3）粗、细骨料进场质量检验

① 原材料 / 成品 / 半成品进场检验记录表（粗、细骨料质量证明文件、生产厂家、数量检验记录表）（M-00-00-00-02），见附录 1 附表 1-3。

② 粗、细骨料外观检验记录表（M-00-00-41-02A），见表 13-3。

③ 粗、细骨料抽样检验报告汇总表（M-00-00-41-02B），见表 13-4。

4）拌制用水进场质量检验

① 拌制用水外观检验记录表（M-00-00-41-03A），见表 13-5。

② 拌制用水抽样检验报告汇总表（M-00-00-41-03B），见表 13-6。

5）配合比设计

混凝土配合比通知单（M-00-00-41-04），见表 13-7。

2. 混凝土拌制与质量检验

（1）规范条文

混凝土拌制施工质量根据《混凝土结构工程施工质量验收规范》GB 50204—2015 第 7.3.2 条～第 7.3.7 条、第 7.4.1 条的规定检验。

1）混凝土外观按第 7.3.2 条规定检验。

2）混凝土中氯离子含量和碱总含量按第 7.3.3 条规定检验。

3）混凝土中稠度按第 7.3.5 条规定检验。

4）混凝土有耐久性指标要求时，按第 7.3.6 条规定检验。

5）混凝土有耐抗冻要求时，按第 7.3.7 条规定检验。

6）混凝土强度等级按第 7.4.1 条规定检验；混凝土强度评定计算见《混凝土强度检验评定标准》GB/T 50107—2010 第 5.1.1 条～第 5.1.3 条、第 5.1.1 条～第 5.1.3 条、第 5.2.1 条、第 5.2.2 条、第 5.3.1 条、第 5.3.2 条。

（2）表格设计

混凝土强度抽样检验报告汇总表（M-00-00-41-10A），见表 13-8。

混凝土强度评定计算表（M-00-00-41-10B），见表 13-9。

混凝土性能抽样检验报告汇总表（M-00-00-41-10C），见表 13-10。

混凝土拌制施工记录表（M-00-00-41-11），见表 13-11。

混凝土开盘鉴定记录表（M-00-00-41-12），见表 13-12。

3. 混凝土拌制施工质量检验记录审核

混凝土拌制施工质量检验记录目录（M-00-00-41-00），见表 13-13。

按照表 13-13 的顺序汇总检验记录，审核检验记录的完整性与检验数据是否符合规范要求。

13.2　通用工序——混凝土浇捣施工质量检验程序设计及应用

13.2.1　通用工序——混凝土浇捣施工质量检验程序设计

本工序检验程序分 3 个步骤：① 混凝土强度等级选用、拌合厂确定与混凝土进场质量检验；② 混凝土浇捣与质量检验；③ 混凝土浇捣施工质量检验记录审核。

混凝土运输与浇捣施工质量检验程序 P-00-00-42 如图 13-2 所示。施工方案与专项施工方案的编制与审批在混凝土分项的施工质量检验程序中控制。

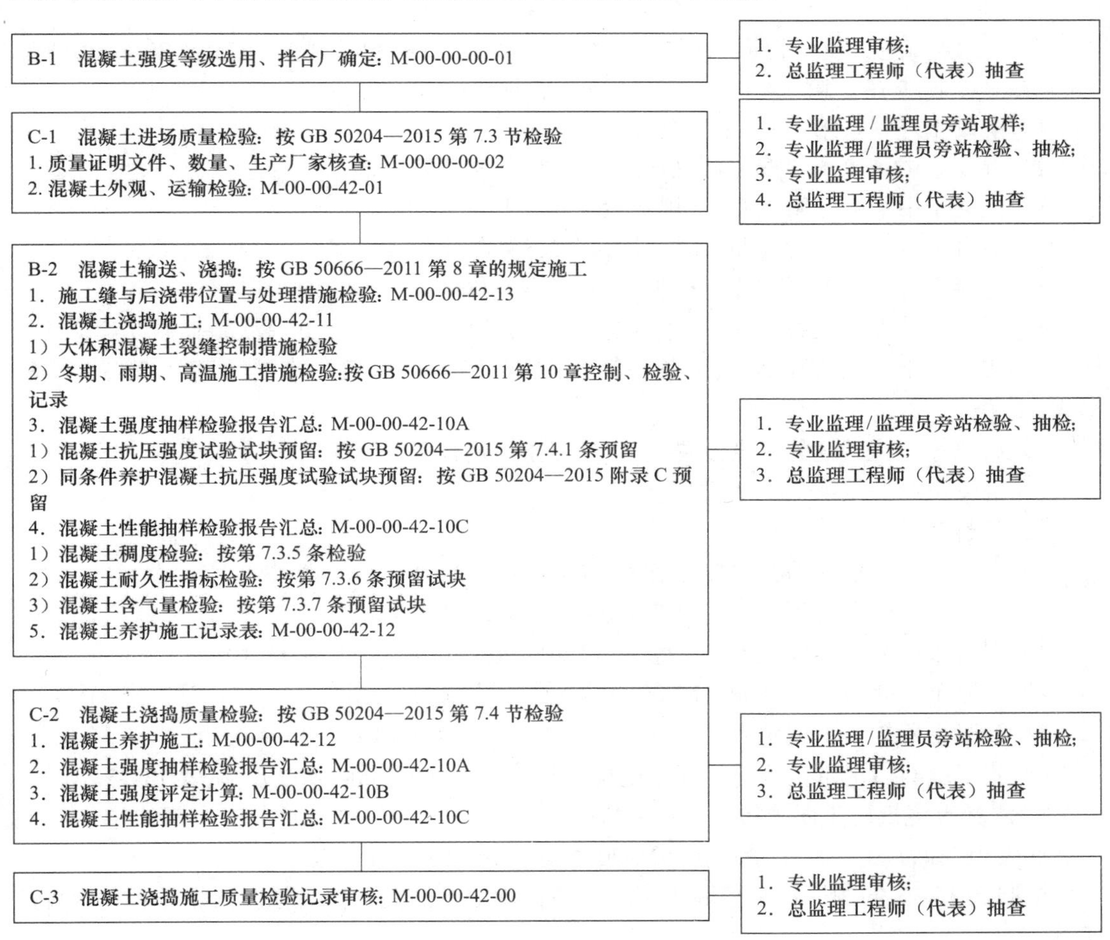

图 13-2　混凝土浇捣施工质量检验程序 P-00-00-42

13.2.2 通用工序——混凝土浇捣施工质量检验程序应用

1. 混凝土强度等级选用、拌合厂确定与混凝土进场质量检验

（1）规范条文

混凝土强度等级选用、拌合厂确定与混凝土进场根据《混凝土结构工程施工质量验收规范》GB 50204—2015 第 7.3.1 条、第 7.3.2 条、第 7.3.5 条～第 7.3.7 条规定检验。

（2）表格设计

1）原材料 / 成品 / 半成品选用表（混凝土强度等级选用、拌合厂确定记录表）（M-00-00-00-01），见附录 1 附表 1-2。

2）原材料 / 成品 / 半成品进场检验记录表（混凝土质量证明文件、生产厂家、数量检验记录表）（M-00-00-00-02），见附录 1 附表 1-3。

3）混凝土外观、运输检验记录表（M-00-00-42-01），见表 13-14。

2. 混凝土浇捣与质量检验

（1）规范条文

混凝土浇捣施工质量根据《混凝土结构工程施工质量验收规范》GB 50204—2015 第 7.3.5 条～第 7.3.7 条、第 7.4.1 条～第 7.4.3 条的规定检验。

1）混凝土外观按第 7.3.2 条规定检验。

2）混凝土中氯离子含量和碱总含量按第 7.3.3 条规定检验。

3）混凝土中稠度按第 7.3.5 条规定检验。

4）混凝土有耐久性指标要求时，按第 7.3.6 条规定检验。

5）混凝土有耐抗冻要求时，按第 7.3.7 条规定检验。

6）混凝土强度等级按第 7.4.1 条规定检验；混凝土强度评定见《混凝土强度检验评定标准》GB/T 50107—2010 第 5.1.1 条～第 5.1.3 条、第 5.2.1 条、第 5.2.2 条、第 5.3.1 条、第 5.3.2 条。

7）后浇带、施工缝的留设位置按第 7.4.2 条规定检验。

8）混凝土养护按第 7.4.3 条规定检验。

（2）表格设计

1）混凝土强度抽样检验报告汇总表（M-00-00-42-10A），见表 13-8。

2）混凝土强度评定计算表（M-00-00-42-10B），见表 13-9。

3）混凝土性能抽样检验报告汇总表（M-00-00-42-10C），见表 13-10。

4）混凝土浇捣施工记录表（M-00-00-42-11），见表 13-15。

5）混凝土养护施工记录表（M-00-00-42-12），见表 13-16。

6）施工缝与后浇带位置与处理措施检验记录表（M-00-00-42-13），见表 13-17。

3. 混凝土浇捣施工质量检验记录审核

混凝土浇捣施工检验记录目录（M-00-00-42-00），见表 13-18。

按照表 13-18 的顺序汇总检验记录，审核检验记录的完整性与检验数据是否符合规范要求。

水泥、外加剂、矿物掺合料外观检验记录表（M-00-00-41-01A）　　表 13-1

建设项目：　　　　单位工程：

分部 / 子分部工程：　　　　分项工程：　　　　第　页 共　页

序号	进场日期	名称、品种规格	数量（t）	生产厂家	表面标记 / 生产批号	质量等级	生产日期	有效期	外观结团

执行标准：《混凝土结构工程施工质量验收规范》GB 50204—2015 第 7.2.1 条～第 7.2.3 条。检验频率：水泥：同一厂家、同一品种、同一强度等级、同一批号且连续进场的水泥，袋装不超过 200t 为一批、散装不超过 500 t 为一批，每批抽样数量不应少于一次；外加剂：同一厂家、同一品种、同一性能、同一批号且连续进场的，超过 50t 为一批，每批抽样数量不应少于一次；矿物掺合料：同一厂家、同一品种、同一性能、同一批号且连续进场的，粉煤灰、石灰石粉、磷渣粉和钢铁渣粉不超过 200t 为一批，粒化高炉矿渣粉和复合矿物掺合料不超过 500t 为一批，硅灰不超过 30t 为一批，每批抽样数量不应少于一次。

检验：　　　　日期：　　　　审核：

水泥、外加剂、矿物掺合料抽样检验报告汇总表（M-00-00-41-01B）　　表 13-2

建设项目：　　　　单位工程：

分部 / 子分部工程：　　　　分项工程：　　　　第　页 共　页

序号	进场日期	名称、品种规格	进场数量（t）	生产厂家	送检试件组数	试验报告编号	试验报告结论

附件：水泥、外加剂、矿物掺合料抽样检验报告。

执行标准：《混凝土结构工程施工质量验收规范》GB 50204—2015 第 7.2.1 条～第 7.2.3 条。检验频率：水泥：同一厂家、同一品种、同一强度等级、同一批号且连续进场的水泥，袋装不超过 200t 为一批、散装不超过 500 t 为一批，每批抽样数量不应少于一次；外加剂：同一厂家、同一品种、同一性能、同一批号且连续进场的，超过 50t 为一批，每批抽样数量不应少于一次；矿物掺合料：同一厂家、同一品种、同一性能、同一批号且连续进场的，粉煤灰、石灰石粉、磷渣粉和钢铁渣粉不超过 200t 为一批，粒化高炉矿渣粉和复合矿物掺合料不超过 500t 为一批，硅灰不超过 30t 为一批，每批抽样数量不应少于一次。

填报：　　　　日期：　　　　审核：　　　　监理：

粗、细骨料外观检验记录表（M–00–00–41–02A） **表 13–3**

建设项目： 单位工程：

分部 / 子分部工程： 分项工程： 第　页 共　页

序号	进场日期	名称、规格、型号	进场数量	生产厂家	含泥量	含水量	针片状含量（碎石）

执行标准：《混凝土结构工程施工质量验收规范》GB 50204—2015 第 7.2.4 条。

检验： 审核：

粗、细骨料抽样检验报告汇总表（M–00–00–41–02B） **表 13–4**

建设项目： 单位工程：

分部 / 子分部工程： 分项工程： 第　页 共　页

序号	进场日期	品种规格	进场数量（t）	生产厂家	送检试件组数	试验报告编号	试验报告结论

附件：粗、细骨料抽样检验报告。

执行标准：《混凝土结构工程施工质量验收规范》GB 50204—2015 第 7.2.4 条。

填报： 日期： 审核： 监理：

拌制用水外观检验记录表（M-00-00-41-03A）　　　　**表 13-5**

建设项目：　　　　　　　　单位工程：

分部 / 子分部工程：　　　　分项工程：　　　　第　　页 共　　页

序号	检验日期	取水地点	有机物含量		

执行标准：《混凝土结构工程施工质量验收规范》GB 50204—2015 第 7.2.5 条。检验频率：同一水源检验不应少于 1 次。

检验：　　　　　　　　审核：

拌制用水抽样检验报告汇总表（M-00-00-41-03B）　　　　**表 13-6**

建设项目：　　　　　　　　单位工程：

分部 / 子分部工程：　　　　分项工程：　　　　第　　页 共　　页

序号	取水日期	取水水源	试验报告编号	试验报告结论

附件：拌合用水抽样检验报告。

执行标准：《混凝土结构工程施工质量验收规范》GB 50204—2015 第 7.2.5 条。检验频率：同一水源检验不应少于 1 次。

填报：　　　　日期：　　　　审核：　　　　监理：

混凝土配合比通知单（M–00–00–41–04）　　表 13–7

建设项目：

单位工程：　　第　页共　页

分部 / 子分部工程：　　分项工程：

混凝土强度设计等级：

层号 / 构件名称 / 编号 / 轴线区域：

材料、配合比	名称	型号 / 强度等级	设计用量（%）	设计用量（kg/m³）
水泥				
水				
粗骨料				
细骨料				
掺合料				
外加剂 1				
外加剂 2				
坍落度（mm）				
稠度（s）				

附件：混凝土配合比试验报告。

执行标准：《混凝土结构工程施工质量验收规范》GB 50204—2015。

检验：　　日期：　　审核：

混凝土强度抽样检验报告汇总表（M-00-00-41/42-10A） **表 13-8**

建设项目： 单位工程：

分部 / 子分部工程： 分项工程： 第 页 共 页

序号	抽样日期	品种规格	拌制数量	送检试件组数	试验报告编号	试验报告结论

附件：混凝土强度抽样检验报告。

执行标准：《混凝土结构工程施工质量验收规范》GB 50204—2015 第 7.4.1 条。检验频率：①每拌制 100 盘且不超过 $100m^3$ 时，取样不得少于 1 次；②每工作班拌制不足 100 盘时，取样不得少于 1 次；③连续浇筑超过 $1000m^3$ 时，每 $200m^3$ 取样不得少于 1 次；④每一楼层取样不得少于 1 次；⑤每次取样应至少留置 1 组试件。

填报： 日期： 审核： 监理：

混凝土强度评定计算表（M–00–00–41/42–10B） **表 13–9**

建设项目：

单位工程： 第　页共　页

分部 / 子分部工程： 分项工程：

混凝土强度设计等级：

同一验收批混凝土试块的立方体抗压强度代表值 $f_{cu,i}^2$（MPa）

同一验收批混凝土试块的立方体抗压强度代表值平方 $f_{cu,i}^2$

试块组数 N	
最小值 $f_{cu,min}$	
平均值 m_{fcu}	
$\sum_{i=1}^{n} f_{cu,i}^2$	

续表

一、统计方法评定 $N>10$	
（一）标准差已知	
标准差$\sigma_0=\sqrt{\dfrac{\left[\sum_{i=1}^{n} f_{cu,i}^2-nm_{fcu}^2\right]}{n-1}}$	
$m_{f_{cu}} \geqslant f_{cu,k}+0.7\sigma_0$	
$f_{cu,min} \geqslant f_{cu,k}-0.7\sigma_0$	
当混凝土强度大于C20，$f_{cu,min} \geqslant 0.85 f_{cu,k}$	
当混凝土强度大于C20，$f_{cu,min} \geqslant 0.9 f_{cu,k}$	
（二）标准差未知	
标准差$S_{f_{cu}}=\sqrt{\dfrac{\left[\sum_{i=1}^{n} f_{cu,i}^2-nm_{f_{cu}}^2\right]}{n-1}}$ $S_{f_{cu}}$的计算值小于$2.5N/mm^2$时，取$S_{f_{cu}}=2.5N/mm^2$	
$m_{f_{cu}} \geqslant f_{cu,k}+\lambda_1 S_{f_{cu}}$ $n=10 \sim 14$，$\lambda_1=1.15$； $n=10 \sim 19$，$\lambda_1=1.05$；$n \geqslant 20$，$\lambda_1=0.95$	
$f_{cu,min} \geqslant \lambda_2 f_{cu,k}$ $n=10 \sim 14$，$\lambda_2=0.9$；$n>14$，$\lambda_2=0.85$	
二、非统计方法评定 $N \leqslant 10$	
$m_{f_{cu}} \geqslant \lambda_3 f_{cu,k}$；$C<60$　$\lambda_3=1.15$；　$C \geqslant 60$　$\lambda_3=1$	
$f_{cu,min} \geqslant \lambda_4 f_{cu,k}$，$\lambda_4=0.95$	

验收评定结论：

执行标准：《混凝土强度检验评定标准》GB/T 50107—2010。

计　　算：　　　　日　　期：　　　　审核：
监理复核：　　　　监理审核：

监理复核：　　　　监理审核：

混凝土性能抽样检验报告汇总表（M-00-00-41/42-10C）　　表 13-10

建设项目：　　　　单位工程：

分部 / 子分部工程：　　　　分项工程：　　　　第　页共　页

序号	抽样日期	品种规格	拌制数量	送检项目	送检试件组数	试验报告编号	试验报告结论

附件：混凝土拌合物抽样检验报告。

执行标准：《混凝土结构工程施工质量验收规范》GB 50204—2015 第 7.3.3 条、第 7.3.5 条～第 7.3.7 条。检验频率：氯离子含量、耐久性、抗冻性每一配合比至少检验 1 次；混凝土拌合物稠度：①每拌制 100 盘且不超过 $100m^3$ 时，取样不得少于 1 次；②每工作班拌制不足 100 盘时，取样不得少于 1 次；③连续浇筑超过 $1000m^3$ 时，每 $200m^3$ 取样不得少于 1 次；④每一楼层取样不得少于 1 次。

填报：　　　　日期：　　　　审核：　　　　监理：

混凝土拌制施工记录表（M–00–00–41–11）　　表 13–11

建设项目：	
单位工程：	第　页 共　页
分部 / 子分部工程：	分项工程：
层号 / 构件名称 / 轴线区域：	施工日期：
气候：晴 / 阴 / 小雨 / 大雨 / 暴雨 / 雪	风力：
施工负责人：	气温：
施工内容及施工范围（层号 / 构件名称 / 轴线区域）：	
施工方案批复情况检查：	
施工人员培训及交底：	
施工人员上岗证检查：	
粗、细骨料等材料堆放是否符合规定要求：	
计量工具、计量手段、监控措施是否符合规定要求：	
启用搅拌机数 / 搅拌机规格型号 / 搅拌机机手姓名：	
执行标准：《混凝土结构工程施工规范》GB 50666—2011 第 7 章。	

检验：　　审核：

混凝土开盘鉴定记录表（M-00-00-41-12） 表 13-12

建设项目：						单位工程：					
分部 / 子分部工程：						分项工程：				第　页共　页	
层号 / 构件名称 / 编号 / 轴线区域：						混凝土设计等级：			每台班混凝土生产量：		
设计配合比（水泥：水：粗骨料：细骨料：掺合料：外加剂 1 ：外加剂 2）：											
粗骨料含水量（%）：		细骨料含水量（%）：		施工用水量（kg/m^3）：		搅拌时间（s）：					
材料、配比	品牌	名称	产地	出厂日期	外观	强度等级	质量等级	用量（kg/m^3）			
								设计	实测	偏差	允许偏差
水泥											±2%
水											±1%
粗骨料											±3%
细骨料											±3%
掺合料											±2%
外加剂 1											±1%
外加剂 2											±1%
坍落度（mm）		稠度（s）		初凝时间（s）		混凝土总用量（m^3）					

总用量（kg/m^3）

材料名称	设计	实测	偏差	允许偏差	材料名称	设计	实测	偏差	允许偏差
水泥				±1%	掺合料				±1%
水				±1%	外加剂 1				±1%
粗骨料				±2%	外加剂 2				±1%
细骨料				±2%					

执行标准：《混凝土结构工程施工质量验收规范》GB 50204—2015 第 7.3.4 条。检验频率：同一配合比检验不少于 1 次。

检验：　　　　日期：　　　　审核：

混凝土拌制施工质量检验记录目录（M–00–00–41–00）　　表 13–13

建设项目：

单位工程：　　第　页 共　页

分部 / 子分部工程：　　分项工程：

工序	表格编号	表格名称	份数
1．水泥、外加剂、矿物掺合料、粗、细骨料、拌制用水等型号选用、生产厂家确定与进场质量检验、混凝土配合比设计	M-00-00-00-01	原材料 / 成品 / 半成品选用表（水泥、外加剂、矿物掺合料、粗、细骨料、拌制用水等型号选用、生产厂家确定记录表）	
	M-00-00-00-02	原材料 / 成品 / 半成品进场检验记录表（水泥、外加剂、矿物掺合料质量证明文件、生产厂家、数量检验记录表）	
	M-00-00-41-01A	水泥、外加剂、矿物掺合料外观检验记录表	
	M-00-00-41-01B	水泥、外加剂、矿物掺合料抽样检验报告汇总表	
	M-00-00-00-02	原材料 / 成品 / 半成品进场检验记录表（粗、细骨料质量证明文件、生产厂家、数量检验记录表）	
	M-00-00-41-02A	粗、细骨料外观检验记录表	
	M-00-00-41-02B	粗、细骨料抽样检验报告汇总表	
	M-00-00-41-03A	拌制用水外观检验记录表	
	M-00-00-41-03B	拌制用水抽样检验报告汇总表	
	M-00-00-41-04	混凝土配合比通知单	
	M-00-00-41-05 ～ M-00-00-41-09	预留	
2．混凝土拌制与质量检验	M-00-00-41-10A	混凝土强度抽样检验报告汇总表	
	M-00-00-41-10B	混凝土强度评定计算表	
	M-00-00-41-10C	混凝土性能抽样检验报告汇总表	
	M-00-00-41-11	混凝土拌制施工记录表	
	M-00-00-41-12	混凝土开盘鉴定记录表	
	M-00-00-41-13 ～ M-00-00-41-19	预留	
	M-00-00-41-20 ～ M-00-00-41-29	预留	

施工技术负责人：　　日期：　　专业监理：

混凝土外观、运输检验记录表（M–00–00–42–01）　　表 13–14

建设项目：

单位工程：　　第　页共　页

分部 / 子分部工程：　　分项工程：

层号 / 构件名称 / 编号 / 轴线区域：　　混凝土拌合场：

混凝土强度设计等级：

车号	混凝土量（m^3）	（1）出厂时间	（2）进场时间	（3）路上耗时	外观
混凝土用量合计（m^3）		设计混凝土用量（m^3）			

注：1. 路上耗时超过 GB 50666—2011 第 8.3.4 条的规定，混凝土应作废料处理。2. 在施工现场，应每车检测混凝土坍落度，坍落度损失较大时应按 GB 50666—2011 第 7.5.3 条处理。3. 实际使用混凝土用量应≥根据设计图纸计算的混凝土用量，否则应分析原因，复查构件尺寸、楼板厚度。

执行标准：《混凝土结构工程施工质量验收规范》GB 50204—2015 第 7.3.1 条、第 7.3.2 条。

检验：　　日期：　　审核：

混凝土浇捣施工记录表（M-00-00-42-11） **表 13-15**

建设项目：

单位工程： 第 页 共 页

分部 / 子分部工程： 分项工程：

施工开始 / 结束时间： 施工最高 / 最低气温：

气候：晴 / 阴 / 小雨 / 大雨 / 暴雨 / 雪 风力：

施工负责人：

施工内容及施工范围（层号 / 构件名称 / 轴线区域）：

混凝土设计等级： 拌和方式：人工 / 机械 运输方式：人工 / 泵送

支模护模： 护筋： 电工：

标准养护试块预留	组数				
	编号				
同条件养护试块预留	组数				
	构件编号				
	编号				
防渗试块预留	组数				
	编号				
拆模试块组数	组数				
	编号				
耐久性试块组数	组数				
	编号				

混凝土理论用量（m^3）： 混凝土实际用量（m^3）：

施工缝的位置与处理：

施工处理措施（大体积混凝土抗裂措施 / 冬期、雨期、高温施工措施 / 节点处理措施（梁板混凝土强度等级与柱混凝土等级不一致时））：

施工间断情况与其他情况记录：

执行标准：《混凝土结构工程施工规范》GB 50666—2011 第 7 章。

记录： 日期： 审核：

混凝土养护施工记录表（M–00–00–42–12） 表 13–16

建设项目： 单位工程：

分部 / 子分部工程： 分项工程： 第 页 共 页

层号 / 构件名称： 轴线区域：

混凝土品种规格： 浇捣完成时间：

序号	养护时间	养护措施	天气、气温	其他情况	养护人

执行标准：《混凝土结构工程施工规范》GB 50666—2011 第 7 章；《混凝土结构工程施工质量验收规范》GB 50204—2015 第 7.4.3 条。检验频率：全数。

记录： 日期： 审核：

施工缝与后浇带位置与处理措施检验记录表（M–00–00–42–13） 表 13–17

建设项目： 单位工程： 第 页 共 页

层号 / 后浇带编号	轴线位置	宽度			加密钢筋直径		加密钢筋间距			松散混凝土清理
		±			±		±			
		设计	实测	差值	设计	实测	设计	实测	差值	

执行标准：《混凝土结构工程施工质量验收规范》GB 50204—2015 第 7.4.2 条。检验频率：全数。

检验： 日期： 审核：

混凝土浇捣施工质量检验记录目录（M–00–00–42–00）　　**表 13–18**

建设项目：

单位工程：　　第　页共　页

分部 / 子分部工程：　　分项工程：

工序	表格编号	表格名称	份数
1．混凝土强度等级选用、拌合厂确定与混凝土进场质量检验	M-00-00-00-01	原材料 / 成品 / 半成品选用表（混凝土强度等级选用、拌合厂确定记录表）	
	M-00-00-00-02	原材料 / 成品 / 半成品进场检验记录表（混凝土质量证明文件、生产厂家、数量检验记录表）	
	M-00-00-42-01	混凝土外观、运输检验记录表	
	M-00-00-42-02 ～ M-00-00-42-09	预留	
2．混凝土浇捣与质量检验	M-00-00-41-10A	混凝土强度抽样检验报告汇总表	
	M-00-00-41-10B	混凝土强度评定计算表	
	M-00-00-41-10C	混凝土性能抽样检验报告汇总表	
	M-00-00-42-11	混凝土浇捣施工记录表	
	M-00-00-42-12	混凝土养护施工记录表	
	M-00-00-42-13	施工缝与后浇带位置与处理措施检验记录表	
	M-00-00-42-14 ～ M-00-00-42-19	预留	
	M-00-00-42-20 ～ M-00-00-42-29	预留	

施工技术负责人：　　日期：　　专业监理：

附录 1 质量检验通用表格

质量检验通用表格目录（M–00–00–00–00）　　附表 1–1

分类	表格编号	表格名称	备注
原材料检验	M-00-00-00-01	原材料 / 成品 / 半成品选用表	
	M-00-00-00-02	原材料 / 成品 / 半成品进场检验记录表	
	M-00-00-00-03	工艺设备开箱检验记录表	
	M-00-00-00-04 ～ M-00-00-00-09	预留	
施工记录	M-00-00-00-10	预留	
	M-00-00-00-11	施工记录表	
	M-00-00-00-12 ～ M-00-00-00-19	预留	
测量检验	M-00-00-00-20	测量检验记录台账	
	M-00-00-00-21	水准点汇总表	
	M-00-00-00-22	预留	
	M-00-00-00-23	建筑物定位坐标检验记录表	
	M-00-00-00-24	建筑物高程检验记录表	
	M-00-00-00-25	建筑物沉降观测汇总记录表	
	M-00-00-00-26	建筑物垂直度检验记录表	
	M-00-00-00-27 ～ M-00-00-00-29	预留	
见证取样	M-00-00-00-30	预留	
	M-00-00-00-31	见证取样送检委托书	
	M-00-00-00-32 ～ M-00-00-00-39	预留	

续表

分类	表格编号	表格名称	备注
隐蔽工程检验	M-00-00-00-40	预留	
	M-00-00-00-41	土建隐蔽工程检验记录表	
	M-00-00-00-42	设备安装隐蔽工程检验记录表	
	M-00-00-00-43 ～ M-00-00-00-59	预留	
尺寸检验	M-00-00-00-60	预留	
	M-00-00-00-61	开间尺寸检验记录表	
	M-00-00-00-62	房间净高尺寸检验记录表	
	M-00-00-00-63	楼梯间净高尺寸检验记录表	
	M-00-00-00-64	室内与阳台、走廊、卫生间、厨房地面高差检验记录表	
	M-00-00-00-65	预留	
	M-00-00-00-66	楼梯踏步尺寸检验记录表	
	M-00-00-00-67	栏杆（板）检验记录表	
	M-00-00-00-68	外墙窗台高度检验记录表	
	M-00-00-00-69 ～ M-00-00-00-79	预留	
预留	M-00-00-00-80	预留	
	M-00-00-00-81 ～ M-00-00-00-99	预留	

原材料 / 成品 / 半成品选用表（M–00–00–00–01）　　附表 1–2

建设项目：

单位工程：　　第　页 共　页

材料名称	
使用部位（分部 / 分项工程）	

序号	检验项目	设计或合同要求	检验结果	
1	材料名称		□符合	□不符合
2	生产厂家、产地		□符合	□不符合
3	规格型号		□符合	□不符合
4	质量等级		□符合	□不符合
5	附件：生产厂家营业执照、生产许可证	营业执照在有效期内	□是	□否
		材料在经营范围内	□是	□否
		生产许可证（需要）	□有	□没有
6	附件：产品合格证或生产厂家最近的定期自检报告	产品合格证	□有	□没有
		报告在有效期内	□是	□否
		各项指标满足规范 / 设计要求	□是	□否
7	附件：产品使用说明书		□有	□没有
8	附件：进口产品海关检疫证明		□有	□没有
9	附件：承包商取样试验报告（根据需要）	各项指标满足规范 / 设计要求	□是	□否
10	附件：包装、尺寸、外观检验数据		□符合	□不符合

致（承包商）：

□ 同意　　□不同意　　选用该厂家的材料。

专业监理工程师：　　日期：

原材料 / 成品 / 半成品进场检验记录表（M–00–00–00–02）　　　　**附表 1–3**

建设项目：

单位工程：　　　　　　　　　　　　　　　　　　　　　　第　　页 共　　页

材料名称			
使用部位（分部 / 分项工程）			
检验项目		设计 / 合同 / 批复 要求	检验结果
1. 包装抽检（按批抽查 10%，且不应少于 5 件，少于 5 件全数检验）	材料名称		□符合　□不符合
	材料规格（颜色 / 图案）		□符合　□不符合
	材料质量等级		□符合　□不符合
	生产厂家、产地		□符合　□不符合
	生产日期 / 有效期		□有效　□失效
2. 技术文件	材料数量：装箱单或供货清单 、采购材料数量证明文件（购货凭证合同发票等复印件）		□符合　□不符合
	质量合格证（中文）		□有　□没有
	安装、使用、试验、维修说明书（中文）	根据实际情况需要	□有　□没有
	检验报告，定型产品和成套设备技术型式检验报告（中文）	1. 有检测资质的单位出具； 2. 报告在有效期内； 3. 各项指标满足设计要求	□是　□否
	进口商品：入境商品检验报告		□是　□否
	实行生产许可证和安全认证制度的产品，有许可证编号和安全认证标志		□是　□否
	依规定程序获得批准使用的新材料和新产品，尚应提供主管部门规定的相关证明文件		□是　□否
3. 复验	抽样复验报告结论		

致（承包商）：

上述材料　同意 / 不同意　进场使用。

专业监理工程师：　　　　　　　　　　　　　　日期：

工艺设备开箱检验记录表（M–00–00–00–03）　　附表 1–4

建设项目：

单位工程：　　　　第　　页共　　页

设备名称：　　　　设备生产厂家：

型号、规格			装箱单号	
系统编号				
设备安装位置（层 / 轴线位置）				
设备检验	1．包装			
	2．设备外观			
	3．设备零部件			
	4．其他			
技术文件检验		份数	张数	备注
	1．装箱单			
	2．合格证			
	3．说明书			
	4．设备图			
	5．其他			

致（承包商）：

□　同意　　□不同意　选用该厂家的材料。

专业监理工程师：　　　　日期：

检验：　　　　日期：　　　　审核：

施工记录表（M–00–00–00–11）　　　　**附表 1–5**

建设项目：	
单位工程：	第　页 共　页
分部 / 子分部工程：	分项工程：
施工日期：	施工最高 / 最低气温：
气候：晴 / 阴 / 小雨 / 大雨 / 暴雨 / 雪	风力：
施工内容及施工范围（层号 / 构件名称 / 轴线区域）：	
施工负责人：	
施工人员培训及交底：	
施工间断情况记录与其他情况记录：	
执行标准：	

记录：　　　　　　　　　　　　　　　　审核：

测量检验记录台账（M-00-00-00-20）　　附表 1-6

建设项目：　　单位工程：　　第　页共　页

编号	检测日期	检测指标	层号 / 构件名称	检测仪器名称与编号	合格率	检测人	使用表格编号	页数

记录：　　审核：

水准点汇总表（M-00-00-00-21）　　附表 1-7

建设项目：　　单位工程：　　第　页共　页

点号	X（m）	Y（m）	高程（m）	参照物说明

统计：　　审核：

建筑物定位坐标检验记录表（M–00–00–00–23）　　附表 1–8

建设项目：　　　　单位工程：　　　　第　页 共　页

坐标位置允许偏差：

定位点编号	定位点坐标 X（m）			定位点坐标 Y（m）		
	设计	实测	差值	设计	实测	差值

执行标准：《混凝土结构工程施工质量验收规范》GB 50204—2015。检验频率：承包商应 100% 检查，监理建议抽查 20%。

检验：　　　　日期：　　　　审核：

建筑物高程检验记录表（M–00–00–00–24）　　附表 1–9

建设项目：　　　　单位工程：　　　　第　页 共　页

层高：±10mm					全高：±30mm			
层号	观测点编号 / 轴线位置	后视点号 / 轴线位置	（1）后视高程（m）	（2）后视读数（m）	（3）前视读数（m）	（4）前视高程（m）（1）＋（2）－（3）	（5）设计高程（m）	（6）差值（mm）[（4）－（5）]×1000

执行标准：《混凝土结构工程施工质量验收规范》GB 50204—2015。

设备名称：　　　　设备型号：　　　　设备编号：

检验：　　　　日期：　　　　审核：

附表 1-10

建筑物沉降观测汇总记录表（M-00-00-00-25）

建设项目：　　　　单位工程：　　　　第　　页 共　　页

观测点编号 / 轴线位置：　　　　观测日期：自　　年　月　日至　　年　月　日

序号	观测日期	前次观测高程（m）	本次观测高程（m）	本次沉降（mm）	累计沉降（mm）	观测时施工形象进度

附件：观测点平面布置图及说明。

观测：　　　　审核：

建筑物垂直度检验记录表（M–00–00–00–26）　　　　**附表 1–11**

建设项目：

单位工程：　　　　　　　　　　　　　　　　　　　　　　　　　　　第　　页 共　　页

柱、墙：层高≤ 6m，≤ 10mm；层高＞ 6m，≤ 12mm	全高（*H*）：*H* ≤ 300m，≤ *H*/30000 ＋ 20mm；*H* ＞ 300m，≤ *H*/10000 且≤ 80mm；

层号	构件名称与编号	测点轴线交点	检验高度（m）	检验方向	下测点偏距数（mm）	垂直度（左偏负，右偏正）
				X		
				Y		
				X		
				Y		
				X		
				Y		
				X		
				Y		
				X		
				Y		
				X		
				Y		
				X		
				Y		

设备名称：　　　　　　　　设备型号：　　　　　　　　设备编号：

执行标准：《混凝土结构工程施工质量验收规范》GB 50204—2015 第 8.3.1 条、第 8.3.2 条。检验频率：按楼层、结构缝或施工段划分检验批。在同一检验批内，对梁、柱和独立基础，应抽查构件数量的 10%，且不少于 3 件；对墙和板，应按有代表性的自然间抽查 10%，且不少于 3 间；对大空间结构，墙可按相邻轴线间高度 5m 左右划分检查面，板可按纵、横轴线划分检查面，抽查 10%，且均不少于 3 面。

检验：　　　　　　　　日期：　　　　　　　　审核：

见证取样送检委托书（M-00-00-00-31）　　附表 1-12

建设项目：

单位工程：　　编号：

分部 / 子分部工程：　　分项工程

代表部位（层次、轴线）：

产品（含混凝土、砂浆试块及焊接件等）名称：

试验项目：

规格型号				
出厂批（炉、编）号				
进场批量（吨、个、件）				
有无出厂质量证明书				
出厂质量等级				
出厂日期				
生产厂名				
供应商名				
样品编号				
样品重量				
样品单件数				

施工单位取样人（公章）：　　电话：　　日期：

监理单位见证人（公章）：　　电话：　　日期：

检测单位收样人（公章）：　　电话：　　日期：

注：①本委托书一式三份，监理（建设）、施工、检测各一份；②施工单位应将本委托书及其检测试验报告一并归档；③见证人签名处应加盖见证人单位章。

附表 1-13

土建隐蔽工程检验记录表（M-00-00-00-41）

建设项目：		单位工程：		第 页 共 页
分部 / 子分部工程：		分项工程：		
层号：		施工图号：		
构件名称与编号	轴线交点 / 轴线区域	检验内容	检验结论	检验数据表格及数据附件照片
参加验收人签名：				
设计：		施工：		
监理：		建设：		
地勘：		日期：		

注：①该记录由施工项目专业质量检验员填写，监理工程师（建设单位项目技术负责人）组织项目专业技术负责人等进行验收。②记录时应首先说明是否按设计图纸施工，如果设计变更应立即在备用竣工图纸上用红色文字注明变更情况或绘制变更补充图；凡有、无设计变更，监理（建设）单位的旁站监督人均应在备用竣工图号上签字认可后，才能办理该部位隐蔽验收手续。③隐蔽验收时，必须严格按国家施工质量验收规范的主控项目、一般项目的内容要求全数检验，凡有不合格处必须当即整改达到合格后才能办理隐蔽验收手续。④检验评定结论必须语言规范，并针对主控项目、一般项目，特别是结构构造措施的内容要求，填写真实可靠的结果或结论。

附表 1–14

设备安装隐蔽工程验收记录表（M–00–00–00–42）

建设项目：	单位工程：	第　页共　页
分部 / 子分部工程：	分项工程：	
层号：	施工图号：	

构件名称与编号	轴线交点 / 轴线区域	检验内容	检验结论	检验数据表格及数据附件照片

参加验收人签名：	
设计：	施工：
监理：	建设：
地勘：	日期：

注：①该记录由施工项目专业质量检验员填写，监理工程师（建设单位项目技术负责人）组织项目专业技术负责人等进行验收。②记录时应首先说明是否按设计图纸施工，如果设计变更应立即在备用竣工图纸上用红色文字注明变更情况或绘制变更补充图；凡有、无设计变更，监理（建设）单位的旁站监督人均应在备用竣工图号上签字认可后，才能办理该部位隐蔽验收手续。③隐蔽验收时，必须严格按国家施工质量验收规范的主控项目、一般项目的内容要求全数检验，凡有不合格处必须当即整改达到合格后才能办理隐蔽验收手续。④检验评定结论必须语言规范，并针对主控项目、一般项目，特别是结构构造措施的内容要求，填写真实可靠的结果或结论。

开间尺寸检验记录表（M-00-00-00-61）　　附表 1-15

建设项目：　　编号：

单位工程：　　第　页 共　页

层号：　　户型编号：

开间允许误差是 ±10mm；一个房间有两个方向，一个方向量两个数据。

<table>
<tr><th rowspan="2">房间名称</th><th rowspan="2">轴线区间</th><th colspan="5">开间尺寸（mm）</th></tr>
<tr><th>设计</th><th>检验 1</th><th>误差 1</th><th>检验 2</th><th>误差 2</th></tr>
<tr><td rowspan="2">客厅</td><td rowspan="2"></td><td rowspan="2"></td><td></td><td></td><td></td><td></td></tr>
<tr><td></td><td></td><td></td><td></td></tr>
<tr><td rowspan="2">餐厅</td><td rowspan="2"></td><td rowspan="2"></td><td></td><td></td><td></td><td></td></tr>
<tr><td></td><td></td><td></td><td></td></tr>
<tr><td rowspan="2">主卧</td><td rowspan="2"></td><td rowspan="2"></td><td></td><td></td><td></td><td></td></tr>
<tr><td></td><td></td><td></td><td></td></tr>
<tr><td rowspan="2">次卧</td><td rowspan="2"></td><td rowspan="2"></td><td></td><td></td><td></td><td></td></tr>
<tr><td></td><td></td><td></td><td></td></tr>
<tr><td rowspan="2">次卧</td><td rowspan="2"></td><td rowspan="2"></td><td></td><td></td><td></td><td></td></tr>
<tr><td></td><td></td><td></td><td></td></tr>
<tr><td rowspan="2">主卫</td><td rowspan="2"></td><td rowspan="2"></td><td></td><td></td><td></td><td></td></tr>
<tr><td></td><td></td><td></td><td></td></tr>
<tr><td rowspan="2">次卫</td><td rowspan="2"></td><td rowspan="2"></td><td></td><td></td><td></td><td></td></tr>
<tr><td></td><td></td><td></td><td></td></tr>
<tr><td rowspan="2">厨房</td><td rowspan="2"></td><td rowspan="2"></td><td></td><td></td><td></td><td></td></tr>
<tr><td></td><td></td><td></td><td></td></tr>
</table>

数据个数	合格点数	不合格点数	合格率

检验：　　日期：　　审核：

附表 1-16

房间净高尺寸检验记录表（M-00-00-00-62）

建设项目：　　　　单位工程：　　　　编号：

层号：　　　　户型编号：　　　　第　页　共　页

房间净空尺寸允许误差是 ±10mm；测量房间四个角和中心部位的净空尺寸。

房间名称	轴线区间	设计	1		2		3		4		5	
			实测	误差	实测	误差	实测	误差	实测	误差	实测	误差
客厅												
餐厅												
厨房												
主卧												
主卫												
次卧												
公卫												
数据个数			合格点数				不合格点数			合格率		

检验：　　　　日期：　　　　审核：

附表 1-17

楼梯间净高尺寸检验记录表（M-00-00-00-63）

建设项目：						单位工程：				编号：		
单元号：						楼梯编号：				第　页　共　页		
房间净空尺寸允许误差 ±10mm												
层号	过道净高（mm）			楼段 1 净高（mm）			歇台净高（mm）			楼段 2 净高（mm）		
	设计高	实测高	误差	设计高	实测高	误差	设计高	实测高	误差	设计高	实测高	误差
数据个数				合格点数			不合格点数			合格率		

检验：　　　　　　　　日期：　　　　　　　　审核：

室内与阳台、走廊、卫生间、厨房地面高差检验记录表（M–00–00–00–64）

附表 1–18

建设项目：　　　　单位工程：　　　　编号：

单元号：　　　　户型编号：　　　　第　　页 共　　页

允许误差：　±　　mm

层号	走廊（mm）		阳台 1（mm）		阳台 2（mm）		主卫生间（mm）		次卫生间（mm）		厨房（mm）	
	设计高差		设计高差		设计高差		设计高差		设计高差		设计高差	
	实测高差	误差	实测高差	误差	实测高差	误差	实测高差	误差	实测高差	误差	实测高差	误差
数据个数			合格点数				不合格点数			合格率		

检验：　　　　日期：　　　　审核：

楼梯踏步尺寸检验记录表（M-00-00-00-66） 附表 1-19

建设项目：　　　　　　　　　　　　单位工程：

单 元 号：　　　　　　　　　　　　楼梯编号：

层号：　　　　　　　　　　　　　　第　　页共　　页

1．踏步宽度不应小于 0.26m，高度不应大于 0.15 ～ 0.175m，2．每个梯段的踏步一般不应超过 18 级，也不应小于 3 级。

序号	踏步宽度（mm）		踏步高度（mm）		相邻踏步高差（mm）	
	±　　mm		±　　mm		≤ 15mm	
	设计		设计		设计	
	实测高	误差	实测高	误差	实测高	误差
	数据个数		数据个数		数据个数	
	合格个数		合格个数		合格个数	
	合格率（%）		合格率（%）		合格率（%）	

检验：　　　　　　　　　　日期：　　　　　　　　　　审核：

栏杆（板）检验记录表（M–00–00–00–67）　　附表 1–20

建设项目：　　编号：

单位工程：　　第　页共　页

检验内容：上人屋顶栏杆（板）、室外楼梯栏杆（板）、室内楼梯栏杆（板）、外廊阳台栏杆（板）、回廊天井栏杆（板）

栏杆（板）高度允许误差：±　mm			垂直杆净距允许误差：±　mm			
轴线位置	栏杆（板）高度（mm）		垂直杆净距（mm）		栏杆离地 0.1m 内是否有留空	栏杆是否牢固不易攀登
	设计高度		设计高度			
	实测高度	误差	实测高度	误差		
	数据个数		数据个数			
	合格点数		合格点数			
	合格率（%）		合格率（%）			

1．该记录应在全数检查的基础上填写其实测的最大、最小值；2．栏杆离地是指离地面或屋面 0.1m 高度内不得留空，楼梯水平段栏杆长度大于 0.5m 时，其高度应按回廊、天井栏杆规定高度检查。

检验：　　日期：　　审核：

外墙窗台高度检验记录表（M–00–00–00–68）　　附表 1–21

建设项目：　　　　　　　　　　　　编号：

单位工程：　　　　　　　　　　　　第　　页 共　　页

层号	户型编号	房间名称	窗台高度（mm） 允许误差：±　　mm				
			设计	检验 1	误差 1	检验 2	误差 2
		客厅					
		餐厅					
		主卧					
		主卫					
		次卫					
		厨房					
		客厅					
		餐厅					
		主卧					
		主卫					
		次卫					
		厨房					
		数据个数		合格点数		合格率	

检验：　　　　　　　　日期：　　　　　　　　审核：

附录2 设计数据统计表格

设计数据统计表格目录（H–02–01–00） 附表 2–1

分类	表格编号	表格名称	备注
柱	H-02-01-01 ～ H-02-01-09	预留	
	H-02-01-10	预留	
	H-02-01-11	混凝土柱、构造柱设计数据统计表	
	H-02-01-12 ～ H-02-01-19	预留	
剪力墙	H-02-01-20	预留	
	H-02-01-21	混凝土剪力墙设计数据统计表	
	H-02-01-22 ～ H-02-01-29	预留	
梁	H-02-01-30	预留	
	H-02-01-31	混凝土梁、圈梁设计数据统计表	
	H-02-01-32 ～ H-02-01-39	预留	
板	H-02-01-40	预留	
	H-02-01-41	混凝土板设计数据统计表	
	H-02-01-42 ～ H-02-01-49	预留	
楼梯	H-02-01-50	预留	
	H-02-01-51	混凝土楼梯设计数据统计表	
	H-02-01-52 ～ H-02-01-59	预留	
雨篷、天沟、挑板	H-02-01-60	预留	
	H-02-01-61	混凝土雨篷、天沟、挑板设计数据统计表	
	H-02-01-62 ～ H-02-01-69	预留	

混凝土柱、构造柱设计数据统计表（H-02-01-11） 附表 2-2

建设项目： 单位工程： 第 页 共 页

构件编号	轴线位置	柱截面形式	层号	柱长（mm）	截面宽度 B（mm）	截面高度 H（mm）	受力筋等级	角筋		B 边纵筋		H 边纵筋		箍筋形式	箍筋		加密箍筋	
								根数	直径 (mm)	根数	直径 (mm)	根数	直径 (mm)		直径 (mm)	间距 (mm)	间距 (mm)	长度 (mm)

统计： 日期： 审核：

混凝土剪力墙设计数据统计表（H-02-01-21） 附表 2-3

建设项目： 单位工程： 第 页 共 页

层号 / 标高	构件编号	轴线位置	墙截面形式	墙长（mm）	墙厚（mm）	墙高（mm）	受力筋等级	角柱纵筋		角柱箍筋		角柱加密箍筋		水平筋			竖向筋		
								根数	直径 (mm)	直径 (mm)	间距	间距 (mm)	长度 (mm)	根数	直径 (mm)	搭接长度 (mm)	根数	直径 (mm)	搭接长度 (mm)

统计： 日期： 审核：

附表 2-4

混凝土梁、圈梁设计数据统计表（H-02-01-31）

建设项目：　　　　单位工程：　　　　第　页共　页

层号/标高	构件编号	轴线位置	重复跨数	长度（mm）	截面宽（mm）	截面高（mm）	梁底标高（m）	受力筋等级	左支座上部纵筋			跨中下部纵筋		架立筋		右支座上部纵筋			腰筋		箍筋			次梁箍筋/吊筋		
									根数	直径（mm）	长度（mm）	根数	直径（mm）	根数	直径（mm）	根数	直径（mm）	长度（mm）	根数	直径（mm）	直径（mm）	间距（mm）	长度（mm）	根数（mm）	直径（mm）	间距（mm）

统计：　　　　日期：　　　　审核：

附表 2-5

混凝土板设计数据统计表（H-01-02-41）

建设项目：　　　　单位工程：　　　　第　页共　页

层号/标高	构件编号	轴线位置	重复跨数	板长（mm）	板宽（mm）	板厚（mm）	梁底标高（m）	受力筋等级	⊔下层 X 向筋			⊔下层 Y 向筋			⊓上层 X 向筋				⊓上层 Y 向筋			
									根数	直径（mm）	间距（mm）	根数	直径（mm）	间距（mm）	根数	直径（mm）	间距（mm）	长度（mm）	根数	直径（mm）	间距（mm）	长度（mm）

统计：　　　　日期：　　　　审核：

混凝土楼梯设计数据统计表（H–01–02–51）

附表 2–6

建设项目：　　　　　　　　　　单位工程：　　　　　　　　　　第　　页 共　　页

层号 / 标高	构件编号	轴线位置	板宽（mm）	板长（mm）	板厚（mm）	梯级数	梯宽 / 级（mm）	梯高 / 级（mm）	受力筋等级	⊔ 下层 *X* 向筋			⊔ 下层 *Y* 向筋			⊓ 上层 *X* 向筋				⊓ 上层 *Y* 向筋			
										根数	直径（mm）	长度（mm）	根数	直径（mm）	长度（mm）	根数	直径（mm）	间距（mm）	长度（mm）	根数	直径（mm）	间距（mm）	长度（mm）

统计：　　　　　　　　　　日期：　　　　　　　　　　审核：

混凝土雨篷、天沟、挑板设计数据统计表（H–01–02–61）

附表 2–7

建设项目：　　　　　　　　　　单位工程：　　　　　　　　　　第　　页 共　　页

层号 / 标高	构件编号	轴线位置	挑长（mm）	板宽（mm）	板厚（mm）	边梁宽（mm）	边梁高（mm）	返边高（mm）	受力筋等级	⊔ 下层 *X* 向筋			⊔ 下层 *Y* 向筋			⊓ 上层 *X* 向筋				⊓ *TY* 上层 *Y* 向筋			
										根数	直径（mm）	间距（mm）	根数	直径（mm）	间距（mm）	根数	直径（mm）	间距（mm）	长度（mm）	根数	直径（mm）	间距（mm）	长度（mm）

统计：　　　　　　　　　　日期：　　　　　　　　　　审核：

主要参考文献

[1] 中华人民共和国国家标准．建筑工程施工质量验收统一标准 GB 50300—2013[S]．北京：中国建筑工业出版社，2013.

[2] 中华人民共和国国家标准．混凝土结构工程施工质量验收规范 GB 50204—2015[S]．北京：中国建筑工业出版社，2015.

[3] 中华人民共和国国家标准．混凝土强度检验评定标准 GB/T 50107—2010[S]．北京：中国建筑工业出版社，2010.

[4] 中华人民共和国国家标准．混凝土结构工程施工规范 GB 50666—2011[S]．北京：中国建筑工业出版社，2011.

[5] 中华人民共和国国家标准．钢结构工程施工质量验收规范 GB 50205—2001[S]．北京：中国建筑工业出版社，2001.

[6] 中华人民共和国行业标准．钢筋焊接及验收规程 JGJ 18—2012[S]．北京：中国建筑工业出版社，2012.

[7] 中华人民共和国行业标准．钢筋机械连接技术规程 JGJ 107—2016[S]．北京：中国建筑工业出版社，2016.

[8] 中华人民共和国行业标准．钢筋套筒灌浆连接应用技术规程 JGJ 355—2015[S]．北京：中国建筑工业出版社，2015.

[9] 中华人民共和国行业标准．建筑施工门式钢管脚手架安全技术规范 JGJ 128—2010[S]．北京：中国建筑工业出版社，2010.

[10] 中华人民共和国行业标准．建筑施工扣件式钢管脚手架安全技术规范 JGJ 130—2011[S]．北京：中国建筑工业出版社，2011.